물질의 재발견

물질의 재발견

1판 1쇄 인쇄 2023. 3. 16.
1판 1쇄 발행 2023. 3. 27.

지은이 정세영, 박용섭, 양범정, 최형준, 최형순, 신용일, 김튼튼, 고재현, 한정훈, 김기덕, 박성찬

발행인 고세규
편집 이승환 디자인 박주희 마케팅 정희윤 홍보 장예림
발행처 김영사

등록 1979년 5월 17일 (제406-2003-036호)
주소 경기도 파주시 문발로 197(문발동) 우편번호 10881
전화 마케팅부 031)955-3100, 편집부 031)955-3200 | 팩스 031)955-3111

값은 뒤표지에 있습니다.
ISBN 978-89-349-5092-9 03420

홈페이지 www.gimmyoung.com   블로그 blog.naver.com/gybook
인스타그램 instagram.com/gimmyoung   이메일 bestbook@gimmyoung.com

좋은 독자가 좋은 책을 만듭니다.
김영사는 독자 여러분의 의견에 항상 귀 기울이고 있습니다.

• 이 도서는 고등과학원이 발행하는 과학전문 웹진 HORIZON(horizon.kias.re.kr)에 연재했던 글을 다시 다듬고
  내용을 더하여 재구성한 것입니다.

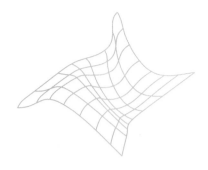

탄소에서 암흑물질까지,
11가지 물질로 살펴보는 물리학의 최전선

물질의 재발견

정 세 영
박 용 섭
양 범 정
최 형 준
최 형 순
신 용 일
김 튼 튼
고 재 현
한 정 훈
김 기 덕
박 성 찬

김영사

차 례

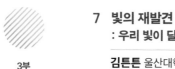

과학으로 소통하는 시대다. 수십만 구독자를 둔 과학 유튜버가 활동 중이고, 과학자들이 등장하는 예능형 과학 프로그램이 인기를 끈다. 최첨단 과학 소식을 과학자가 직접 나서서 전달하는 강연의 장도 활발하다. 팟캐스트나 라디오 방송에서 정치 평론가와 과학자가 함께 등장하는 일도 드물지 않다. 과학자는 다양한 방식으로 대중에게 다가가고, 대중은 과학을 교양과 오락의 일종으로 즐긴다. 전문 과학자와 대중 사이에서 대중의 눈높이에 맞춰 지식을 발굴, 정리해서 전달하는 과학 소통가들의 존재감이 커져간다. 영화계에 저예산 독립 영화, 예술 영화, 블록버스터 영화가 공존하듯 과학 생태계에도 다양한 층이 공존하고 교류하고 협력한다. 이 모든 변화가 스마트폰의 폭발적 보급에 힘입어 지난 10년 사이 집중적으로 일어났다.

과학 소통의 역사가 우리보다 훨씬 깊은 영어권과 비교해보는 것도 흥미롭다. 영어권 최상급 과학 유튜버는 수백만 구독자를 보유하고 있다. 그 내용의 다양함과 정밀성, 빼어난 영상 편집 수준까지 더하면 과학 전문 지상파나 케이블 방송이 설 자리가 있는지 의문이다. 대중 과학서 분야에는 스타가 즐비하다. 브라이언 그린은 초끈이론을 소개한 대중서 《엘러건트 유니버스》로 일약 인기 작가가 되었고, 《엔드 오브 타임》을 통해 과학 사상가로 도약하고 있다. 과학자의 언어가 철학자, 심리학자, 종교 사상가에 버금가는 대중성을 갖게 되었다. UC 버클리의 리처드 뮬러 교수는 '대통령을 위한 물리학', '대통령을 위한 에너지 강의'라는 교양 강의를 하고 그 내용을 묶어 두 권의 책을 냈다. 그린의 책이 대중을 물리학의 매력에 빠져들게 하려는 시도를 대표한다면, 뮬러의 책은 대중을 과학적 정보로 계몽하려는 시도로서 걸작품이다.

과학 대중화의 역사는 깊다. 영국의 험프리 데이비는 소듐(나트륨), 칼슘, 마그네슘 등의 원소를 최초로 분리해서 그 존재를 밝힌 탁월한 화학자다. 그는 자신의 최신 과학적 발견을 학계에 보고하는 데 그치지 않고, 대중 강연이라는 형식으로 대중에게 알리는 데도 열정을 쏟아 사회 명사의 지위를 누렸다. 데이비의 연구 도구는 그 당시 볼타가 막 발명한 전지였다. 볼타 전지를 전극에 연결해 액체 속에 넣었을 때 그 액체에서 벌어지는 화학 반응을 탐구하는 게 그의 특기였다. 데이비의 수제자 마이클 패러데이는 전자기 유도 법칙을 발견한 인물이다. 스승의 연구 분야뿐 아니라 대중 강연의 전통까지 물려받은 패러데이는 크리스마스 무렵 대중을 상대로 최신 연구 성과를 전달하는 '크리스마스 강연'을 만들었고, 지금도 그 전통은 계속되고 있다. 1936년부터는 이 크리스마스 강연을 영국 BBC 방송에서 방송한다. 미국에서 시작된 테드(TED) 강연에서는 과학자, 공학자가 연사로 등장해 자기 분야의 최신 연구 동향과 가까운 미래에 펼쳐질 세상에 대한 전망을 대중적인 언어로 전달한다. 이 강연은 유튜브에도 게시가 되어 세계 어디서나 접속해서 들을 수 있다.

우리나라의 과학 대중화도 양적, 질적으로 눈부신 성장을 했다. 소립자물리부터 응집물질물리, 통계물리, 천체물리까지 다방면에 걸쳐 수준 높은 대중 서적들이 출간됐고, 출판계에서 최고 권위를 누리는 한국출판문화상을 수상한 작품도 여럿이다. 대입 지원 서류에는 재학 기간 동안 읽은 책 목록이 기재된다. 이 목록에는 외국 작가의 대중서와 함께 국내 작가의 과학책도 적지 않게 등장한다. 기성 세대 과학자가 쓴 대중서가 과학 꿈나무를 키우는 거름이 되는 선순환 구조가 국내에서도 자리잡아가고 있다. 칼 세이건의 《코스모스》 한 권이 어떤 과학 정책보다 더 효과적으로 어린 학생들을 과학자의 길로 인도했다는 사실을 떠올려보면 좋은 교양 과학 서적을 쓰는 일의 중요성은 자명하다.

학업적 성취와 함께 훌륭한 독서 기록을 쌓아 대학에 진학한 학생들에게 주어진 다음 선택지는 무엇일까? 대학을 졸업하려면 문과 전공 학생은 이과 교양 과목을, 이과 전공 학생은 문과 교양 과목을 한두 개쯤 들어야 한다. 이과 학생에게는 심리학 개론, 법학 개론, 철학 개론, 미학 개론, 음악의 이해, 미술의 이해… 어떤 과목을 골라 들을까 행복한 고민이 뒤따른다. 반대로 문과 학생들이 이과 교양 과목을 들을 때는 선택지가 극도로 좁아진다. 과학사 개론, 천문학 개론 정도가 있고 '대통령을 위한 물리학' 같은 수업은 언감생심이다. 뮬러의 책과 강연은 '대통령을 위한'이란 수식어가 붙긴 했지만 사회의 재목으로 성장할 대학생에게 필요한 물리학적 상식을 전달하고 있다. 학생들이 장차 사회에 영향력이 큰 의사 결정을 담당하는 자리에 올랐을 때 과학자들이 엄밀하게 검증해놓은 지식을 바탕으로 판단해주길 바라는 소망을 강의와 책으로 담아낸 것이다. 저술가이자 탁월한 물리학자인 뮬러의 해박한 과학 지식과 사회를 향한 사명감이 돋보이는 책, 우리도 만들어보아야 한다.

고등과학원에서 지원하는 과학 웹진 〈호라이즌〉에 여러 물리학자가 의기투합해 '물질의 재발견'이란 제목으로 글 한 편씩을 써서 연재할 기회가 생겼다. 1년 반 동안 쌓인 열 편 남짓한 글이 한 권의 단행본으로 탄생했다. 고등학생들이 독서 목록을 채울 서적을 고를 때, 대학생이 교양 과목을 고를 때, 사회에서 누군가가 올바른 판단을 위해 물리학적 지식을 구할 때, 이 책이 좋은 선택지가 될 것이다. 이 책의 필진은 물리학 중에서도 물질물리학 각 분야의 최전선에서 활약하는 연구자들이다. 최고의 대중 과학서는 자기 분야에서 산전수전 겪으면서 업적을 일궈낸 전문가가 통찰을 바탕으로 회고록을 남기듯 글을 쓸 때 나온다. 이 책은 열한 명의 물질물리학자가 남긴 삶과 물질에 대한 회고록이다.

필자들이 다루는 '물질'은 통속적인 재화, 정신과 대비되는 철학적 대상이 아니다. 종교적 영성과 대비되는 속됨을 상징하는 물질은 더더욱 아니다. 과학적 탐구의 대상이 되고, 실생활의 도구를 만드는 데 사용되는 평범한 물질이다. 구리, 반도체, 절연체, 흑연, 유리, 액체, 기체,

빛, 자석이 이 책의 주제다. 이런 시시한 물질 이야기로 어떻게 책을 쓸 수 있나 의아해할 모든 사람들에게 꼭 일독을 권한다.

이 책의 1부에는 구리로 대표되는 금속부터 시작해서 반도체, 부도체, 그리고 탄소 물질에 이르는 고체 상태 물질을 묶었다. 흔히 '물질' 하면 일단 눈에 보이고 손에 잡히는 어떤 것이란 보편적 인식을 반영한 선택이다. 그만큼 고체는 우리에게 친숙하고 평범한 물질이기도 하다. 그 속에 숨겨진 비범함과 신비로움, 그리고 그것들을 물질 과학자들이 하나씩 발굴해온 과정을 물질물리학자의 시선으로 엮어보았다.

문명의 단계를 석기, 청동기, 철기로 나눌 때, 우리는 물질을 제어하는 방법의 발전이 곧 문명 발전의 제일원리임을 인정한 셈이다. 인간은 청동(구리)이나 철 같은 금속을 다루는 방법을 수천 년 동안 개발하고 연마해왔다. 하지만 금속의 금속다움을 특징짓는 전기 전도성, 물렁거림, 반짝임 등의 속성을 물리학적으로 이해한 것은 불과 100년 전 양자역학의 탄생 이후의 일이다. 양자물리학 덕분에 금속에 대해 많은 걸 이해하게 됐고, 20세기 중반이 지나면서 금속은 물리학의 최첨단 자리에서 물러나는 것처럼 보였다. 수천년 동안 이어진 인류와 금속 간의 실용적, 학문적 교류는 최근 다른 모습으로 부활하고 있다. 정세영 교수의 글은 금속의 맏형 구리가 어떻게 완벽에 가까운 단결정과 초정밀 박막이란 형태로 재탄생하는지를 보여준다.

일본 만화《미스터 초밥왕》에는 완벽을 추구하는 것을 보여주는 인상적인 장면이나 대사가 참 많다. 똑같은 연어 덩이라도 자르는 각도를 잘 고르면 칼질에 막이 터져버리는 연어 세포의 개수를 최소화하면서 맛을 극대화할 수 있다. 초밥의 세계에서 이런 일이 정말 가능할지 모르지만, 구리의 세계에선 충분히 가능하다. 솜씨 좋은 미장이가 벽돌을 차곡차곡 쌓아 담벼락을 올리면 벽돌 사이에 어긋남이 없고 가로세로 배열이 완벽하다. 재료과학의 발전과 더불어 마치 벽돌을 쌓아 올리듯 구리 원자를 하나씩 쌓아 구리 단결정을 만드는 기술이 정점을 향하고 있다. 이렇게 만들어진 구리 단결정의 빛깔은 붉은 갈색이 아니라 맑은 갈색이다. 초밥왕의 섬세한 칼질 대신 구리 장인의 섬세한 성장 기법 덕분에 구리 본연의 빛깔이 드디어 드러난다. 이 글은 평생을 구리 성장 기술을 완성하는 데 매진한 구리 장인의 인생 이야기이기도 하다.

20세기 이후 너무나 다양한 신물질이 개발됐고, 신문명이 구축됐다. 20세기를 물질의 관점에서 규정할 때 빼놓을 수 없는 단어는 반도체다. 언론에서도 하루가 멀다 하고 등장하는 게 반도체라는 단어지만, 막상 반도체가 무엇이고, 어떤 원리로 작동하고, 또 어떤 종류의 반도체 소자가 있는지 대중에게 소개하는 글을 찾기란 쉽지 않다. 실험물리학자 박용섭 교수는 반도체라는 물질의 기본 원리를 양자물리학적으로 설명하고, 이름과 종류도 다양한 각종 반도체 물질과 그 쓰임새를 조목조목 알려준다. 반도체의 역사에도 수많은 영웅이 등장한다. 이 글은 반도체 물리학 이야기이면서 이 분야를 엮어낸 거인들의 이야기다.

반도체가 금속에 비해 아주 적은 양의 전류만 흐르는, 겨우 전기가 통하는 물질이라면 부도체는 아예 약간의 전류도 통하지 않는 물질이다. 대부분의 부도체는 전기가 통하지도 않고 그저 딱딱하기만 한 재미없는 물질이고, 물리학자들에게도 마찬가지였다. 1980년대 초반 양자홀 효과의 발견은 부도체를 수학적으로 가장 흥미로운 물질로 재발견하는 과정의 서막이었다. 현대수학의 한 분야인 위상수학과 부도체 등의 응집물질을 다루는 응집물리학이 만나 위상물질물리학이란 새로운 물리학 분야가 탄생했고, 부도체는 위상물질의 총아가 됐다. 안경 쓴 소심남 클라크가 슈퍼맨인 것처럼 가장 평범하고 지루한 물질 같던 부도체가 위상수학이라는 오묘한 수학적 원리를 거시적인 물질 차원에서 구현하는 흥미로운 물질이었다. 이로 인해 물질물리학의 지형이 바뀌었는데, 양범정 교수는 이 분야에서 뛰어난 업적을 냈다. 자유전자의 움직임이 전혀 없어 전기를 통하지도 않는 지루한 물질인 줄 알았는데, 그 고요한 부도체의 공간이 오히려 위상수학이 발현되기에 최적의 물질 공간이 되리라고는 어떤 탁월한 물리학자도 예측하지 못했다. 위상물질의 발견은 전혀 예상된 것이 아니었고, 과학의 발전은 이런 뜻밖의 우연을 통해 성큼 이루어진다.

유기물과 무기물의 구분이 탄소를 기준으로 이루어질 만큼 탄소는 생명 현상이나 화학 반응을 이해할 때 빼놓을 수 없는 원소다. 탄소가 화학자나 생물학자가 아닌 물리학자에게 흥미를 불러일으킨 시점을 꼽으라면 원자로의 핵분열 반응 속도를 제어하는 물질로 흑연graphite이 사용되었을 때다. 핵발전에서의 중요성 때문에 탄소에 대한 연구가 이루어지긴 했지만, 이것은 탄소 원자에 대한 관심이라기보다는 그 원자 속에 있는 핵이 일으키는 핵분열 반응에 대한 연구였다. 탄소 물질은 우리 실생활에서 중요한 역할을 한다. 연료 혹은 연필심으로 쓰는 흑연과 다이아몬드 역시 순수하게 탄소로만 만들어진 물질이다. 20세기 후반 버키볼, 나노튜브,* 탄소 원자 한 장짜리 2차원 물질인 그래핀이 발견되면서 드디어 탄소가 21세기 물질물리학의 중심에 자리잡게 됐다. 그래핀 발견의 영웅 중 한 명인 하버드대학교 김필립 교수가 미국 UC 버클리에서 박사후 연구원을 하며 그래핀을 만들기 위해 도전하는 모습을 동료로서 가까이서 지켜봤던 최형준 교수는 그 자신도 나노튜브, 그래핀 등 탄소 물질 이론 분야에서 꾸준히 뛰어난 업적을 배출했다. 최형준 교수의 글은 버키볼, 나노튜브, 그래핀 등 탄소 물질의 성질과 발견 과정을 친절하게 독자들에게 전달해주는 종합선물세트다.

2부에서는 양자역학적인 특성이 유난히 잘 발현되는 물질의 상태를 묶었다. 물질은 원자로 구성되어 있고 원자는 양자역학의 지배를 받는다는 점에서 모든 물질은 양자물질이라고 볼 수도 있긴 하지만 그중에도 유난히 독특한 양자역학적 성질의 발현을 보고 싶다면 물질의 온도를 절대영도 근방까지 낮춰야 한다. 이런 상황에서 흔하디흔한 액체는 양자 액체가, 기체는 양자 기체로 변신한다. '양자'라는 수식어가 덧붙을 때 액체, 기체는 어떤 놀라운 성질을 발현하는가, 그 발견 과정 속에 서려 있는 물리학자들의 고군분투는 무엇이었나를 감상할 기회다.

• 버키볼buckyball은 탄소 원자가 5각형과 6각형으로 이루어진 축구공 모양으로 연결된 분자, 나노튜브는 지름이 수 나노미터에서 수백 나노미터 크기의 터널 구조를 가진 통 모양 분자나 분자집합체를 뜻한다.

똑같은 원자로 구성된 물질이라도 온도에 따라 고체, 액체, 기체로 그 상태를 구분할 수 있다는 것을 우리는 알고 있다. 열을 더하면 얼음이 물이 되고 수증기로 바뀐다. 18세기에 화학자 앙투안 라부아지에, 험프리 데이비, 마이클 패러데이 등이 다양한 기체를 분리해내는 작업을 차근차근 진행했고, 19세기 초반에 이 세상에는 다양한 종류의 기체가 존재한다는 점이 분명해졌다. 기체의 다양성은 곧 그 기체를 구성하는 원자의 다양성을 의미한다. 우주를 구성하는 원자가 여럿 존재한다는 사실은 기체의 성공적인 분리 작업을 통해 최초로 알려졌다. 상온에서 기체를 분리하는 데 성공한 과학자들에게 주어진 다음 과제는 이들에게서 열을 빼앗아 액체로 탈바꿈시키는 일이었다. 여기서 우리는 흥미로운 비대칭성과 직면하게 된다. 물체에 열을 가하는 것은 성냥만 있으면 되니까 쉽지만 빼앗는 것은 쉽지 않다.

라부아지에는 18세기 중반부터 기체의 액화를 꿈꿨지만 그걸 실천할 만한 기술이 아직 무르익지 않았다. 그로부터 한 세기에 걸쳐 열역학에 대한 이해가 깊어지고 이를 토대로 한 냉각 기술이 개발되면서 과학자들은 기체를 하나둘 액화하는 데 성공했다. 새로운 기체가 액화될 때마다 과학자들의 실험실에 있는 냉각기의 온도는 더 내려갔다. 점점 더 성능 좋은 냉장고가 만들어진 셈이다. 냉장고는 19세기 과학자들의 노력으로 개발된 냉각 기술의 부산물이다. 사람의 발길을 거부하는 산봉우리처럼 마지막까지 액화를 거부한 기체는 헬륨이다. 액체 헬륨 연구자 최형순 교수는 액체 냉각 속에 숨어 있는 열역학 이야기, 헬륨을 액화하기 위한 역사적 장정을 밟은 물리학자 이야기를 들려준다. 절대영도라는 개념이 정립되면서 물리학자들에게는 뚜렷한 목표가 생겼다. 바로 절대영도에 도전하는 것이다. 이 도전의 정점에는 헬륨의 액화란 과제가 있는데, 20세기 초반 카메를링 오너스가 절대온도 4도 부근에서 헬륨을 액화하는 냉장고를 만드는 데 성공하여 거대한 이정표를 세웠다. 목소리를 바꿔주고 풍선을 띄워주는 재미있는 기체에 불과했던 헬륨이 극저온에서 액화되면 초유체라는 전혀 새로운 종류의 액체로 탈바꿈한다. 헬륨 초유체는 마찰이 완벽하게 없는, 완벽하게 미끄러운 액체다. 마지막까지 액화를 거부했던 이 평범한 기체는 극저온의 냉장고 속에서 초유체라는 신비로운 액체로 재탄생했다. 미운 오리 새끼가 백조가 된 것 이상의 대반전이다.

고체와 액체 이야기를 다루었으니 그다음 주제가 기체인 것은 당연하다. 기체를 액화시키려는 노력은 19세기에 걸쳐 물리학 발전의 원동력이 됐지만, 기체 자체에 대한 물리학자들의 관심은 그다지 크지 않았다. 방향제부터 독가스까지 기체가 보이는 다양한 특성은 기체 분자의 화학적 반응에서 비롯된 특징이고, 물리학적인 특징이라고 보긴 어려웠다. 기체에 대한 이런 인식이 결정적으로 바뀐 계기로 알베르트 아인슈타인이 1925년 제안한 보스-아인슈타인 응축 원리를 들 수 있다. 그 당시 빠르게 발전하던 양자역학은 본래 원자 하나의 거동을 이해하는 데 집중되어 있었다. 보스는 빛알갱이 입자인 광자가 모인 집단에 양자역학적 사고방식을 적용하면 무슨 일이 벌어질까에 대한 답을 주는 수학적 방법론을 개발했고, 아인슈타인은 그 방법론을 광자 대신 원자가 모인 기체에 적용해보았다. 결론은 기체를 충분히 차갑게 냉각하면 양자적 특성이 발현된 기체로 탈바꿈한다는 것이었다. 후대 사람들은 이렇게 양자역학적 원리의 지배를 받는 기체를 상온의 기체와 구분지어 양자 기체로, 양자 기체의 액화를 보스-아인슈타인 응축으로 부르기 시작했다. 아인슈타인의 다른 수많은 제안처럼 그의 양자 기체 응축 제안은 시대를 한참 앞선 것이었고, 실험적으로 증명하는 데도 많은 시간이 필요했다. 20세기 후반 레이저라는 강력한 실험 도구가 발명되면서 기체 상태의 원자를 조작하는 기술이 보스-아인슈타인 응축을 관찰할 수준으로 발전했다. 1925년 예측됐던 응축 현상이 드디어 실험실에서 구현된 것은 그로부터 70년이 흐른 1995년이었다. 이 멋진 대장정의 이야기를 들려주는 신용일 교수는 보스-아인슈타인 응축을 최초로 구현한 인물 중 하나로 노벨 물리학상을 받은 매사추세츠공과대학(MIT) 볼프강 케테를레 교수의 제자이며, 그 자신도 이 분야에 괄목할 만한 업적을 남겼다. 19세기에는 기체의 액화에 도전했던 물리학의 영웅들이 있었다면 20세기엔 기체의 양자 응축에 도전한 과학자들이 있었다. 양자 응축된 상태가 만들어진 온도는 나노켈빈 부근이다. 오너스의 냉장고와는 비교할 수 없는 낮은 온도다. 과학의 역사는 중요한 문제를 붙든 채 포기하지 않고 도전하는 인재들의 손으로 만들어진다는 것을 되새기게 한다.

3부는 너무나 흔하면서 평범해 보이기 때문에 별로 중요하지 않다고 '착각'할 만한 물질을 다뤘다. 대상은 빛, 유리, 자석이다. 공통점은 이들 모두 공학적 측면에서 현대 문명을 떠받드는 핵심 물질이란 데 있다. 광통신, 컴퓨터와 핸드폰의 액정화면, MRI 같은 첨단 의료기기를 생각하면 수긍하기 쉽다. 순수한 호기심에서 출발한 탐구가 궁극적인 공학적 산물로 진화해온 과정, 그리고 이런 물질이 실생활과 산업의 첨단에서 응용되는 사례를 다룬다.

빛만큼 흔한 물질이 우리 주변에 또 있을까 싶지만 막상 빛을 제대로 이해하려면 양자역학이라는 최종 물리 이론이 필요하다. 20세기 초반 이루어진 양자역학의 발전을 통해 우리는 빛을 이해하게 됐다. 빛에 대한 이해를 바탕으로 빛의 성질을 제어하고 조작하는 작업이 뒤를 이었다. 진공 속을 움직이는 빛은 광속으로 직진 운동만 하는 따분한 존재지만 매질 속을 통과하는 빛은 이보다 훨씬 다양한 재주를 부린다. 물속에 집어넣은 빨대가 휘어져 보이는 굴절 현상은 서로 다른 매질 사이를 통과하는 빛이 부리는 대표적인 마법이다. 현대 인터넷 문명의 근간에는 광통신이 있고, 그 뼈대는 빛의 속도로 정보를 실어나르는 광섬유다. 광섬유는 빛의 직진성을 잘 제어해 가느다란 섬유 속으로만 빛이 진행하도록 만든 물질이다. 이보다 한층 대담하게 빛이 통과하는 매질의 성질을 잘 조작해 투명 망토를 만들어보겠다는 기발한 시도도 있다. 광섬유나 아직 존재하진 않지만 투명 망토처럼 빛의 성질을 인위적으로 조작할 수 있는 매질을 메타물질이라고 부른다. 김튼튼 교수는 메타물질 연구 전문가다. 그의 글을 통해 그동안 언론 매체에 종종 등장했지만 실체를 파악하기는 어려웠던 메타물질에 대한 설명을 조목조목 들을 수 있다.

빛을 통과시키는 물질의 대명사인 유리가 우리 생활에서 차지하는 역할은 셀 수 없이 많다. 건물이나 자동차의 창, 휴대전화, 모니터, 텔레비전의 화면이 모두 유리다. 유리가 실생활에서 차지하는 중요성에 비해 유리의 과학에 대한 대중적 설명이나 이해는 매우 빈약하다. 단지 홍보나 대중화의 노력이 부족한 게 이유의 전부는 아니다. 가장 가깝지만 가장 이해하기 힘든 것이 가족이듯 유리는 물리학자들이 오랫동안 이해하려고 노력했지만 지금까지도 가장 이해가 부족한 물질이다. 고체, 액체, 기체, 빛에 대한 이해 수준에 비하면 유리의 성질에 대한 과학자들의 이해는 아직 갈 길이 멀다. 21세기의 물리학이 해결해야 할 난제를 열거하라면 유리 문제를 빼놓을 수 없다. 고재현 교수는 유리가 사용되는 대표적 장치인 디스플레이 자체뿐 아니라 다양한 유리 상태를 보이는 물질들의 재미있는 동역학적 현상들을 연구해왔다. 그의 글은 친숙한 줄 알았지만 내막은 생소한 물질, 유리의 이야기를 흥미진진하게 전한다.

한정훈 교수는 양자 자성 분야에서 오랜 경력을 쌓은 이론물리학자다. 금속 못지않게 자석은 인류 문명 발전에 기여한 바가 큰 물질이다. 또 금속과 마찬가지로 그 작동 원리를 잘 이해하지 못하면서도 물질을 제어하는 기술은 정교하게 발전시켜 문명의 이기로 사용한 대표적인 사례에 속한다. 자석에 대한 이해 역시 20세기 초반 양자역학의 발견과 함께 가능해졌다. 우리 몸이 자석이듯 우주를 구성하는 거의 모든 입자가 자석이라는 과학적 관찰로부터 글은 시작된다. 20세기 후반 완성된 입자의 표준모형에 따르면 우주에서 지금까지 발견된 기본 입자들 대부분은 스핀이란 특성을 갖고 있는데, 달리 말하면 자석의 속성을 갖고 있다는 뜻이다. 전자, 중성자, 양성자 모두 자석이다. 어떤 물질이 자석이라는 것이 신기한 것이 아니라 알고 보니 자석 아닌 물질이 있다는 것이 오히려 신기하다. 적당한 자극을 주면 자석들이 활성화되고, 전자기파 형태로 신호를 내보낸다. 그 신호를 검출하면 몸 속 상태를 사진 찍듯 판독할 수 있다. 병원에 가면 볼 수 있는 자기공명영상(MRI) 장치의 원리다. 자석 이야기에는 양자역학의 창시자 중한 명인 베르너 하이젠베르크의 첫 제자로 자석에 대한 양자역학적 이론을 개척하고 나중에 노벨 물리학상까지 받은 펠릭스 블로흐, 자기공명 장치를 개발한 피터 맨스필드와 폴 라우터버가 들어 있다. 양자컴퓨터의 기본 단위인 큐비트가 사실은 양자 자석이다. 20세기 후반은 양자 문명이 꽃핀 시기였다면 21세기 초반은 양자 컴퓨터와 양자통신을 아우르는 양자 기술을 개발하는 시대라 할 수 있고, 어쩌면 21세기 후반엔 본격적인 양자 정보 문명이 꽃필지도 모른다.

4부는 물질 이야기의 마지막으로, 아직 해결되지 못한 물질물리학의 두 난제를 다룬다. 양자역학의 발견은 물질에 대한 근원적인 이해를, 그리고 그 이해는 수없이 많은 신물질을 우리에게 선사했고 그 신물질을 바탕으로 20세기 물질문명이 만들어졌다. 그런 성공담에 큰좌절을 안긴 대표적 물질이 상온 초전도체다. 쉽게 말하자면 핸드폰이나 컴퓨터를 아무리 오래 사용해도 기기가 전혀 뜨거워지지 않도록해주는 특별한 물질이다. 이런 물질이 발견되고 상용화된다면 문명사회는 또 한번 큰 변혁을 겪을 것이다. 그다음은 암흑물질 이야기다. 가장 수수께끼 같은 물질은 우주공간 전체에 퍼져 있다. 천문학자들이관측한 은하계의 운동 결과에 따르면 암흑물질은 분명 존재해야만 하는데도 불구하고 막상 이걸 직접 관측한 적이 없다. 우주의 구조를 제대로 이해하고 싶으면 암흑물질의 정체를 밝혀야만 한다.

20세기는 과학기술 문명의 시대이자 '양자 문명'의 시대였다. 원자핵에서 막대한 에너지를 추출해내는 원리를 발견한 과학자들은 처음엔 핵무기를, 그다음엔 핵발전을 인류에게 선물했다. 핵발전을 통한 막대한 전기 공급이 없었다면 지금 같은 거대한 세계 경제를 이뤄내지 못했을 것이다. 레이저는 일상생활과 산업현장뿐만 아니라 최근에는 핵융합 발전을 유발하는 도구로 사용되고 있다. 빛의 양자역학적 성질을 이해하고 그걸 응용한 물건이 바로 레이저다. 거대한 반도체 및 컴퓨터 산업의 기저엔 고체 속을 움직이는 전자의 양자역학적 거동을 이해하는 데 성공한 한 세기 전 물리학자들의 공로가 있다. 핵발전, 레이저, 반도체의 뒤를 이어 세상을 또 한번 뒤바꿀 만한 물질은 상온에서 작동하는 초전도체다. 전기 저항이 없어 전기를 흘려도 열손실이 전혀 없는 물질이 존재한다면 우리는 더 이상 전기요금을 신경 쓰지 않을 것이다. 한때 상온에서 작동하는 초전도체에 대한 꿈을 불러일으킨 물질이 있었다. 고온 초전도체다. 1980년대부터 시작된 고온 초전도체 물질의 발견과 그 성질을 이해하려는 노력은 물리학 역사상 가장 치열하게, 집중적으로 진행되었으면서도 궁극적으로는 '실패한' 사업이었다. 기존의 초전도체보다 전이온도가 약간 높은 물질이 처음 발견되었을 때 전 세계는 경악했고 점점 더 높은 온도까지 초전도의 성질을 유지하는 물질을 찾는 시도가 경쟁적으로 이루어졌다. 그 최종 결과물은 상온보다 150도 이상 낮은 온도에서 초전도의 성질을 잃어버리는 물질이다. 상온과는 여전히 거리가 멀다. 김기덕 박사는 초전도체의 원리부터 고온 초전도체 발견의 역사, 성질, 남은 과제까지 차근차근 설명한다. 고온 초전도체를 바라보는 시각은 두 가지다. 20세기 물리학의 위대한 실패 또는 21세기에 풀어야 할 위대한 난제. 우리는 이미 21세기를 한창 지나고 있고, 언젠가는 물리학자,

재료과학자들이 다시 한번 총력을 기울여 상온에서 작동하는 초전도체를 발견하려고 할 것이다. 김 박사의 글은 차세대 과학자에 대한 초대장이다.

책의 마무리는 아직 발견되지 않은 물질 이야기다. 21세기에도 여전히 발견되지 않은 물질이라면 아예 존재하지 않는 물질이 아닐까 싶겠지만, 암흑물질 이론 전문가 박성찬 교수의 이야기를 듣고 나면 그런 생각이 큰 오해였다는 걸 알게 된다. 암흑물질이 우주 공간에 존재한다는 증거는 놀랍게도 이미 한 세기 전부터 시작된 치밀한 천문학의 관측 결과로 차곡차곡 쌓여왔다. 암흑물질의 존재를 부정하기엔 이미 늦었다. 그럼에도 불구하고 아직 암흑물질의 존재를 직접적으로 보인 실험은 하나도 없다. 난제 중의 난제이다. 21세기에 또 한번 물리학의 혁명이 시작된다면 암흑물질을 성공적으로 검출하는 데서 일어날 것이라는 필자의 선언은 예언 같다.

'세상은 돌고 돈다.' '역사는 반복된다.' 엄밀한 진리는 아니지만 인생 교훈쯤으로 믿고 받아들이는 데는 거부감이 없다. 데모크리토스가 주장했다는 원자론이 20세기 양자역학의 탄생과 더불어 드디어 과학적으로 검증됐다는 주장은 역사가 반복된다는 명제의 한 증거로 보일 수도 있다. 그러나 양자역학적 원자론은 그리스의 사변적 원자론과는 전혀 닮은 꼴이 아니다. 그 사이에 엄청난 과학 도구가 줄 이어 발명됐고, 그리스 기하학의 범주를 훨씬 뛰어넘는 정교하고 다양한 수학이 발달했다. 이런 수학적, 과학적 발전의 토양이 마련된 뒤 비로소 완성된 원자론이 데모크리토스의 원자론과 같을 리 없다.

과학의 역사는 같은 이름 아래 다른 모습으로 재발견된 물질의 사례로 넘쳐난다. 평범한 줄 알았던 구리 덩이는 원자 수준까지 잘 정렬된 단결정 구리로 재발견하면 빛깔부터 달라진다. 탄소는 유기물과 무기물을 구분짓는 기준이 되는 물질이고 화학자와 생물학자가 사랑하는 물질인 줄 알았는데 어느덧 물리학의 주연 역할을 하고 있다. 전 세계 물질 과학자들이 2차원 물질을 기반으로 한 새로운 소자 물질 찾기에 열을 올리고 있고 그 출발점이 된 것은 2차원 탄소 물질, 그래핀의 발견이었다. 자석은 나침반처럼 실생활을 이롭게 하는 도구에서 출발해 몸속의 사진을 찍는 정밀한 도구로, 그리고 요즘은 양자 컴퓨터의 소자인 큐비트로 진화하는 중이다. 부도체는 가장 지루한 물질인 줄 알았는데, 알고 보니 위상수학이라는 추상 수학을 '온몸으로' 구현하는 기묘한 물질의 대명사였다. 빛은 직진만 하는 줄 알았는데, 매질을 정교하게 만들고 배치해서 메타물질을 만들면 이리저리 움직이는 방향을 조절할 수 있다. 액체의 온도를 극한으로 낮추면 초액체라는 이름의, 점성이 전혀 없는 액체로 탈바꿈한다. 기체를 아주 차갑게 만들면 양자 응축된 물질로 전이한다. 애벌레가 나비가 되듯 이름은 같아도 한번 재발견된 물질은 처음 물질과 같지 않다. 이런 재발견 과정이 마무리되면 유리나 고온 초전도체처럼 복잡한 물질의 원리를 완벽히 파악하는 데 과학자들의 노력이 집중될 것이다. 유리와 초전도체마저 정복해 드디어 물질에 대한 탐구가 다 끝나더라도 여전히 암흑물질 연구가 과학의 지평선으로 남아 있을 것이다.

아주 먼 훗날의 인류에게 20세기를 묘사할 한 문장이나 단어를 고르라고 한다면 무엇일까? 과학자의 시각으로는 민주주의, 인권, 세계화, 또는 양극화 같은 단어보다 '물질의 재발견'이 더 적절하지 않을까 싶다. 양자역학의 발견으로부터 비롯된 물질의 본성에 대한 이해, 그리고 이런 이해를 산업화와 결부시켜 만들어낸 무수한 신물질과 신소재, 소자가 결국 20세기부터 시작되어 21세기로 지속된 우리의 모습이 아닐까. 필자들은 이 책에 물질 발견과 발명의 역사, 그리고 최첨단 물질물리학과 산업의 이모저모를 담아내려고 했다. 평범한 물질 속에 담긴 비범한 물질 이야기와 그 이야기의 주인공인 과학자, 공학자 영웅들의 일대기가 독자들의 마음속 꿈 발전기로 자리잡길 바라는 마음이다.

2023년 3월
한정훈

1부 고체의 재발견

1

금속의 재발견

: 금빛보다 아름다운
구리의 빛깔

정
세
영

부산대학교 광메카트로닉스공학과 교수. 결정학을 공부한 물리학자다. 투명한 보석인 수정에서부터 불투명한 금속인 구리나 은까지, 150가지가 넘는 물질을 단결정으로 만들어봤다. 구리 단결정으로 오디오 케이블을, 은 단결정으로는 반지를 만들기도 했다. 최근에는 결함 없는 금속 박막을 아주 평평하게 만드는 일을 주로 한다. 달구지가 지나던 비포장도로가 고속도로로 바뀌면 없던 경제와 산업이 생기듯이 결함이 완전히 사라진 물질에서 본래 물질과는 완전히 다른 물성이 나타나는 걸 발견하는 재미를 누리는 중이다. 과학 대중화에도 관심이 많아 초중고생을 위한 한국 결정성장 콘테스트를 진행했고, 현재 단결정은행연구소를 운영하고 있다.

석기시대, 청동기시대, 철기시대는 인류 문명을 도구의 발전이라는 관점에서 분류한 것이다. 이런 구분의 기준은 도구를 만드는 데 사용된 물질이다. 청동기시대를 지배한 물질은 구리였다. 철기시대를 지배한 물질인 철과 더불어 '금속' 하면 떠오르는 대표적인 물질이다. 구리는 기원전 9500년 무렵의 유적에서도 출토되는 원소로, 구약성서에도 '놋'이라는 이름으로 등장한다. 고대 이집트에서는 기원전 5000년 무렵부터 구리를 사용하고 있었다. 구리는 도구뿐 아니라 화폐로 사용됐고, 권력의 상징이자 통치의 수단이었다. 인류에게 문명의 창을 열어준 원소라고 할 만하다.

고대의 구리는 종 또는 거울을 만드는 데도 사용되었다. 박물관에 가면 이런 청동 유물을 접할 수 있는데, 대체로 녹색을 띤다. 습한 곳에서 수분과 이산화탄소가 작용해 표면에 염기성 탄산 구리가 생겼기 때문인데, 흔히 '녹청'이라고 부른다. 근대에 들어서 구리의 주가가 높았던 때를 꼽으라면, 에디슨과 테슬라의 '전류 전쟁' 시절을 들 수 있다. 1878년 에디슨이 설립한 전등 회사는 3000여 개의 백열전구에 전력을 공급하기 위해 110볼트 전압의 직류 전기를 사용했다. 이때 도선에서 발생하는 열에너지 손실이 무척 커서 몇 킬로미터 이상 떨어진 곳으로 전력을 전달하는 데는 문제가 있었다. 에너지 손실을 줄이는 한 가지 방법은 좀더 높은 전압으로 흐르는 전류를 사용하는 것이지만, 그 당시는 좋은 변압기(전류의 전압을 바꿔주는 기계)가 아직 발명되기 전이었다. 대신 에디슨이 택한 대안은 여러 곳에 발전소를 건

설한 뒤 발전소 인근 지역으로만 전력을 공급하는 방식이었다. 그 당시 전선으로 사용했던 굵은 구리선을 공급하던 프랑스의 구리 판매 기업들이 담합하여 가격을 세 배 이상 인상하는 바람에 에디슨의 회사는 큰 어려움을 겪었다고 한다.

발전소에서 전기를 보낼 때 왜 구리선을 사용할까? 구리는 전기가 잘 통한다. 물리학 용어로 말하자면 전기 전도도가 매우 높다. 금속과 비금속의 차이점은 한마디로 '전기가 잘 흐르느냐 흐르지 않느냐'이다. 전기 전도도가 높은 금속은 대체로 열도 잘 통한다. 또한 금속은 다른 고체에 비해 변형이 잘되고, 잘만 가공하면 반짝반짝한 거울 면을 얻을 수도 있다. 이런 금속의 보편적 특성 뒤에는 금속 안에서 자유롭게 움직이는 '자유전자'가 있다. 비유하자면 금속은 일종의 마을이고, 전자는 그 마을을 돌아다니는 사람이다. 코로나19 같은 전염병이 발생해서 모든 사람이 자기 집에만 틀어박혀 있으면 마을 경제도 잘 안 돌아간다. 전류는 고체라는 마을의 경제라고 할 수 있다. 따뜻한 봄이 오고 전염병도 황사도 없어 마을 사람들이 자유롭게 돌아다니는 상황에선 경제도 활발해진다. 금속에서 전류가 잘 통하는 상황과 비슷하다. 전기 전도도가 큰 물질에서 전자가 다니는 길은 오르막이 없고 편평한 제주도 올레길 같다.

에디슨 시절만 해도 구리의 전성기였지만, 기술의 발전과 함께 첨단 소재가 급물살처럼 쏟아져 나오면서 구리는 그저 전류만 잘 흘리는 재미없는 도체로 전락했다. 그런 구리가 최근 다시 주목받기 시작했다. 결정적인 이유는 구리의 단결정single crystal 만들기가 가능해졌기 때문이다. 결정이라고 하면 루비, 사파이어, 다이아몬드 같은 보석을 생각하기 쉽다. 보석도 아니고, 투명하지도 않은 구리나 은 같은 금속이 결정 상태를 이룬다고 하면 좀 생소하게 들릴 수 있다. 자연에서 발견되는 보석류의 물질은 단결정 상태로 존재하지만 금속은 단결정이 아닌 다결정polycrystal 상태로 존재하는 것이 일반적이다.

다결정과 단결정의 차이를 이해하기 위해 트럭에 가득 실은 벽돌을 땅바닥에 쏟아부은 모습을 그려보자. 벽돌은 〈그림 1〉의 (a)처럼 무질서하게 어질러져 있다. 이게 바로 다결정의 모습이다. 반면, (b)처럼 미장이가 벽돌 하나하나를 정성 들여 쌓아 올리면 '벽돌 단결정' 상태로 바뀐다. 앞서 들었던 마을의 비유로 돌아가보면, 마을 사람들이 다니는 평지 길이 끊어지지 않고 계속 연결되어 있는 마을은 단결정 마을이다. 다결정 마을에서는 평지 길이 잠깐 나오는가 싶다가 뚝 끊어지거나, 길 한가운데 엄청난 둔덕이 있어 그 옆의 평평한 샛길로 돌아가야 한다. 높지 않은 둔덕은 큰 힘을 들이지 않고 넘어갈 수 있긴 하지만 이 마을에는 이런 둔덕이나 푹 팬 길이 너무 많다. 대부분의 물질은 다결정 마을의 모습을 하고 있다. 단결정을 만든다는 건 전자가 오르막, 내리막에서 고생하지 않고 쏜살같이 길을 달릴 수 있도록 무한

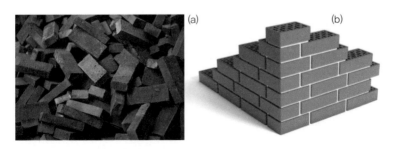

〈그림 1〉 다결정(a)과 단결정(b)을 이해하기 위한 벽돌쌓기 비유.

히 긴 평지 길을 사방으로 내는 것과 같다. 벽돌은 우리 눈에 보이기 때문에 미장이의 솜씨로 차곡차곡 쌓을 수 있지만 눈에 보이지 않는 초소형 벽돌이라고 할 구리 원자를 어떻게 차곡차곡 쌓아 단결정 구리를 만들 수 있을까? 이런 마법을 부리는 사람을 재료과학자라고 한다.

구리의 단결정화 기술이 급격하게 발전한 배경에는 뜻밖에도 첨단 소재에 대한 열망이 자리잡고 있다. 반도체 소자가 초소형화되는 추세에 맞춰 기존의 실리콘(Si)이나 갈륨비소(GaAs) 기반 반도체와는 다른 물질에 기반을 둔 반도체 소자의 가능성에 관심이 모였다. 대표적인 사례로 탄소 원자가 벌집 모양으로 얽힌 2차원 물질인 그래핀graphene을 들 수 있다. 그래핀으로 전자 소자를 만들 수 있다면 탄소 원자 한 층짜리 물질로도 반도체의 특성을 구현할 수 있게 된다. 완벽한 2차원 물질이라는 상징성 외에도 매우 높은 전기 전도도 및 열 전도도, 광 투과율과 역학적 강도 등으로 인해 차세대 신소재로 각광을 받는 꿈의 물질이 그래핀이다.*

이런 2차원 물질은 저절로 만들어지지 않는다. 허공에서 그래핀을 만들 수는 없으니 일단 어떤 평평한 판을 만들고 그 위에 그래핀 같은 2차원 물질을 키워야 한다.** 그래핀이라는 물질이 발견된 2004년으

---

* 투과율은 빛이 어떤 물질에 반사되지 않고 그냥 투과해버리는 정도를 말한다. 그래핀의 높은 광 투과율과 그 응용 가능성에 대해서는 이 책의 7장 '빛의 재발견'에서도 다루고 있다. 그래핀의 발견 및 일반적인 물성 이야기는 4장 '탄소의 재발견'에서 다시 만날 수 있다.

** 응집물리학이나 재료공학에서는 결정을 키운다, 성장시킨다, 또는 기른다 (매우 생물학적인) 표현을 자주 사용한다. 원자를 하나씩 쌓아 덩어리 결정을 만들어가는 과정을 가리키는 말이다. 마치 고급 난초를 온갖 정성을 다해 키우듯, 가장 평평하고 완벽에 가까운 단결정을 키우겠다는 장인 정신의 표현이기도 하다.

로부터 얼마 지나지 않아, 탄소 원자 한 층짜리 그래핀을 잘 만드는 데
는 구리 기판이 적임자라는 사실이 알려지기 시작했다. 그 이후 전 세
계적으로 누가 구리를 얼마나 크게 단결정으로 잘 키울 수 있는지를
두고 경쟁이 시작됐다. 왕년의 주연급 배우가 오랜만에 다시 드라마에
조연으로 출연했다가 그만 주연의 인기를 앞지르는 이른바 역주행의
모습을 보는 것 같다.

'자연산' 구리와 '양식' 구리

생선회의 세계에서는 흔히 자연산을 양식어보다 높게 평가한다. 다이
아몬드도 공장에서 만든 인조 다이아몬드보다 자연에서 캐내는 다이
아몬드가 훨씬 비싸다. 그러나 정확히 조사해보면 실험실에서 '양식
된' 단결정이 '자연산' 다결정보다 품질면에서 훨씬 뛰어나다. 완벽한
단결정은 판매대에 가로세로로 가지런히 진열된 사과와 같다. 만약 진
열대에서 사과가 하나 비어 있거나 사과 자리에 배가 있으면 금방 눈
에 띈다. 재료과학자들은 이런 현상을 결함defect이라고 부른다. 결함
중에 좀더 심각한 경우는 사과 진열대의 한 줄이 통째로 귤로 채워져
있거나 아예 비어 있는 경우다. 이제 사과 대신 구리 원자를 대치해서
상상해보자. 대부분의 금속을 원자 단위로 확대해서 들여다보면 이런
결함투성이다.

　한때 케이블에 사용한 금속 선이 고급이라는 걸 강조하기 위해
99.999999퍼센트(8N)의 고순도 도체를 사용한다고 홍보하는 회사가
있었다. 구리선을 예로 들자면 1000개의 구리 원자에 다른 원자가 하

〈그림 2〉 과일 진열대의 사과는 고체 결정의 원자에 해당한다. 사과의 빈자리, 또는 사과 대신 배가 놓인 자리가 바로 결함이다.

나 섞여 들어갔을 때의 순도가 99.9퍼센트다. 8N의 순도를 자랑하는 구리선은 1억 개의 구리 원자 사이에 겨우 하나의 이물질 원자가 섞여 들어간 것이니 어마어마한 성과로 보인다. 하지만 막상 상온에서 구리 선의 저항을 측정해보면 순도 99.9퍼센트(3N)를 넘어가는 순간부터 별반 차이가 없다.＊ 그 이유를 간단히 이해할 수 있다. 구리선이 케이 블로 작동하는 상온에서는 구리 원자가 (비록 우리 눈에는 안 보이지 만) 가만히 있지 않고 끊임없이 진동한다.＊＊ 멀리서 잔잔해 보이는 바 다도 가까이 보면 쉬지 않고 물결이 일렁이는 것처럼 말이다. 마을의 비유를 인용하자면, 미약한 지진이 끊임없이 일어나 길이 계속 흔들리 는 상황이다. 어차피 자유전자의 흐름이 원자 자체의 진동 때문에 심 하게 방해를 받고 있는 상황에서 불순물 원자가 구리 원자 1000개당 1개 있건, 100만 개당 1개 있건 큰 차이를 주지 않는다. (물론 극저온

＊ 저항은 전도도에 반대되는 개념이다. 전도도가 높으면 저항이 낮고, 저항이 높으면 전도도가 낮다.

＊＊ 구리뿐 아니라 모든 물질 속의 원자는 끊임없이 진동한다. 열적 요동이라는 효과 때문이다.

〈그림 3〉 사과 배열이 흐트러진 진열대.

에서는 원자의 진동이 거의 멈추기 때문에 불순물의 개수가 저항에 큰 차이를 준다.) 상온에서 구리선의 성능, 즉 전도도를 좌우하는 것은 불순물의 정도보다는 진열 순서의 오류 유무다.

〈그림 2〉처럼 사과 자리에 사과가 빠져 있거나 사과 대신 배가 놓인 경우는 단결정 속에 불순물이 들어가 있는 상황에 비유된다. 반면 〈그림 3〉처럼 사과를 흩트려 진열한 모습은 결함이 많은 다결정에 비유할 수 있다. 불순물은 하나도 없지만 진열 방식에는 오류가 많은 상황이다. 〈그림 3〉의 사과 하나하나를 구리 원자라고 하면 사과 사이를 날아다니는 파리를 자유전자로 볼 수 있다. 파리 입장에서는 진열된 사과의 '결'을 따라 비행하는 것이 더 용이하다. 〈그림 2〉처럼 진열된 가판대는 비록 불순물이 있긴 하지만 사과 배열의 결은 잘 살아 있기 때문에 파리가 어렵지 않게 비행할 수 있지만, 〈그림 3〉과 같은 배열의 경우에는 파리가 수시로 비행 방향을 이리저리 틀어야 한다. 〈그림 3〉의 선으로 묶인 영역처럼 대체로 비슷한 결을 유지하는 영역을 미세영역grain이라고 부르고, 결이 다른 구역이 서로 맞닿는 경계를 미세영역 경계grain boundary라고 부른다. 다결정 구리에 존재하는 미세영역의

R 184
G 115
B 51

R 243
G 223
B 202

〈그림 4〉 구리의 표준색과 단결정 구리 박막의 표면색.

크기는 가로, 세로, 높이가 각각 0.1~1마이크로미터(µm=100만분의 1미터) 정도이다. 바꿔 말하면 1세제곱센티미터의 작은 구리 덩어리 속에도 무려 1조(10¹²) 개 정도의 미세영역이 존재한다. 이렇게 많은 미세영역을 자유전자가 곡예 비행하듯 통과해야만 전류가 흐를 수 있다면 그런 금속은 저항이 상당할 수밖에 없다. 반면 단결정 물질 속에는 미세영역 경계가 없고 모든 원자가 가지런히 정렬되어 있다.

우리가 금속의 성질로 알고 있는 속성은 이런 다결정 물질에 대한 것이다. 예를 들어, 구리의 색은 무엇인가? 구리라는 단어, 즉 copper를 색깔 이름으로 영어에서 공식적으로 사용하기 시작한 것은 1594년이라고 한다. 현재 사용하고 있는 구리색의 표준 RGB 값은 〈그림 4〉의 왼쪽과 같은 184, 115, 51이다. 우리에게 익숙한 불그스름한 밤색, 즉 갈색에 가깝다. 그러나 완벽에 가까운 단결정으로 키워진 구리 표면은 〈그림 4〉의 오른쪽처럼 밝고 우아하며 거울처럼 맑은 색이다. RGB 값도 243, 223, 202로 표준 구리색과 사뭇 다르다. 머리카락은 물론 솜털 하나하나도 다 비칠 정도여서 거울로 사용해도 손색이 없다. 구리색을 아름다운 색이라고 생각하지 않는 이유는 단결정 구리의 표면을 보지 못했기 때문이라고 자신 있게 말할 수 있다. 물리학적인 설명을 보충하자면 우선 금속이 불투명한 이유는 표면에 있는 자유전자가 외부로부터 들어오는 가시광선을 흡수해서 가시광선이 금속 내부로 진입하는 것을 차단하기 때문이다. 금속 표면이 반짝이는 이유는 표면의 자유전자가 흡수된 가시광선과 동일한 파장, 즉 같은 색깔의 가시광선을 만들어 외부로 내보내기 때문인데 우리는 흔히 이를 빛의 반사라고 부른다. 금속의 광택은 자유전자가 만들어내는 가시광선 때문이다. 그러나 금속 면이 평평하지 않으면 반사되는 가시광선의 방향이 제멋대로 되어 광택이 떨어진다. 금속 세공 전문가들은 금속 표면을 잘 다듬어 가시광선이 가지런히 반사되도록 노력하지만, 아무리 정밀하게 다듬어도 인간의 손으로 하는 가공에는 한계가 있다.

단결정 덩어리에서 단결정 박막으로

필자가 구리 단결정을 만들기 시작한 것은 2000년쯤이었다. 공동연구를 하는 다른 연구자들에게 몇 개의 구리 단결정을 만들어 보내고는 나머지 하나를 책상에 올려두고 계속 지켜본 적이 있다. 결정 키우는 일을 오랜 업으로 삼아온 필자가 보기에도 (투명한 보석류가 아닌) 불투명한 금속이 이렇게 단결정 상태로 잘 자란다는 게 특이하게 느껴졌다. 단결정 구리 표면의 색은 일반 구리와 달랐고, 더욱 신기한 점은 만든 지 무려 1년이 지나도록 구리 단결정 표면에 산화가 일어나지 않는다는 것이었다. 구리 표면을 손으로 만지면 산화 반응한 흔적이 나타났지만, 만지지 않은 곳은 몇 년을 놔두어도 변하지 않고 반짝였다. 이 구리 단결정을 쳐다보면서 어디에 사용할 수 있을까 궁리하다가 문득 전선을 만들어봐야겠다는 생각이 들었다. 필자는 음악 듣기를 좋아하는데 이런저런 공부를 하다보니 오디오 케이블이 그렇게 비싸게 팔리는 이유가 바로 케이블을 구리 단결정으로 만들기 때문이라는 것을 알았다. 게다가 알고 보니 엄밀한 의미의 단결정도 아닌 것을 단결정이라고 이름 붙여 파는 상술이었다. 진짜 단결정으로 구리선을 만드는 방법이 없을까 고민하다가 2006년에는 아예 단결정 케이블 만드는 회사를 차리고 몇 년간 수출까지 했다.

물질을 단결정으로 만들려면 추가 비용이 많이 발생한다. 일반 구리선은 구리 덩이를 녹인 뒤 가늘게 뽑아내거나 인발引拔, drawing * 과정을 통해 늘어뜨리면 되지만 단결정으로 성장시킬 때는 원자 하나하나가 잘 쌓여가도록 유도해야 하기 때문에 만드는 데 시간이 오래 걸리고 필요한 장비도 비싸다. 높은 생산 비용은 구리 단결정을 제품화하는 데 걸림돌이 되고 있다. 단결정을 산업화하려면 인식의 전환이 필요하다. 실리콘도 단결정으로 성장하는 데 많은 비용이 들지만 반도체 산업에 필수적이기 때문에 고비용을 감당하면서도 많은 회사들이 실리콘 단결정 성장에 뛰어들었다. 최근 들어 많이 생긴 단결정 회사는 사파이어 단결정 성장과 관련된 사업체다. 청색 발광다이오드Light Emitting Diode(LED) 소자를 성장시키는 데 사파이어 기판이 활용되고 있고, 대형 LED 텔레비전의 백라이트에도 사파이어 기판이 사용되면서 국내외에서 사파이어 단결정을 만드는 회사가 많이 생겼다. 금속 단결정도

* 일정한 모양의 구멍으로 금속을 눌러 짜서 뽑아내면 금속의 단면이 구멍의 모양과 같아진다. 이런 과정을 인발이라고 부른다.

그 중요성에 대한 인식이 일단 자리잡으면 많은 사람들이 단결정 성장에 뛰어들 것이다. 구리는 사파이어에 비해 결정 성장도 쉽고 비용도 상대적으로 적게 들지만 부가가치는 높다.

구리 성질의 진정한 변화는 구리 케이블 같은 덩어리 단결정보다 박막 형태의 단결정 구리에서 더 극적으로 일어났다. 박막thin film이라는 것은 말 그대로 아주 얇은 물질을 말한다. 휴대전화 액정을 보호할 목적으로 덮는 투명 필름도 일상에서는 박막의 일종으로 볼 수 있지만 그 두께는 수십에서 수백 마이크로미터로 박막에 비하면 두꺼운 편이다. 재료과학의 영역에서는 눈에 보이지 않을 만큼 얇은, 두께가 수백 나노미터(nm=10억분의 1미터)를 넘지 않는 물질을 박막이라고 부른다. 탑다운 방식으로 덩어리 결정을 차근차근 잘라내 수백 나노미터 두께의 막을 만들기란 최신 기술로도 쉽지 않다. 실용성이 있으려면 단면적이 넓은 대면적 박막이 필요하다. 면적뿐 아니라 가공된 박막의 표면 거칠기도 중요하다. 세계적으로 뛰어난 연구자들이 최근 구리 포일을 단결정으로 길러냈다고 앞다투어 유수의 학술지에 발표하는 중이지만 막상 포일의 표면 거칠기는 30나노미터를 넘는다.** 원자 한 층의 두께가 0.3나노미터 정도인 점을 고려하면 이런 거칠기는 원자의 입장에서는 거친 계곡에 가깝다. 이렇게 거친 표면을 가진 포일 위에서 그래핀을 성장시키는 건 적절하지 않다. 아직 단결정 표면의 평

** 포일은 화학적 방식으로 전해액을 사용하여 금속을 도금한 뒤 두껍게 말려진 판상 형태로 만든 것을 롤러에 넣어 얇게 인발 가공하여 만든다. 이 방법은 박막을 성장시킬 때 기판이 필요 없고 대량생산에도 용이하지만 화학적·역학적 방식을 사용하기 때문에 비정질 형태의 박막이 주로 만들어진다.

평함이 갖는 중요성이 충분히 알려져 있지 않다는 반증이기도 하다.

똑같은 단결정을 키웠다 하더라도 그 표면의 거칠기에 따라 물성이 많이 달라진다. 사포로 거친 표면을 다듬듯 실험실에서 기계적 방법으로 가공해서 만든 표면의 울퉁불퉁함은 100나노미터 정도다. 표면의 어느 지점이냐에 따라 원자로 치면 400층 정도의 높이 차이가 존재한다는 뜻이다. 이보다 훨씬 평평한 표면을 얻으려면 어떻게 해야 할까? 박막이 성장할 때 작동하는 가장 기본적인 물리 법칙은 에너지 최소화다. 완벽하게 평평한 표면이 물론 가장 낮은 에너지 상태이긴 하지만 이런저런 이유 때문에 현실에서는 에너지 최소화 상태에 제대로 도달하지 못한다. 그래서 구리가 스스로 에너지 최소화 과정을 거쳐 성장할 수 있는 환경을 만들어줘야 한다. 필자의 연구실에서 성장한 박막의 표면 거칠기는 0.2나노미터 수준, 겨우 원자 한 층 정도다.

박막을 기를 때는 흔히 스퍼터sputter라는 장비를 사용한다. 타깃target이라고 부르는 덩어리 물질이 있고, 그 물질에서 원자를 조금씩 떼어내어 기판 위에 차분히 얹어 박막을 만들어주는 기계라고 할 수 있다. 일반적인 스퍼터 장비에서는 타깃에서 원자 몇 개씩 뭉친 덩어리가 떨어져 날아가기 때문에 기판 위에 원자가 쌓여 박막이 자랄 때도 높이가 들쭉날쭉해진다. 반대로 원자가 하나씩 기판 위에 떨어지게끔 만들면 박막 성장 과정에서 원자가 스스로(!) 한 층씩 자라게 된다. 필자의 실험실에서 자체 기술로 개발한 원자스퍼터링에피탁시atomic sputtering epitaxy(ASE)라는 장비를 사용하면 4인치 웨이퍼 전체를 원자 한 층 수준의 평평한 면으로 만들 수 있다. 세계 유일의 기술을 갖고 있다고 자랑할 만하다.

잘 키운 단결정 구리 박막은 무려 3년이 지나도 산화되지 않는다. 일부러 단결정 박막을 손으로 만지거나 다른 물건으로 긁지 않는 한 산화가 일어나지 않았다. 완벽하게 평평하거나 원자 한 층 정도로 평평한 구리 표면은 산소가 있어도 산화가 일어나지 않는다는 필자 연구실의 연구 결과는 2022년 봄 〈네이처〉에 게재되었다. 일반 구리가 잘 산화되는 데는 미세영역 경계의 탓도 크지만 표면의 울퉁불퉁함도 중요한 이유가 되는데, 완벽히 평평한 표면이나 원자 한 층으로 된 표면은 산소의 진입 장벽이 매우 커서 산소가 구리와 결합하지 못하는 데다가 평평한 표면에 산소가 많이 쌓이면 어느 순간부터 산소 스스로 산소의 점유도를 낮추는 자기 조절 기능을 발휘하기 때문에 산화가 잘 일어나지 않음을 밝힌 논문이다. 필자 연구실의 박막 성장 기술은 그해 대한민국 10대 나노기술로도 선정되었는데, 2002년부터 구리 연구를 시작하면서 그동안 몇몇 중요한 논문들을 발표하긴 했지만 20년 만에 구리 연구가 세계적인 주목을 받을 기회가 되어 감회가 새로웠다. 이 글을 쓰는 지금도 계속해서 단결정 구리 박막의 새로운 물성이 밝혀지는 중이다. 예를 들자면 편평한 면 위에 쌓여 있는 이온화된 산소가 발휘하는 엉뚱한 효과를 들 수 있다. 구리에 박테리아를 죽이는 효과가 있다는 것은 코로나19 유행 이후 잘 알려진 사실이다. 막상 실험을 해보니 바이러스뿐 아니라 박테리아까지 죽이는 것은 구리 자체보다 평평한 구리 표면에 적당량으로 운집해 있는 이온화 산소였다.* 조만간 논문으로 발표할 이 연구 결과는 평평한 표면이 중요한

• 다수의 실험에 따르면 산화된 구리 표면에서 박테리아와 바이러스 모두 15초 안에 사멸된다.

또 하나의 이유를 제시한다. 앞으로 펼쳐질 '평면 구리 과학'의 세계가 어떤 모습일지 무척 궁금하다.

앞서 평평한 구리 표면에서 산화가 일어나지 않는 이유에 대해 설명했다면, 이번엔 강제로 산소를 주입해 단결정 구리 표면을 산화시킬 때 어떤 일이 벌어지는지 알아보자. 우리가 흔히 보는 다결정 구리 표면이 얼룩덜룩하고 지저분한 이유는 산화된 표면과 산화되지 않은 표면이 불규칙하게 배열되어 있기 때문이다. 그러나 구리 단결정을 강제로 산화시키면 이온화된 산소가 일정한 두께로 구리 속을 파고든다. 일반적으로 산화는 무작위로 일어나는 현상이지만 단결정의 산화는 우리가 제어할 수 있고 결맞음을 유지하면서 진행되도록 유도할 수도 있다. 정확히 말하자면 구리 표면에 쌓인 산화층의 두께를 인위적으로 조절할 수 있다는 뜻이다.

〈그림 5〉에 보이는 아름다운 색깔의 네모 조각들은 모두 구리다. 정확히 말하면 제각각 다른 두께의 산화층이 쌓여 있는 산화 단결정 구리 박막이다. 산화층의 두께는 수 나노미터에서 수십 나노미터 정도인데, 이 두께를 잘 조절하면 1000가지 이상의 다양한 색을 만들 수 있다. 그 이유는 간단한 물리학적 원리로 설명할 수 있다. 일단 산화층 표면에서 반사된 빛과 그 아래 깔린 구리층 표면에서 반사된 빛이 서로 중첩되어 우리 눈에 보이는 색깔이 결정된다. 중첩된 빛이 일으키는 간섭 효과를 결정하는 것은 박막의 두께이고, 따라서 두께에 따라 빛의 색깔이 달라지게 된다. 단결정 구리를 강제로 산화시킨 시료에서 반사된 색이 다양하고 선명한 이유는 산화된 표면과 산화되지 않은 구리의 경계면이 매우 평평하게 유지되어 난반사가 일어나지 않기 때

〈그림 5〉 시료 용기에 들어 있는 다양한 구리색.

문이다. 구리의 색은 더 이상 동색만이 아니다. 이렇게 단결정 박막 위에서 구현된 색의 다양성과 안정성을 고려하면 산화 구리 박막은 앞으로 색표준을 위한 시료나 장식, 또는 미술적 용도로도 활용 가능하지 않을까 싶다.

최근의 현미경 기술은 양자역학의 원리를 잘 활용한 덕분에 관찰 대상을 수십만 배 이상 확대해서 볼 수 있고, 아주 미세한 표면 구조도 마치 눈으로 보듯 관측할 수 있다. 인간의 기술로 만든 박막에서 얼마나 완벽하게 원자들이 배열되어 있는지 알 수 있다는 의미다. 박막의 표면과 결정 구조를 조사하는 관측 장비로서 원자간력 현미경Atomic Force Microscope(AFM), 주사전자 현미경Scanning Electron Microscope(SEM), 고분해능 투과전자현미경High Resolution Transmission Electron Microscope(HRTEM), 전자후방산란 회절법Electron Backscattering Diffraction(EBSD), 엑스선 회절법X-ray Diffraction(XRD) 등이 있다. 어떤 장비는 전자빔을, 다른 장비는 엑스선을 이용하고, 원자간력 현미경은 아주 작은 바늘이 느끼는 힘을 측정한다. 장비마다 작동 원리가 다르고 그 역할도 다르기 때문에 물질의 구조, 표면 상태를 정확히 분석하려면 위 다섯 가지 방법을 모두 동원해 실험하는 게 좋다. 엑스선 회절법은 물질이 얼마큼 잘 단결정화되어 있는지, 또 어느 축을 따라 정렬되어 있는지를 보여준다. 전자후방산란 회절법으로는 박막의 위치에 따른 결정성의 정도를 한눈에 볼 수 있다. 주사전자 현미경은 표면 상태를 최대 10만 배까지 확대해서 볼 수 있고, 원자간력 현미경은 표면 상태와 거칠기를 마치 한 장의 지도처럼 보여준다. 고분해능 투과전자현미경을 사용하면 원자 배열까지 관측이 가능하다.

〈그림 6〉은 필자의 실험실에서 만든 구리 박막의 표면이다. 실험실에서 만든 단결정 구리 박막을 원자간력 현미경으로 관측하면 표면 거칠기를 나타내는 값이 0.3나노미터 이하로 나타나는데 이 값은 원자 단 한 층 두께에 해당한다. 원자간력 현미경(AFM)이나 주사전자 현미경(SEM) 이미지를 확인했을 때는 미세영역 경계 등의 결함이 전혀 관측되지 않았고, 그 표면이 너무 평평하여 아무것도 관측이 안 된 것처럼 보였다. 전자후방산란 회절법(EBSD)으로 얻은 이미지는 전 영역이 컴퓨터 화면의 청색 값인 RGB(0, 0, 255)와 비교해도 구별이 안 될 정도의 완벽한 파란색인데, 이는 구리 시료의 구리 원자가 완벽하게 정렬되었음을 의미한다.

전 세계적으로는 박막 성장을 위하여 분자선에피탁시Molecular Beam Epitaxy(MBE), 펄스레이저증착Pulsed Laser Deposition(PLD), 원자층증착Atomic

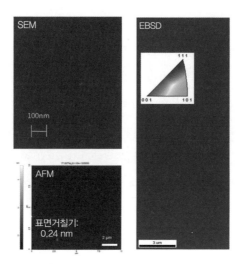

SEM

100nm

EBSD

AFM

표면거칠기:
0.24 nm

2 µm

3 um

111

001   101

〈그림 6〉단결정 구리 박막의 결정성을 나타내는 실험들.

Layer Deposition(ALD) 등의 고가 장비가 주로 사용되고 있고, 필자의 연구
실에서 개발한 원자스퍼터링에피탁시(ASE) 장비는 이들에 비해 가격
이 10분의 1에서 5분의 1 정도에 불과하지만 원자 한 층 수준의 박막
을 잘 구현해낸다. 그 동작 원리는 그리 어려운 것이 아니다. 실험 장
비 주변에 존재하는 잡음과 진동을 최대한 제거하는 것이다. 박막 증
착에 적용된 잡음 및 진동 제거 방식은 박막을 기르는 데뿐 아니라 고
분해능 현미경 등의 관측 장비나 정밀 측정 장비 등에도 적용되어 측
정 정밀도를 높이는 데 기여할 수 있다.

왜 평평한 면이 중요한가?

단결정 구리 박막은 성장이 끝난 후에도 웬만해서는 그 박막 성장에 사용했던 기판으로부터 떼어낼 수가 없다. 흡착력이 매우 좋기 때문이다. 같은 물질 간의 결합력은 응집력cohesive force이라 하고 다른 물질과의 결합력은 흡착력adhesive force이라고 하는데 단결정 구리는 응집력도 흡착력도 좋다. 응집력이 좋은 이유는 단결정 내에 구리 원자가 하나도 빠짐없이 모두 제자리에 있기 때문이다. 그물망 중간중간이 끊어진 상태와 모든 그물망이 온전한 상태를 비교하면 이해하기 쉽다. 흡착력이 좋은 이유를 간단하게 물리적으로 이해하는 방법도 있다. 구리 성장에 사용하는 기판 물질인 사파이어와 구리 결정 속에 있는 원자의 간격을 각각 놓고 보면 두 물질이 서로 다르다. 쉽게 말하면 '이가 안 맞는다.' 그런데 재미있게도 사파이어 결정의 원자가 열세 번 반복되는 길이와 구리 원자가 열네 번 반복되는 주기가 거의 완벽하게 맞도록 박막 성장 조건을 선택할 수 있다. 그러면 장주기적으로는 사파이어와 구리 단결정 사이에 '이가 맞는' 일이 생기고 두 물질 사이에 완벽한 결합이 유도된다.

평평한 표면을 가진 단결정 박막은 높은 반사도를 보이기도 한다. 은을 단결정으로 만들면 가시광선 영역에서 99.7퍼센트에 가까운 반사도를 보인다. 은 표면에 비춘 빛 중 0.3퍼센트만이 은에 흡수되고 나머지는 모조리 반사된다는 의미다. 품질 좋은 거울의 반사도도 겨우 97~98퍼센트에 불과하다. 이 밖에도 물질을 아주 얇고 그 표면을 아주 평평하게 만들면 새로운 현상이 많이 일어난다. 구리에서 전하를 수송하는 입자는 전자고, 전자는 음의 전하를 가진다. 그런데 미세영역 경계가 전혀 없는 구리 박막에 표면마저 평평하면 전하 수송자의 전하가 음에서 양으로 바뀌는 신기한 일이 벌어진다.

단결정화되고 평평한 표면을 갖게 되면서 물성이 확 달라지는 금속은 구리만이 아니다. 은, 알루미늄, 니켈에서도 이런 현상이 관측됐다. 바야흐로 금속이 재발견되는 중이다. 많은 사람이 거쳐간 분야가 아니고 아직 필자만큼 이 분야 연구에 관심을 갖는 사람이 적다보니 이 분야 연구를 독점하는 재미가 쏠쏠하다. 필자의 연구실을 방문하는 다른 연구자들에게 은으로 만든 덩어리 결정을 보여주면 왜 금 단결정은 키우지 않느냐고 질문하는 경우가 있다. 금을 단결정으로 키우기 위해서는 먼저 3차원 덩어리 단결정을 키워야 하는데, 들어가는 재료비가 수억 원을 넘는다. 필자도 금 단결정의 물리적 성질이 무엇인지 무척 궁금하다. "금 나와라, 뚝딱" 하면 저절로 금 단결정 덩어리가 쏟아지는 도깨비 방망이라도 하나 있으면 좋겠다. 언젠가 후학들이 금 단결정의 비밀을 밝혀주리라 믿는다.

2

반도체의 재발견

**: 모스펫 발명에서
유기 반도체까지**

**박
용
섭**

경희대학교 물리학과 교수. 서울대학교 물리교육과를 졸업하고
물리학과에서 석사를 마친 후, 미국 노스웨스턴대학교에서 박
사학위를 받았다. 미국 로체스터대학교 박사후 연구원을 거쳐
한국표준과학연구원에서 2006년까지 근무했다. 세상의 모든
지식을 알고 싶어하는 평범한 물리학자다. 광전자분광 기술과
관련된 표면 및 계면과학 기법을 이용하여 유기 반도체와 관련
물질의 실험 연구를 주로 한다.

반도체는 글자 그대로 '절반만 전기가 통하는 물질 덩어리'다. 동시에 우리 정부에 관련 산업 전담 부서가 있을 정도로 국가 경제에 지대한 영향을 미치는, 첨단산업을 대표하는 말로도 쓰인다. 지난 세기에는 철강이 산업의 쌀이었다면 현대 산업에서는 반도체가 그 자리를 대신하고 있다. 한반도 최고의 전쟁 억제력은 경기도에 위치한 다수의 반도체 공장이라는 농담이 있다. 한반도의 전쟁으로 이들이 파괴되면 글로벌 공급망으로 촘촘히 연결된 전 세계의 정보통신 산업이 멈추기 때문에 세계 어느 나라도 견딜 수 없다는 것이 이유이다.

이처럼 이미 산업에서 폭넓게 쓰이는 반도체는 기초과학 연구가 대부분 완성되어 더 연구할 내용이 별로 없다고 생각할 수도 있다. 필자도 1980년대 후반 박사 과정에 진학하면서 반도체는 전공하지 않기로 결심했었다. 1983년에 삼성반도체가 64K DRAM을 국산화했다는 뉴스를 보면서 반도체 분야는 기초과학인 물리학에서는 할 일이 별로 없을 것이라는 생각이 들었기 때문이다. 그러나 세월이 흐르고 먼 길을 돌아와서 지금은 학부 과정에서 '반도체 물리학'을 강의하고 실험실에서는 새로운 유기 반도체 물질에 대한 연구를 하고 있으니, 필자 개인의 연구 여정 자체가 '반도체의 재발견'이라고 할 수 있겠다.

부도체, 도체 그리고 반도체

우주에는 거의 무한히 다양한 물질이 존재하고, 그 물질들은 종류만큼이나 다양한 성질을 지니고 있다. 전기를 얼마나 잘 통하는가 하는 전기 전도도라는 한 가지 기준으로 이 물질 모두를 줄 세워볼 수 있다. 주변에서 쉽게 볼 수 있는 은의 전기 전도도는 10^8 S/m(미터당 지멘스. S는 전기 전도의 국제 표준 단위 지멘스Siemens)인 반면 수정은 10^{-16} S/m이다. 둘 다 흔히 볼 수 있는 물질이지만 무려 10^{24}배에 이르는 전기 전도도의 차이를 보인다. 물질마다 이렇게 큰 차이를 보이는 물리량은 (적어도 지구상에는) 또 없는 듯하다. 반도체는 은 같은 전도체도 아니고 수정 같은 부도체도 아닌 어중간하게 전기가 통하는 물질이다. 여러 물질의 이처럼 다양한 전기적 성질은 어디에서 오는 것일까?

원자들이 뭉쳐서 이루는 은이나 수정과 같은 물질의 성질은 각 물질을 이루는 개별 원자의 성질과 원자들이 서로 결합하는 방식에 의해서 결정된다. 원자에는 보통 여러 개의 전자가 있고, 최외각 전자들은 원자들끼리 서로 달라붙어 결합하도록 해준다. 결합에 참여하는 전자들을 원자가전자valence electron(가전자)라 하는데 이들이 원자가띠 valence band(가전자띠)를 만든다. 한편 물질의 성질은 원자의 종류, 원자간 결합 방식뿐만 아니라 원자들이 결합한 후 일정하게 반복되는 모양을 나타내는 결정 구조에도 크게 영향을 받는다. 동일한 탄소 원자로만 되어 있고 같은 원자 간 결합을 하는 흑연과 다이아몬드는 결정 구조가 다르기 때문에 전혀 다른 성질을 보인다.

전자는 물질을 이루는 원자의 결합을 매개할 뿐만 아니라 스스로 움직여서 물질의 전기적 성질도 결정한다. 따라서 전자의 성질을 이해해야만 물질의 구조와 전기적 성질을 이해할 수 있다. 그런데 전자는 양자역학적 존재이므로 양자역학이 발달하게 된 20세기에 들어와서

야 물질의 전기적 특성에 대해서 제대로 이해하게 되었다. 아주 작은 물질 덩어리에도 무수히 많은 원자들과 그 몇 배나 되는 전자들이 있는데, 이들의 거동을 어떻게 양자역학적으로 계산할 수 있을까? 물질을 이루는 원자들이 원래 가지고 있던 전자 중에서 결합에 참여하는 가전자를 제외한 나머지 전자들은 특정 원자에 묶여서 전혀 움직이지 않으므로 전기적 성질에 영향을 미치지 않는다. 베르너 하이젠베르크의 첫 박사 제자인 펠릭스 블로흐는 자신의 이름이 붙은 '블로흐 정리'를 증명하여 무한히 많은 원자와 그에 속한 전자가 있다 해도, 물질 안에서 원자들이 규칙적으로 배열된 결정 구조를 이루고 있기만 하면 결합에 참여하는 가전자의 양자역학적 상태와 거동을 계산할 수 있는 길을 열었다. 다시 말하면 어떤 물질을 이루는 원자의 종류와 결정 구조를 알면 에너지띠 구조energy band structure를 계산할 수 있고, 이로부터 그 물질 안에 있는 전자들의 상태와 거동에 대해서 많은 것을 알 수 있음을 증명한 것이다. 당시 독일의 하이젠베르크 연구 그룹을 방문하고 있던 앨런 윌슨은 에너지띠 구조를 통해서 반도체의 성질을 설명할 수 있음을 알아냈다. 초기에는 계산이 복잡하여 쉽지 않았지만 오늘날에는 컴퓨터를 사용하는 계산이 발달하여 실리콘(Si)처럼 간단한 물질의 에너지띠 구조는 비교적 쉽게 계산할 수 있고, 실험 기술의 발달로 이를 직접 측정하는 것도 아주 어려운 일은 아니다.

에너지띠 구조는 물리학을 전공한 대학원생들도 완전히 이해하기가 쉽지 않다. 하지만 초보적인 수준의 설명이라도 하지 않으면 반도체를 비롯한 고체 물질의 전기적·광학적 성질을 이해하기가 매우 힘들기 때문에 가능한 한 쉽게 에너지띠가 무엇인지 설명해보자. 빈 공간을 속도 v로 날아가는 질량 m을 가진 입자의 운동에너지를 E라 하면, 뉴턴 역학에 따라 $E=\frac{1}{2}mv^2$이라는 식이 성립한다. 이 관계식은 입자가 야구공이나 농구공, 심지어 전자라 하더라도 빛의 속도에 비해 충분히 천천히 움직이기만 하면 성립한다. 여기에다 입자의 운동량을 $p=mv$라고 정의하면 에너지 식을 $E=\frac{p^2}{2m}$으로 쓸 수 있다. 이 에너지와 운동량 사이의 이차함수 관계식을 자유입자free particle의 에너지띠 구조라고 한다. 빈 공간을 그야말로 자유롭게 움직이는 전자에 해당하는 관계식이다. 자유입자의 에너지는 운동량의 제곱에 비례하므로 이를 이차함수 곡선인 포물선parabolic 띠라고도 한다.

이제 어떤 물질 안에 있는 수없이 많은 전자 중 하나를 생각해보자. 이 전자도 어떤 운동량 p와 에너지 E라는 값을 갖는 양자역학적 상태에 존재한다. 물질 안에는 다른 전자들도 많고 원자핵들도 있으므로 운동량 p로 움직이는 전자도 이들의 영향에서 자유롭지 못하다. 더 이상 자유입자가 아닌 것이다. 물질 속 전자의 에너지와 운동량 사이의 관계식은 자유입자의 경우인 $E=\frac{p^2}{2m}$과 비슷할 수도 있고 전혀 다를 수도 있다. 같은 양자 상태에 2개의 전자가 공존할 수 없다는 파울리 배타 원리에 의해서 한 물질 안에 있는 전자들이라 해도 서로 다른 양자 상태에 있어야 하고 그 거동도 제각각 다르다. 심지어 운동량이 증가하면서 에너지는 오히려 감소하는, 마치 질량이 음수인 것처럼 거동하는 전자도 존재한다. 또한 움직이는 방향에 따라서도 에너지와 운동량 사이의 관계가 달라진다. 이런저런 복잡한 전자의 개별 사정을 모두 합쳐보면 〈그림 1〉의 (a)처럼 복잡한 에너지띠 구조가 나온다. 그림은 대표적 반도체인 실리콘의 전자가 보이는 에너지띠 구조이지만 다른

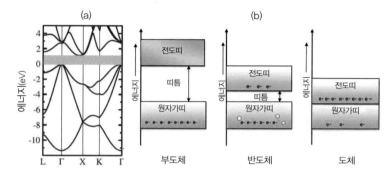

〈그림 1〉 (a) 실리콘의 에너지띠 구조. 가로축은 전자의 운동량을, 세로축은 전자의 에너지를 나타낸다.
회색 영역은 실리콘의 에너지 띠틈이다. (b) 전자의 운동량은 무시하고 에너지만 세로축 방향
으로 표현하면 에너지띠 구조는 크게 세 가지로 나뉜다. 에너지 띠틈의 크기와 유무에 따라서
부도체, 반도체, 도체로 분류할 수 있다.

물질의 띠 구조도 복잡하긴 마찬가지다.

물질 속 전자가 보이는 특이한 성질 중에는 존재 불가능한 에너지
영역이란 것도 있다. 자유입자는 어떤 운동량이나 어떤 에너지 값이든
가질 수 있다. 하지만 물질 속 전자들은 특정한 범위의 에너지 값을 갖
는 게 금지되기도 한다. 이 금단의 에너지 영역을 에너지 띠틈energy
band gap 혹은 띠틈이라 한다. 띠틈의 존재는 전자의 거동을 양자역학적
으로 설명하려고 할 때만 등장하는 개념이고, 양자역학적 원리가 실제
고체의 거동을 결정한다는 반증이기도 하다. 〈그림 1〉의 (b)는 상온에
서의 부도체, 반도체, 도체의 간략화된 에너지띠 구조를 보여준다(전
자의 운동량은 무시하고 에너지만 보여주는 그림이다). 물질은 띠틈
의 존재 유무와 크기에 따라서 이렇게 세 가지 물질로 나눌 수 있다.
처음에는 직관적으로 이해하기 힘들 수도 있지만 잘 따져보면 띠틈의
크기와 그 물질의 전기 전도도 사이에는 밀접한 연관성이 존재한다.

우선 절대영도의 상태에서 띠틈이 있는 물질이라면 원자가띠에는 전자가 가득 차 있고, 전도띠conduction band는 텅 비어 있다. 이런 상황에선 외부에서 전압을 걸어도 원자가띠의 전자가 움직일 방법이 없고, 전도띠에는 전자가 아예 없으니 역시 전기가 통하지 않는다. 원자가띠의 전자가 전도띠로 일단 이동하면 그때부터는 자유로운 운동이 가능해지지만, 그러려면 띠틈에 해당하는 에너지 값을 어떻게든 치러야 한다. 상온의 전자들이 갖고 있는 열에너지는 이 값을 치르기에 불충분하다. 반대로 도체는 띠틈이 없는 물질이라 전압을 살짝만 걸어줘도 전류가 잘 흐른다.

띠틈이 작은 물질인 반도체는 상온에서 공급받는 열에너지만으로도 일부 전자가 원자가띠에서 전도띠로 이동할 수 있기 때문에 전기가 약간 통한다. 반도체라는 이름은 여기서 연유한다. 이때 전도띠의 전자만 전기를 통하는 게 아니라 원자가띠에 전자가 있던 빈자리도 전기를 통한다. 이런 빈자리를 양공hole이라고 부르는데, 반도체에서는 전자와 양공이 동시에 전기를 수송하는 캐리어carrier 역할을 담당한다. 전자가 전도띠로 올라가고 남은 원자가띠의 빈자리를 양공이라고 부르다보니 일반적인 반도체의 경우 전자와 양공 캐리어의 개수는 똑같다. 온도를 낮추면 열에너지 공급도 사라지므로 상온에서 반도체인 물질이라도 저온에서는 부도체가 된다. 반대로 온도를 상온보다 더 높이거나 인위적으로 불순물을 첨가하여 추가적인 전자나 양공을 만들어주면 전기를 더 잘 통하게 할 수 있다.

반도체 물질이 전자 소자가 되어 현대 산업의 쌀이 된 가장 중요한 이유도 반도체에 미량의 불순물을 첨가하여 인위적으로 전기 전도도를 조절할 수 있기 때문이다. 이런 인위적 조작을 도핑doping이라고 한다. 4개의 가전자를 가지고 있는 실리콘에 5개의 가전자를 가지는 인(P) 불순물을 첨가하면 인에 있던 전자도 전도띠에서 전하 수송에 참여한다. 이렇게 전자 캐리어가 양공 캐리어보다 많아진 반도체를 n형 반도체라고 부른다. 반대로 3개의 가전자를 가진 붕소(B)를 실리콘에 첨가하면 붕소가 실리콘의 전자 하나를 빼앗아가기 때문에 양공 캐리어의 개수가 전자에 비해 더 많아진다. 이런 경우를 p형 반도체라고 한다. p형과 n형 반도체를 붙여서 접합하면 신기하게도 한쪽으로만 전류가 흐르는 pn 접합 다이오드가 만들어지는데, 이것이 역사적으로 가장 간단한 형태의 반도체 소자다.

반도체의 발견과 최초의 트랜지스터

반도체 물질이 오늘날처럼 전자 소자에 널리 쓰이게 된 기원에는 제 2차 세계대전 중 개발된 레이더 기술이 있다. 레이더는 파장이 수십 센티미터 이하인 마이크로파를 사용하는데, 물체에 부딪혀서 되돌아 오는 마이크로파를 검출할 때 쓰는 수신기에 진공관 정류기rectifier를 사용하면 성능이 매우 떨어져서 이를 대치할 수 있는 고체 정류기가 필요했다. 반도체 물질 표면에 뾰족한 금속을 접촉시키는 점접촉point contact 정류기가 이런 목적으로 개발되었는데, 처음에는 그 작동 원리를 잘 이해하지 못하고 있었다. 점접촉 정류기는 진공관이 널리 사용되기 전부터 광석 라디오crystal radio라는 이름으로 라디오 방송 수신기에 사용되고 있었다. 하지만 동작이 불안정하여 진공관이 널리 보급되면서부터는 거의 사라졌다. 이후 진공관은 트랜지스터가 발명되기 전까지 거의 모든 전자회로에 사용되었다. 특히 방송 수신용 진공관은 라디오와 텔레비전에 대량으로 보급되었고, 최초의 디지털 컴퓨터 에니악ENIAC도 진공관을 사용하여 만들어졌다. 진공관을 사용한 전자 회로는 안정적으로 동작하지만 장기적 신뢰성과 내구성이 낮고 많은 열을 내기 때문에 전력 소모도 컸다.

진공관을 대신할 가능성을 염두에 두고 반도체 기술 개발에 참여하던 미국의 벨전화연구소Bell Telephone Laboratory는 제2차 세계대전이 끝난 후부터 전화 교환기에 사용할 신호 증폭 및 스위칭 소자로서 게르마늄이나 실리콘 같은 반도체 물질을 이용한 전자 소자 연구를 본격적으로 시작했다. 1940년 2월 말, 벨연구소의 러셀 올은 실리콘으로 만들어진 점접촉 정류기의 성능을 개량하는 과정에서 순도 높은 실리콘 결정을 만드는 일을 하다가 자신이 만든 실리콘 결정의 전기 저항 값이 매우 불안정하게 변한다는 사실을 발견했다. 자세히 살펴보니 저항이 변하는 것은 시료에 빛이 닿으면서 일어나는 현상이었고, 빛에 의해서 실리콘 결정의 양쪽 끝에 전압이 발생하는 것이었다. 올은 순도 높은 시료를 만들기 위해서 실리콘을 녹인 뒤 이를 다시 굳혀 실리콘 결정을 만들었는데, 이 과정에서 우연히 pn 접합이 형성되었다. 오늘날 광기전 효과photovoltaic effect라고 부르는 현상을 발견한 것이다. pn 접합 다이오드와 pn 접합 태양전지를 최초로 발명한 사람이 다름 아닌 러셀 올이다. 올과 동료들은 반도체에 포함된 불순물의 종류와 농도가 전기 전도도에 엄청난 영향을 준다는 것도 밝혔다. 또 반도체 소자의 성질을 정확히 제어하려면 우선 불순물이 전혀 없고 순도가 매우 높은 결정 덩어리를 만들어야 한다는 것, 그리고 선택된 불순물을 필요한 양만 정확히 넣어주는 기술이 필요하다는 것을 깨달았다.

올의 발견 이후 반도체 결정의 순도를 획기적으로 높이는 데 기여한 사람은 역시 벨연구소에서 일하던 윌리엄 팬이다. 그는 영역 녹임 zone melting이라는 기술을 개발했는데, 이는 반도체 덩어리 안에 존재하는 불순물이 고체보다 액체 상태일 때 더 많다는 사실에 착안하여 긴 반도체 기둥의 일부를 순차적으로 녹이고 불순물을 농축시켜 제거하는 방법을 말한다. 이 기술 덕분에 1951년 이후 실리콘 반도체의 순도가 급격하게 향상되었다. 그 이전에 99.999퍼센트 정도의 순도(5-9)를 갖던 실리콘 결정이 어느새 9-9 또는 10-9의 순도를 갖게 된 것이다.

벨연구소에서는 반도체 연구들이 동시다발적으로 이루어지고 있었고, 그 정점에는 1947년 존 바딘과 월터 브래튼이 게르마늄(Ge)을 사용하여 만든 최초의 점접촉 트랜지스터가 있다. 레이더 수신기에 사용하던 점접촉 정류기를 토대로 새로운 아이디어를 구현한 것이다. 바딘은 소자의 동작 이론을, 브래튼은 실험을 각각 맡아서 환상의 복식조로 이런 업적을 이루었다. 이들이 만들었던 점접촉 트랜지스터는 오늘날의 접합 트랜지스터junction transistor와는 구조와 원리가 다르다. 접합 트랜지스터는 pn 접합 다이오드에 접합을 하나 더 추가하여 pnp 혹은 npn 형태로 만든 것이다. 바딘과 브래튼의 연구를 감독하는 위치에 있었으나 막상 최초의 트랜지스터 발명 과정에서는 실질적 기여를 인정받지 못한 것에 실망한 윌리엄 쇼클리가 몇 주 정도의 매우 짧은 기간에 초인적인 천재성을 발휘하여 단독으로 그 개념을 발명하였고, 이후 벨연구소의 많은 연구원들의 노력으로 접합 트랜지스터가 제작되었다. 이런 이유 때문에 점접촉 트랜지스터의 발명 특허는 바딘과 브래튼 공동으로, 접합 트랜지스터 발명에 쓰인 개념의 특허는 쇼클리 단독으로 출원되었다. 이 세 사람은 트랜지스터 발명의 공로로 1956년 노벨 물리학상을 수상했다.

쇼클리는 1936년에 MIT에서 존 슬레이터의 지도 아래 소금(NaCl)의 에너지띠 구조를 연구한 논문으로 물리학 박사학위를 받은 후 벨연구소에 취직했다. 천재적인 고체물리학자인 그는 반도체 물리 분야에서 다이오드 방정식의 확립, 태양전지의 효율 한계 확립, 접합 트랜지스터의 발명 등 수많은 업적을 남겼고, 1950년에는 반도체 소자 물리의 표준 교과서를 집필하기도 했다. 그는 1955년에 벨연구소를 그만두고 어머니가 살고 있던 캘리포니아 오렌지카운티에 자신의 이름을 딴 쇼클리반도체연구소를 설립하고 반도체 소자 상업화를 목적으로 인재를 영입하기 시작했다. 하지만 점점 심해지는 쇼클리의 괴팍한 성격을 견디지 못하고 1957년에 몇몇 핵심 연구자들이 그곳을 나와서 페어차일드반도체Fairchild Semiconductor라는 회사를 따로 설립해버린다. "여덟 명의 배신자traitorous eight"라고 불리는 이들 중에는 나중에 집적회로를 발명한 로버트 노이스와 인텔Intel의 설립자 고든 무어, 대용량 집적회로를 만드는 데 필수적인 평판 공정planar process의 발명자인 장 회르니도 있었다. 페어차일드반도체 출신의 공학자들이 근처에 수많은 반도체 회사들을 설립하고 신기술을 개발하여 오늘날의 실리콘밸리가 만들어졌다. 그 가운데 이전 회사에서 얻은 기술적 경험을 새 회사에 적용하여 빠르게 제품 개발에 성공하는 문화가 탄생했다. 오늘날 시각으로는 지식재산권 침해라고 볼 수도 있는 이런 문화는 지식과 기술의 급속한 확산을 가능하게 했다. 막상 쇼클리가 만든 회사는 상업적으로 성공한 반도체 소자를 하나도 내놓지 못한 채 문을 닫았다. 이후 쇼클리는 스탠퍼드대학교 전기공학과 교수 자리로 옮겼지만 반도체 연구보다는 우생학에 심취하여 인종에 따른 지능의 차이를 주장하면서 많은 논란을 일으키게 된다. 그러나 "실리콘밸리에 실리콘을 가져온 사람"이라는 그에 대한 평가는 지나치다고 할 수 없다. 한편 벨 연구소에서 쇼클리의 전횡에 질려버린 바딘은 1951년 일찌감치 일리노이대학교로 자리를 옮겨서 나중에 BCS 이론이라 불리는 초전도 이론을 확립한 공로로 리언 쿠퍼, 존 로버트 슈리퍼와 함께 1972년에 두 번째 노벨 물리학상을 수상한다. 지금까지도 노벨 물리학상을 두 번 받은 유일한 인물이 존 바딘이다. 브래튼은 벨연구소의 다른 부서에서 반도체 관련 연구를 지속하면서 바딘과의 친분을 평생 유지했다.

강대원과 MOSFET의 발명

반도체로 만들어진 트랜지스터의 역할은 전기신호를 '스위칭'하는 것이다. 트랜지스터에 연결된 3개의 전선 중 두 전선 사이에 흐르는 전류의 양을 세 번째 전선에 흐르는 전압이나 전류로 조절하는 것이 기본 원리다. 수도꼭지에서 나오는 물의 양을 밸브의 열린 정도로 조절하는 것과 마찬가지다. 오디오 앰프가 CD 플레이어에서 나오는 작은 신호를 크게 증폭하여 스피커를 울리는 것은 밸브가 열린 정도에 비례해서 물이 흐르게 하는 상황에 해당한다. 반면 디지털 회로처럼 1 또는 0 두 가지 상태만 존재하는 전자회로에서 완전히 열었다가 완전

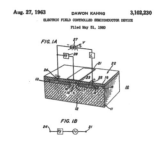

〈그림 2〉 왼쪽부터 강대원, 모하메드 아탈라, 강대원의 모스펫 특허. (강대원 사진: Pberger7, CC BY-SA 4.0)

히 잠그는 일을 스위칭이라고 부른다. 디지털 소자 중에 이 스위칭에 가장 적절한 반도체 소자가 금속산화물 반도체 전계효과 트랜지스터 Metal Oxide Semiconductor Field Effect Transistor, 일명 모스펫MOSFET이다. 전계효과 트랜지스터의 개념적 아이디어는 1925년 줄리어스 릴리엔펠드가 이미 특허를 출원했지만 이를 모른 채 쇼클리와 바딘도 비슷한 소자를 만들고자 실험을 거듭했다. 결과적으로는 원하는 만큼의 효과가 나타나지 않아서 연구를 중단했는데 나중에서야 그 이유가 표면전하에 의한 가리기 효과 때문이라는 게 알려졌다. 특히 쇼클리는 자신의 독창적 아이디어라고 생각했던 전계효과 트랜지스터를 릴리엔펠드가 오래전 특허로 출원한 사실을 알고 크게 실망했다고 한다. 벨연구소의 최초의 트랜지스터 특허도 릴리엔펠드의 선행 특허로 인해서 등록에 어려움을 겪었다.

1959년에 미국 오하이오주립대학교 전자공학과에서 박사학위를 받은 강대원은 벨연구소에서 연구원으로 첫해를 보내고 있었다. 1931년 서울에서 태어나 1955년에 서울대학교 물리학과를 졸업하고 미국에 유학한 지 4년 만에 박사학위를 받고 당시 고체물리 및 전자 소자 연구 분야에서 세계 최고였던 벨연구소에 취직한 것이다. 실리콘 산화막 아래에 있는 실리콘에 불순물을 첨가하는 기술에 대한 연구로 박사학위를 받은 그는, 고품질의 실리콘 산화막을 형성하는 연구를 하고 있던 벨연구소 10년 차 연구원 모하메드 아탈라와 함께 일하게 되었고, 연구소에 취직한 첫해에 정상적으로 동작하는 모스펫을 최초로 만들어 특허를 출원했다.

발명 직후에는 모스펫의 중요성을 크게 인정받지 못했지만 소자의 집적도를 높여 좁은 면적에 많은 트랜지스터를 만들어 넣기 용이하고, CMOS(complementary MOS)로 만들면 다른 소자에 비해 전력 소모가 매우 적다는 장점이 알려지면서 오늘날에는 컴퓨터의 중앙처리장치(CPU) 같은 논리 소자나 메모리(DRAM) 소자에 널리 쓰이고 있다. 강대원과 아탈라가 최초로 모스펫을 발명한 이후 2018년까지 만들어진 모스펫의 숫자가 약 1.3×10^{22}개라고 하는데 이는 인류가 만든 인공물 중에서 가장 많은 숫자라고 한다. 최근에 나온 인공지능 칩 GA100 Ampere에는 540억 개의 트랜지스터가 들어 있고, 직경 30센티미터 실리콘 웨이퍼 전체를 하나의 인공지능 딥러닝 소자로 만든 웨이퍼 스케일 엔진Wafer Scale Engine이라는 칩에는 2조 6000억 개의 트랜지스터가 들어 있다고 한다. 인간의 뇌에 있는 뉴런 860억 개, 시냅스 150조 개와 비교할 만한 숫자다. 이 정도의 집적도를 구현하려면 소자의 크기가 매우 작아야 하는데 원활한 모스펫 소자의 동작을 위해서 원래의 평판 모양에서 벗어난 FinFET이나 GAA(gate all around)FET 같은 새로운 형태의 모스펫 소자들이 개발되고 있다. 특히 FinFET를 전통적인 실리콘 양산 공정에 적용할 수 있게 해준 벌크 FinFET의 발

명에 대한 삼성전자와 서울대학교 이종호 교수(2023년 초 현재 과학기술
정보통신부 장관) 사이의 특허 분쟁은 언론에 많이 회자되기도 했다.

강대원은 아탈라가 벨연구소를 떠난 후에도 반도체 관련 연구를 계
속하여 다양한 업적을 남겼다. 특히 1967년 사이먼 지와 함께 발명한
플로팅 게이트 트랜지스터floating gate transistor는 주목할 만하다. 이 발명
은 DRAM과는 달리 전기를 제거해도 기록이 지워지지 않는 반도체
메모리 소자에 관한 것인데, 자기 하드디스크에 비해서 가볍고 작동
속도가 빨라 요즘 점점 많이 사용되는 SSD(solid state drive)나 USB 메
모리의 기반이 되는 소자이다. 가까운 미래에 SSD가 자기 하드디스크
의 위치를 대신할 것이고, 지금까지 제작된 플로팅 게이트 트랜지스터
의 개수가 모스펫의 개수를 넘어설 것으로 예상된다. 강대원의 두 발
명품이 현대 정보통신 혁명의 기본 소자로 자리잡은 셈이다. 1992년
61세의 나이에 안타깝게 사망하지 않았다면 유력한 노벨상 후보가 되
었을지도 모른다. 이후에 노벨상을 받은 집적회로 발명의 잭 킬비, 청
색 LED의 나카무라 슈지, CCD 영상소자를 발명한 윌러드 보일과 조

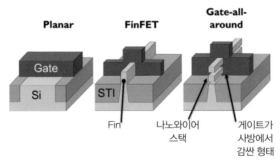

〈그림 3〉 점점 발전하는 모스펫의 형태. 왼쪽부터 각각 전통적인 평판 구조, 벌크 FinFET 구조, GAAFET
구조. (R. Loo et al(2017))

지 스미스 등을 생각하면 더욱 그렇다.

비정질 반도체

도핑을 통해 반도체의 전기 전도도를 변화시켜서 트랜지스터를 만드는 과정의 근간이 되는 이론은 전자의 에너지띠 구조에 대한 이해였다. 이 이론은 블로흐가 애초에 가정했던 것처럼 원자들이 규칙적으로 배열된 단결정 상태의 물질에서 잘 들어맞는다. 하지만 자연에서 발견되는 물질은 대부분 작은 결정 덩어리들이 무작위로 뭉친 다결정이며, 단결정은 탄소의 단결정인 다이아몬드나 산화 알루미늄의 단결정인 사파이어나 루비처럼 상당히 희귀하다. 반도체 집적회로인 DRAM이나 CPU를 만들기 위해서 영역 녹임 등의 최신 기술을 이용해 만든 실리콘 단결정의 직경이 30센티미터 정도인데, 이보다 훨씬 넓은 면적 위에 트랜지스터를 배열한 전자회로가 필요한 경우도 있다. 컴퓨터 모니터 같은 디스플레이의 화면을 구동하는 전자회로가 바로 그것이다.

널리 사용되는 28인치 모니터를 만드는 데 사용하는 10.5세대 원장 mother glass의 크기는 3×3.4미터 정도인데, 이 위에 수십 마이크로미터 크기의 박막트랜지스터thin film transistor(TFT) 소자를 무수히 많이 만들어 넣어야만 평판 디스플레이의 픽셀 구동이 가능해진다. 이렇게 넓은 면적의 단결정 실리콘을 성장시키는 것은 현재 기술로는 불가능에 가깝다. 디스플레이에 사용하는 반도체 소자는 진공에서 유리 기판 위에 증착된 비정질amorphous 실리콘 박막을 이용한다. 비정질 물질은 단결정 물질과는 달리 원자들이 아무런 규칙성 없이 배열되어 있으므로 블로흐 정리가 성립하지 않고, 그 전기적 성질을 이론적으로 다루는 것도 까다롭다. 하지만 1977년 노벨 물리학상 수상자 네빌 모트 등의 노력으로 비정질 물질을 상당히 이해할 수 있게 되었고, 비정질 실리콘으로 만들어진 박막트랜지스터를 이용해서 오늘날 대부분의 LCD 평판 디스플레이가 구동되고 있다.

비정질 실리콘은 단결정 실리콘에 비해 전기 전도도가 매우 낮긴 하지만 액정 디스플레이를 구동하기 위한 회로로 사용하는 데는 큰 문제가 없다. 게다가 비정질 실리콘 박막에 레이저로 표면만 살짝 녹였다가 식히면 완전한 결정질도 아니고 비정질도 아닌 다결정 실리콘 박막이 만들어지는데, 전기적 특성이 단결정보다는 떨어지지만 비정질보다는 훨씬 좋아서 스마트폰 디스플레이의 주변 회로 등으로 사용된다. 디스플레이 산업의 발전과 함께 얇은 유리 기판 위에 비정질 실리콘 박막을 형성하는 기술도 엄청난 규모의 산업이 됐다. 최근 들어서는 IGZO(indium gallium zinc oxide)라는 비정질 산화물 반도체를 이용한 디스플레이 구동회로도 많이 사용된다. 레이저로 표면을 녹이지 않아도 비정질 실리콘보다 전기 전도도가 훨씬 좋기 때문이다. IGZO에 포함된 산소의 함량에 따라 전기적 성질이 민감하게 변한다는 문제도 결국 거의 해결되어 현재 상업적 디스플레이에 사용되고 있다.

반도체 발광 소자

반도체를 이용한 전자 소자를 만드는 연구의 초창기부터 빛을 내거나 빛에 반응하여 전기신호를 만드는 소자를 만들기 위한 노력도 계속되었다. 벨연구소의 러셀 올이 우연히 발견한 광기전 효과도 빛에 반응하여 실리콘의 pn 접합이 전기신호를 발생하는 것이었다. 이처럼 빛을 흡수하는 반도체 소자를 만드는 것은 가능하지만 반대로 전기를 흘려서 빛을 방출하는 소자를 실리콘으로 만들 수는 없다. 이를 이해하려면 다시 한번 에너지띠 구조를 들여다봐야 한다.

물질의 에너지띠 구조는 전자의 에너지와 운동량 사이의 관계식이라는 사실을 상기해보자. 반도체 소자의 전도띠에 있던 전자가 그보다 에너지가 낮은 원자가띠로 내려올 때 잉여 에너지가 빛의 형태로 방출되는 것이다. 원자가띠의 전자가 빠진 빈자리를 양공이라고 표현하기도 하니까, 전자와 양공이 결합하면서 빛이 방출되는 것으로 이해할 수 있다. 원자에서도 들뜬 상태에 있던 전자가 낮은 에너지 상태로 전이하면서 빛을 방출하고, 우리의 눈은 그 덕분에 물체를 '본다'. 전자와 양공이 결합하려면 운동량 보존이라는 까다로운 조건을 만족해야 한다. 결론적으로 말하면 전자와 양공의 운동량이 같을 때만 서로 결합해서 빛을 낼 수 있다. 실리콘의 경우 전자와 양공의 운동량이 각각 다른 값을 갖게끔 에너지띠 구조가 만들어져 있다. 이런 반도체를 간접 indirect 띠틈 반도체라고 부른다. 빛을 방출하려면 전자와 양공의 운동량이 같은 값을 갖는 에너지띠 구조의 반도체가 필요하다. 이를 직접 direct 띠틈 반도체라고 부르는데, 갈륨비소(GaAs)가 대표적이다. 빛의 흡수는 방출과 반대의 과정을 통해서 일어난다. 즉 원자가띠에 있던 전자가 빛을 흡수해서 그 에너지를 이용해 전도띠로 이동하면서 원자가띠에는 양공 하나가 만들어진다. 이 과정에서는 운동량 보존이 빛 방출의 경우만큼 중요하지 않기 때문에 직접, 간접 띠틈 반도체 모두를 사용할 수 있다. 다만 빛을 흡수하여 전기를 생산하는 소자인 태양전지는 경제적인 이유 등으로 대부분 갈륨비소 대신 실리콘을 사용한다.

전기를 흘려서 빛을 내는 반도체인 LED는 텍사스인스트루먼트Texas Instrument의 제임스 비어드와 개리 피트먼이 최초로 발명하였다. 이들은 1961년에 갈륨비소 pn 접합에 전류를 흘리면 900나노미터 파장을 갖는 적외선이 나온다는 사실을 발견하고 특허를 출원했다. 텍사스인스트루먼트가 이 LED를 제품으로 만들어 출시하면서 빛을 방출하는 반도체 LED의 시대가 열리게 된다. 빨간색 가시광선을 방출하는 LED를 최초로 발명한 사람은 제너럴일렉트릭General Electric(GE)의 닉 홀로니악인데 그는 트랜지스터의 발명으로 노벨상을 받은 바딘이 일리노이대학교 교수가 된 후 제자로 받은 첫 대학원생이다. LED는 홀로니악의 발명 이후에도 다양한 발전을 거쳐서, 휼렛-패커드Hewlett-Packard(HP)에서는 최초의 상업적 LED 표시 장치를 판매하기 시작했

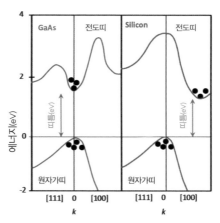

〈그림 4〉 직접 띠틈 반도체(GaAs)와 간접 띠틈 반도체(Si)의 전자띠 구조. 전자와 양공이 같은 운동량 k에 있어야 재결합하면서 광자의 형태로 빛을 방출할 수 있다. (Mathews, Ian(2014))

다. 이 기술을 개발하는 데는 강대원과 함께 모스펫을 발명한 후 휼 렛-패커드로 옮겨서 LED 물질에 대한 연구를 계속한 아탈라의 공헌 이 컸다. 다양한 LED가 개발된 후에는 이들을 이용하여 레이저 다이 오드를 만들기 위한 노력이 시작되었다. 레이저 다이오드에서 나오는 빛은 세기, 파장, 결맞음 특성 등이 매우 우수하기 때문에 LED보다 활 용의 폭이 훨씬 넓다. 최초의 가시광선 레이저 다이오드 역시 홀로니 악이 만들었는데, 오늘날 우리가 흔히 쓰는 빨간색 레이저 포인터에 들어 있는 바로 그 소자이다.

〈그림 5〉에 보이는 것처럼 LED와 레이저 다이오드는 기본적으로 pn 접합 다이오드이다. 다만 사용되는 물질이 실리콘이 아니고 직접 띠틈을 가지는 갈륨비소와 같은 반도체인데, 띠틈의 크기에 따라서 방 출되는 빛의 색깔이 달라지므로 그때그때 다양한 물질들이 사용된다. 주로 두 가지 이상의 원소가 화합물을 이루고 있는 경우가 많아서 화 합물 반도체compound semiconductor라고 부른다. 화합물 반도체는 구성 원 소들 간의 상대적인 비율에 따라서 띠틈이 달라지기 때문에 이를 이용 해 LED를 만들면 방출되는 빛의 색도 변한다. 예를 들어 $Al_xGa_{1-x}As$ 의 경우 알루미늄의 비율 x가 0.2에서 0.4로 변하면서 방출되는 빛의 파장은 870나노미터에서 640나노미터로 변한다. 주기율표의 3족 원 소 알루미늄(Al), 갈륨(Ga), 인듐(In) 등과 5족 원소 인(P), 비소(As), 안 티모니(Sb) 등의 화합물은 III-V족 반도체라고 하고, 2족 원소와 6족 원소의 화합물은 II-VI족 반도체라고 한다. 모든 화합물 반도체가 직 접 띠틈을 가지는 것은 아니지만 실리콘이나 게르마늄밖에 없는 4족 반도체에 비해서 물질의 다양성이 훨씬 크다.

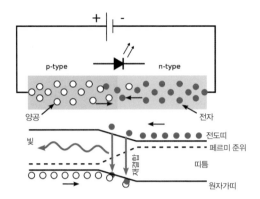

〈그림 5〉 LED는 pn 다이오드의 양쪽에서 만들어진 전자와 양공이 갈륨비소와 같은 직접 띠틈 반도체 안에서 재결합하면서 빛을 방출한다. (S–kei, CC BY–SA 2.5)

청색 LED

전기를 흘리면 빛을 내는 장치 중 가장 오랫동안 사용된 것은 에디슨이 실용화한 백열전구이고, 그 뒤를 형광등이 잇고 있다. 어둠을 밝히는 조명 장치가 소비하는 전력이 인류가 사용하는 전체 전력의 약 20퍼센트라는 사실로부터 인류가 얼마나 많은 백열등과 형광등을 사용하고 있는지 알 수 있다. 에너지 절약을 위해 전력 효율이 높은 LED를 조명으로 사용하려면 적색, 녹색, 청색을 모두 발광할 수 있는 LED를 개발하는 것이 필수적이다. 적색 LED는 가시광선 LED 중에서 가장 먼저 만들어졌는데 그 이유는 빨간색의 파장이 가장 길어서 띠틈이 작은 반도체를 사용하면 되니 제조하기도 비교적 쉬웠기 때문이다. 녹색 LED는 1958년에 최초로 개발되었지만 널리 쓰이지 못했는데 효율이 매우 낮은 것이 원인이었다. 청색 빛을 내는 데 필요한, 밴드갭이 큰 반도체 물질을 찾고, 이를 이용하여 전력 효율이 높은 LED를 개발하는 것도 어려운 일이었다.

나카무라 슈지는 일본열도 남쪽 시코쿠섬 도쿠시마에 있는 도쿠시마대학교에서 1979년에 공학 석사학위를 받고 같은 도시의 니치아화학Nichia Chemical에 취직한다. 형광등 안쪽에 발라서 흰색을 내는 형광물질을 제조하는 사업을 하던 니치아화학에서 그가 초기에 한 일은 사업 다각화의 일환으로 화합물 반도체 단결정 덩어리를 합성하는 일이었다. 하지만 별로 성공적이지 못했다. 그러다가 경영진을 설득해서 1989년경부터 질화갈륨(GaN)이라는 화합물 반도체를 이용하여 청색 LED를 만드는 새로운 연구를 시작한다. 본인이 회사에 요청해서 미국 플로리다대학교에서 화학기상증착법metal-organic chemical vapor deposition (MOCVD)에 대한 연구 연수를 다녀온 후였다. 질화갈륨을 이용한 청색 LED는 1972년에 미국 RCA 회사에서 스탠퍼드대학교에 파견되어 박사학위 과정을 밟던 허버트 마루스카와 대학원생 월든 라인스가 최초로 만들었지만 성능이 좋지 않아서 가망이 없다는 것이 학계의 주류 의견이었다. 나카무라가 질화갈륨 연구를 시작할 당시 청색 LED 연구의 주류는 셀렌화아연(ZnSe)이었다. 양질의 단결정 박막이 잘 만들어졌고 청색 LED도 제작되었다. 하지만 수명이 길지 않아서 그 원인을 밝히는 연구가 다양하게 진행되고 있었다. 대부분의 LED 연구를 보면 최초의 소자는 수명이 매우 짧지만 점점 박막과 계면의 특성이 향상되면서 소자 성능도 향상되어 반영구적인 수명을 갖는 게 일반적이었다. 셀렌화아연 LED에 대한 학계의 전망도 마찬가지였다. 막상 니치아화학에 있던 나카무라의 상사들은 이런 학계 동향을 잘 몰랐기 때문에 양질의 단결정 박막을 만들기 매우 어려운 질화갈륨을 이용하여 LED를 만들겠다는 나카무라의 연구 계획을 승인했다는 이야기도 있다.

한편 1981년에 나고야대학교 전자공학과에 부임한 아카사키 이사무 교수는 1960년대 후반에 시작한 질화갈륨 소자 연구에 본격적으로 매진하기 시작한다. 아카사키 교수의 연구실에 1982년부터 학부 연구생으로 참여하며 질화갈륨 연구에 뛰어든 아마노 히로시는 아카사키 교수의 지도로 박사학위를 받고 나고야대학교의 교수가 되기까지 꾸준히 질화갈륨을 이용한 소자 연구에 매진한다. 당시 질화갈륨을 이용한 청색 LED 소자 개발의 가장 어려운 문제는 고품질의 단결정 박막을 어떻게 성장시킬 수 있는가 하는 것과 p형 도핑을 위한 불순물로 사용하는 마그네슘(Mg)을 어떻게 활성화할 수 있는가 하는 것이었다. 나고야 그룹에서 마그네슘 도핑 후에 전자빔을 쬐면 p형 도핑 활성화가 잘된다는 연구 결과를 발표하자, 나카무라 그룹에서는 양산에 적합하지 않은 전자빔 대신 열처리를 통해서 도핑을 활성화하는 방법을 개발하고 이론적 근거까지 확보하면서 고효율의 질화갈륨 청색 LED를 최초로 개발하게 된다. 또한 나카무라 그룹과 나고야 그룹에서 각각 서로 다른 버퍼층을 이용하는 화학기상증착법을 이용하여 고품질 질화갈륨 단결정 박막 성장에 성공하였고, 이어서 효율 좋은 LED를 만드는 데 필수적인 양자우물quantum well 구조를 만드는 데도 성공하면서 마침내 1993년에는 상업적 판매가 가능할 정도의 고성능 청색 LED를 개발하게 된다.

니치아화학은 청색 LED가 개발되자 그 위에 형광 물질을 덮어서 백색 LED를 제조하여 조명용으로 판매하기 시작했고, 나카무라, 아카사키, 아마노는 청색 LED를 개발한 공로로 2014년 노벨 물리학상을 수상하기에 이른다. 한편 나카무라는 1999년에 니치아화학을 떠나서 미국 캘리포니아대학교 샌타바버라 캠퍼스의 교수로 자리를 옮긴다. 그리고 2001년에 청색 LED 발명의 직무발명 보상에 대한 소송을 니치아화학에 제기하는데, 회사의 매출은 청색 LED 판매로 단기간에 10배 가까이 성장하게 되었지만 자신의 발명에 대한 보상은 2만 엔에 불과했다는 것이 그 내용이었다. 나카무라 측은 20억 엔의 보상을 주장했는데, 1심 법원은 그 10배인 200억 엔을 보상하도록 판결했고, 니치아 측이 항소하자 양측은 결국 8억 4000만 엔에 합의한다. 법원이 판결한 것보다 많이 줄었지만 이 액수는 여전히 일본 역사상 직무발명에 대한 보상으로는 가장 많은 액수라고 한다. 효율적인 형광 물질을 개발하여 니치아화학을 창업한 노부오 오가와는 나카무라의 질화갈륨 연구가 당시의 주류 청색 LED 연구와 동떨어져 있었으나 적극적으로 지원했다. 하지만 1989년에 창업자의 사위 에이지 오가와가 회사를 물려받아 경영하면서 나카무라의 연구를 중단시키려 했고, 나카무라는 이를 무시하고 계속 연구를 진행했다고 하는데, 이러한 사정과 소송이 관련이 있을 것으로 보인다. 실제로 나카무라는 노벨상 수상 인터뷰에서 창업자 노부오 오가와의 지원이 없었다면 자신의 노벨상 수상도 없었을 것이라고 말했다. 이후 일본이 과학 분야 노벨상을 받으면 일본 언론은 기존 수상자인 나카무라와 인터뷰를 하는 경우가 있는데, 그때마다 그는 일본의 교육 시스템과 회사 직무발명 보상 시스템을 공산주의라고 하면서 신랄하게 비판하는 것으로 유명하다. 한편 청색 LED 발명에 노벨상이 수여되자 최초의 LED 발명자인 비어드와 피트먼 그리고 최초의 가시광선 LED와 레이저 다이오드의 발명자 홀로니악에게 노벨상이 수여되지 않은 사실을 두고 논란이 있었다. 그러나 다른 측면에서 보면 수십 년 동안 난제로 남아 있던 고효율의 청색 LED를 발명하여 형광등을 백색 LED로 바꿀 수 있게 하여 조명 기기의 에너지 효율을 획기적으로 높인 공로가 더 크다고 보는 시각도 가능하다.

질화갈륨의 에너지 띠틈을 조절하기 위해서 인듐(In)을 첨가한 InGaN을 사용하면서, 가시광선 파장의 청색 LED의 효율은 80퍼센트에 도달하고 있다. 한편 더 짧은 자외선 영역의 LED를 만들기 위한 노력이 지속되어서 인듐 대신에 알루미늄(Al)을 첨가한 AlGaN 계열의 물질을 이용하여 255나노미터 영역의 심자외선deep UV LED가 이미 판매되고 있다. 또한 자외선 살균이나 자외선을 이용한 고분자 경화 등에 널리 사용되는 수은등에서 나오는 254나노미터의 빛을 대신하기 위해서 심자외선 파장의 LED에 대한 연구가 지속되고 있다. 하지만 청색 LED에 비해서 효율이 10퍼센트 이하로 매우 낮아서 지속적인 연구가 필요하다. 수은등에서 나오는 254나노미터의 자외선과는 달리 인간의 피부나 눈의 각막에 대한 손상은 거의 없으면서도 마이크로미터 이하 크기의 바이러스나 박테리아의 DNA를 파괴하는 200~230나노미터 영역의 LED 광원에 대한 관심이 코로나19 팬데믹 상황 이후 급격히 증가하여 다양한 연구도 이루어지고 있다. 이처럼 청색 LED에 그치지 않고 모든 파장의 광원을 LED로 교체하려는 시도는 앞으로도 계속될 것이며, 이를 위한 발광 반도체 소자의 개발도 지속적으로 이루어질 것이다.

반도체 태양전지

최근 들어 실리콘 단결정의 대량생산에 막대한 기여를 한 기술이 바로 태양전지이다. 태양전지는 반도체 소자에 빛을 비추면 전력이 발생하는 현상을 이용하여 태양빛에서 직접 전력을 생산하는 소자이다. 앞에서 설명한 것처럼 pn 접합 다이오드를 발명한 벨연구소의 올이 최초로 발명했다. 빛을 받으면 전기신호를 일으키는 반도체 소자를 수광 소자라고 부르는데, 초기에는 태양전지보다는 광센서로 사용되었다. 전력 생산 기술로서의 수광 소자가 크게 주목을 받지 못한 이유는 생산되는 전력량에 비해서 소자의 제작 가격이 너무 높아서 경제성이 전혀 없었기 때문이다. 그래서 태양전지는 주로 인공위성과 같이 다른 전력 생산 기술을 사용할 수 없는 경우에 제한적으로 사용되었다. 하지만 단결정 실리콘을 싸게 대량으로 생산하는 기술이 점차 발전하고 기후변화 대응 차원에서 가격이 높더라도 신재생 에너지를 사용해야 한다는 생각이 널리 퍼지면서, 특히 중국이 생산량을 엄청나게 늘리면서 약간의 비용을 지불하고 지자체와 정부의 보조금을 받으면 가정집 베란다에도 태양전지판을 설치할 수 있게 되었다.

　태양빛의 에너지를 얼마나 효율적으로 전기에너지로 변환시킬 수 있는가 하는 것이 태양전지의 전력변환효율power conversion efficiency (PCE)이다. 현재 단결정 실리콘으로는 26.1퍼센트, 다결정 실리콘으로는 23.3퍼센트가 최고 기록이다. 실제로 사용 가능한 전력 생산 효율을 나타내는 모듈 효율module efficiency은 이보다 떨어져서 단결정 실리콘의 경우 20퍼센트 정도이다. 접합 트랜지스터를 발명한 쇼클리는 태양전지도 연구하여 1961년에 태양전지가 도달할 수 있는 이론적 최대 효율에 대한 쇼클리-퀘이서 한계Shockley-Queisser limit 이론을 발표했다. 오늘날까지 유효한 것으로 여겨지는 이 이론에 따르면 자연적으로 지표에 도달하는 태양빛을 가정할 때 하나의 pn 접합만 있을 경우 태양전지에 사용되는 반도체 물질의 종류와 무관하게 전력변환효율은 33.7퍼센트를 넘을 수 없다. 이는 반도체 물질의 에너지 띠틈이 이상적인 값을 가질 때이고, 띠틈이 1.1eV인 실리콘의 최대 이론 효율은 32퍼센트 정도이다. 현재 생산되는 실리콘 태양전지 효율의 이론적 최댓값과 실제값의 차이는 대부분 패널 표면에서 반사되는 빛이나 전극 선에 의한 흡수 등에서 비롯된 것이므로, 단결정 실리콘을 이용한 태양전지의 효율 향상은 거의 이론적 한계에 도달한 상황이다. 따라서 실리콘 태양전지는 패널과 모듈의 가격을 낮추기 위한 경쟁이 지속되고 있으며, 실리콘 이외의 물질을 이용한 태양전지는 새로운 물질 탐색과 효율 향상을 위한 연구가 이루어지고 있다. 전력변환효율만으로 볼 때 가장 높은 수치를 보이는 것은 여러 개의 pn 접합을 연결한 다중접합 갈륨비소multi-junction GaAs 태양전지이다.

태양전지의 효율은 태양빛이 강할수록 높아지는 경향이 있다. 즉 같은 양의 빛에너지가 입사한다고 해도 에너지 밀도가 높으면 더 높은 효율을 낸다. 따라서 소자의 크기는 작게 하고 태양빛을 렌즈 같은 것으로 집속하여 효율을 올릴 수 있는데, 이러한 기술을 총동원하여 현재 도달한 최고의 효율이 47퍼센트 정도이다. 이들은 가격이 높더라도 효율이 가장 중요한 인공위성 같은 곳에 사용되는데, 높은 가격을 고려하더라도 좁은 면적에서 같은 양의 전력을 생산할 수 있다면 발사 비용 측면에서 압도적으로 유리하기 때문이다.

지난 10여 년 동안 새로이 등장한 태양전지 물질로 가장 주목받고 있는 것은 〈그림 6〉의 유무기 하이브리드 페롭스카이트hybrid perovskite 이다. 유기 반도체 물질에 대해서는 뒤에 유기 LED를 다룰 때 다시 설명하겠지만 〈그림 7〉의 벌크 이종접합bulk heterojunction 유기 태양전지의 경우 간단한 고분자와 저분자의 조합으로 18퍼센트, 페롭스카이트의 경우 25퍼센트의 최고 효율을 달성하고 있다. 특히 유기 태양전지의 경우는 물질의 다양성과 저렴한 가격, 그리고 매우 얇은 박막이라 넓은 면적에 쉽게 도포할 수 있다는 것이 큰 장점이다. 하이브리드 페롭스카이트 태양전지는 유기 태양전지와 이러한 장점을 공유하면서도 2009년 3.87퍼센트의 효율로 처음 보고된 이후 짧은 기간에 단결정 실리콘 태양전지에 필적하는 효율을 달성하고 있다는 점이 고무적이다. 그러나 실리콘 대비 내구성이 떨어지는 단점이 있어서 이를 극

〈그림 6〉 하이브리드 페롭스카이트 $CH_3NH_3PbX_3$(X=I, Br, Cl)의 결정 구조. 메틸암모늄($CH_3NH_3^+$)이 PbX_6 팔면체에 둘러싸여 있다. (Christopher Eames et al., CC BY 4.0)

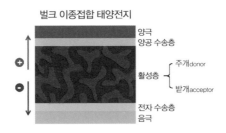

벌크 이종접합 태양전지

양극
양공 수송층
활성층 ─┌ 주개donor
        └ 받개acceptor
전자 수송층
음극

〈그림 7〉 유기 태양전지의 벌크 이종접합 구조. (Tong, Yang et al.(2020))

복하기 위한 연구가 활발하게 이루어지고 있다. 하이브리드 페롭스카이트 태양전지 연구의 최전선에는 우리나라의 연구자들이 활약하고 있는데, 울산과학기술대학교와 에너지기술연구원 연구팀이 2021년 4월에 25.6퍼센트의 효율을 보이는 세계 최고 성능의 소자를 〈네이처〉에 발표하였다. 뿐만 아니라 이전에도 한국화학연구원, 성균관대학교 등의 연구자들이 경쟁적으로 최고 효율의 소자 성능을 발표하고 있다. 지금까지 알려진 반도체 물질과는 전혀 다른 특징을 가진 하이브리드 페롭스카이트 반도체를 태양전지뿐만 아니라 LED나 다른 전자 소자에 활용하기 위한 연구가 이 순간에도 활발히 진행되고 있다.

유기물질 반도체

유기물질은 주로 탄소(C)로 이루어져 있으며 수소(H), 산소(O), 질소(N) 등의 원소를 많이 포함하고, 때로는 금속과 같은 원소를 포함하기도 한다. 작은 분자 크기에서부터 이론적으로 무한한 길이를 가지는 고분자 물질 혹은 생체 물질에서 발견되는 단백질과 같은 거대 분자를 이룬다. 유기물질 대부분이 전기적으로는 부도체라서 전선을 감싸는 절연체로써 일상에서 손쉽게 볼 수 있다. 그런데 탄소가 이루는 네 개의 공유결합은 이중결합이나 삼중결합을 이룰 수도 있는데 이중결합이 여러 개 연결되어서 만들어지는 공액conjugated 고분자 물질 중에서 비교적 간단한 구조를 가진 것이 〈그림 8〉의 (a)에 보이는 폴리아세틸렌polyacetylene이다. 폴리아세틸렌에서 원자 사이의 결합을 좀더 자세히 보면 고분자의 뼈대를 이루는 결합에 수직으로 탄소 원자의 p_z 오비탈이 존재하게 되는데, 바로 옆의 탄소 원자의 p_z 오비탈과 상호작용하여 만들어지는 에너지띠 구조가 1차원 반도체 물질과 유사하다. 앨런 히거, 앨런 맥더미드, 시라카와 히데키는 1977년에 폴리아세틸렌에 불순물을 첨가하면 도핑된 실리콘처럼 매우 전기가 잘 통하는 도체가 된다는 것을 발견했다. 최초로 전기가 통하는 고분자 물질을 발견한 것인데, 이후로 많은 공액 고분자 물질이 반도체 성질을 갖는 것이 알려졌다. 이들은 전도성 고분자를 발견한 공로로 2000년 노벨 화학상을 수상했다. 이후 전도성 고분자를 구리를 대체하는 전선 용도로 개발하려는 많은 연구가 진행되었지만 불순물이 첨가된 폴리아세틸렌이 공기 중에서 불안정하여 결국에는 성공하지 못했다. 하지만 이러한 연구는 유기물질도 반도체가 될 수 있다는 가능성을 최초로 열어준 연구로서 그 의의가 매우 크다.

1947년에 영국령 홍콩에서 태어나 캐나다의 브리티시컬럼비아대학교를 졸업한 칭탕은 작은 유기 분자를 이용하여 태양전지를 만드는 연구로 1975년에 미국의 코넬대학교 화학과에서 박사학위를 받았다. 그는 이후 코넬대학교에서 멀지 않은 로체스터에 위치한 코닥Kodak이

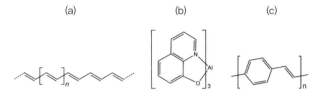

〈그림 8〉 유기 반도체 물질의 분자 구조. (a) 폴리아세틸렌, (b) Alq3, (c) PPV

라는 회사에 취직한다. 1888년에 조지 이스트먼이 설립하여 카메라와
필름을 생산 판매하던 코닥은 탕이 취직할 무렵 미국 시장에서 필름
은 90퍼센트, 카메라는 85퍼센트라는 압도적인 시장 점유율을 자랑하
고 있었다. 설립자 이스트먼이 할로겐화은silver halide을 이용한 사진 건
판을 발명하여 상품화에 성공하면서 거대 기업을 일군 사람이기 때문
에 기초 연구를 통해서 새로운 제품을 만드는 것을 적극 권장하였고,
탕은 박사학위 과정에서 하던 연구의 연장으로 유기 분자를 이용한
태양전지 연구에 몰두할 수 있었다.

　탕은 1978년부터 유기 전자 소자 관련 특허를 출원하기 시작하여
1980년에는 유기물 다층 박막을 이용한 태양전지에 대한 특허를 출원
하였고, 같은 해에 tris(8-hydroxyquinolinato) 알루미늄(Alq3)으로 알려
진 저분자(〈그림 8〉의 (b)) 물질 층으로 이루어진 유기물 이중 박막에 전
류를 흘릴 때 매우 효율 높은 발광다이오드가 되는 것을 발견하고, 함
께 연구하던 스티븐 반 슬라이크와 유기발광다이오드organic LED
(OLED)로 특허를 출원했다. 기업 연구의 특성상 이 연구는 특허가 등
록된 이후 1986년과 1987년에 각각 논문으로 출판되었다. 태양전지
의 특성을 연구하기 위해서는 소자에 빛을 쬐면서 전압을 걸어주고

이때 전류를 측정해야 하는데 유기 태양전지의 효율 향상을 위해서 다양한 유기물질로 이루어진 소자를 탐색하던 중 전류를 흘리면 효율적으로 빛을 내는 물질과 구조를 발견한 것이다. 코닥의 OLED 소자는 $1000cd/m^2$(제곱미터당 칸델라) 이상의 밝은 빛을 낼 수 있었고 효율도 1퍼센트 정도로 당시 기준으로는 높았다. 오늘날 주변에서 흔히 볼 수 있는 LCD 디스플레이의 백색 화면 밝기가 $200{\sim}500cd/m^2$라는 사실과 비교하면 탕이 개발한 초기 OLED가 얼마나 밝은 빛을 냈는지 알 수 있다. OLED는 유기물을 상온에서 증착할 때 만들어지는 얇은 박막 형태의 비정질 유기물 층으로 구성되어 있다. 청색 LED 개발에서 설명한 것처럼 단결정 반도체 박막 형성이 필수적인 갈륨비소나 질화갈륨 같은 무기물 LED와는 달리 OLED는 박막이 비정질이라는 사실이 발광 특성에 영향을 주지 않는다. OLED 물질의 발광 특성은 개별 유기 분자의 발광 특성에서 비롯된 것이라 박막의 결정성과는 거의 무관하기 때문이다. 따라서 발광 물질 층을 증착할 때 섀도마스크shadow mask를 사용하여 적절한 패턴을 만들면 크기가 아주 작은 픽셀 형태의 발광 소자를 만들 가능성이 있었다. 컬러 디스플레이 소자의 RGB 픽셀을 OLED로 구현하여 자체 발광 디스플레이를 만들 수 있는 길이 보였던 것이다. 필자도 1994년부터 약 2년 반 동안 로체스터대학교 물리학과의 박사후 연구원으로 일하면서 탕 박사와 몇 편의 논문을 함께 쓸 기회가 있었다. OLED 소자 연구가 막 뜨거워지기 시작하던 때였는데, 탕 박사는 친절하고 과학적 본질을 꿰뚫어 보는 연구자였다.

OLED 연구는 1990년 영국 케임브리지대학교의 리처드 프렌드 교수 연구팀이 폴리파라페닐렌 비닐렌(PPV)이라는 고분자 물질(〈그림 8〉의 (c))의 박막에 전류를 흘리면 빛이 나온다는 사실을 보고하면서 더욱 뜨거운 연구 주제가 되었다. 유기물질 발광 소자의 시대가 열리기 시작한 것이다. 프렌드의 케임브리지 그룹에서는 고분자를 이용해서 트랜지스터도 개발하여 일반적으로 플라스틱이라고 부르는 고분자 물질을 이용한 각종 광전자 소자의 제작이 가능하다는 것을 보여주었다. 유기물 전자 소자의 출현은 값싸고 가벼운 전자 소자의 개발에 대한 희망을 주었지만, 그보다 더 중요한 것은 유기물질이 가지는 거의 무한한 다양성에 있다. 무기 반도체 물질은 화합물 반도체를 포함하더라도 그 종류가 수십 가지를 넘기 힘든데, 유기물은 단분자, 고분자 등으로 나뉘는 다양한 형태적 특성뿐만 아니라 Alq3에서 보듯이 금속 원자를 포함할 수도 있는 등 그 다양성이 실로 무한하다. 다시 말해서 어딘가 아직 발견하지 못한 유기물질 중에 어떤 소자에서 요구하는 모든 특성을 다 갖추고 있는 것이 존재할 가능성도 있다. 질병을 치료하는 신약을 찾기 위한 연구와 유사한 방법을 동원하여 어떤 기능에 최적의 특성을 가지는 유기 전자 재료를 탐색할 수 있다는 뜻인데, 이는 대부분의 무기 반도체 소자가 실리콘 또는 몇몇 화합물 반도체 물질에 의존하는 것과는 커다란 대비를 이룬다.

코닥의 탕이 최초의 OLED 특허를 출원한 이후 이를 이용하여 디스플레이 패널을 만들기 위한 시도가 이어졌는데 일본의 산요, 파이오니어 등의 전자 회사가 코닥과 기술을 제휴하여 생산을 시작했지만 낮은 효율과 짧은 수명 등으로 시장에서 성공하지 못했다. 코닥은 디스플레이를 생산해본 경험이 없어서 원천 기술만 제공하는 역할을 하고

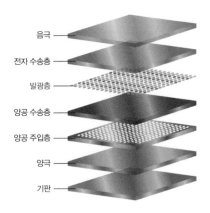

음극

전자 수송층

발광층

양공 수송층

양공 주입층

양극

기판

〈그림 9〉 OLED 소자의 구조. 여러 종류의 유기물과 전극을 수십 나노미터 정도 두께의 박막 형태로 쌓아서 완성한다. (Universal Display/C&EN)

있었는데, 마침 불어닥친 디지털 카메라 열풍에 제대로 대응하지 못하여 디지털 카메라를 최초로 개발했음에도 불구하고 경영 상태가 극도로 악화된다. 결국 2009년 OLED 관련 사업을 우리나라의 LG 디스플레이에 매각하고 지식재산권을 공유하기로 하면서 OLED 사업에서는 일단 손을 뗐다. 한편 우리나라의 삼성 SDI는 2000년대 초반부터 OLED 디스플레이 기술 개발에 매진하여 2007년 9월에 세계 최초로 능동 구동형active-matrix OLED 패널 양산에 성공하고, 2009년부터 삼성전자의 휴대전화에 전면적으로 적용했다. 이후 이름이 바뀐 삼성 디스플레이는 휴대전화용 소형 AMOLED 분야에서 세계 시장 점유율 90퍼센트가 넘는 실적을 보이며 시장을 선도하고 있다. 한편 디스플레이 업계에서 삼성의 경쟁자인 LG 디스플레이는 소형 AMOLED 개발에는 한발 뒤졌으나 텔레비전용 대형 OLED 기술 개발에 전력을 기울여서 백색 OLED에 기반한 대형 텔레비전 패널 개발에 성공하고

2013년부터 양산을 시작했다. 이후 OLED 업계에서 소형 패널은 삼성이 세계 시장의 80~90퍼센트 점유율을, 대형 패널은 LG가 100퍼센트 시장 점유율을 차지하고 있다. 특히 LG의 OLED 패널을 공통적으로 사용하는 LG와 소니의 텔레비전 세트는 미국의 〈컨슈머리포트〉에서 최고 화질의 텔레비전 1~10위를 모두 휩쓴 적도 있다. 매년 개선되는 OLED 디스플레이는 패널의 수명 문제가 완전히 해결된 것은 아니지만 LCD 디스플레이와 비교하기 힘들 정도로 뛰어난 화질을 바탕으로 프리미엄 시장에서 가장 각광받는 제품이 되었다.

OLED 디스플레이는 유기 반도체로 만들 수 있는 여러 가지 광전자 소자 중 하나에 불과하지만, 우리나라 전자 산업에서는 우리가 세계 최초로 양산에 성공하고 시장에서도 성공한 신기술 제품이라는 특별한 의미를 가지고 있다. OLED 디스플레이 이전까지 우리나라가 높은 세계 시장 점유율을 차지하던 메모리 반도체나 LCD 디스플레이 등의 제품은 다른 나라에서 양산한 기술을 도입하여 나중에야 독자적으로 기술 고도화에 성공하여 세계적 경쟁력을 달성한 것이다. 이에 반해 OLED 디스플레이는 우리나라 기업들이 이전까지 시장에 존재하지 않거나 다른 국가에서 성공하지 못한 새로운 소자를 세계 최초로 양산하여 상업적으로도 성공시킨 것이다. 기초 연구에 의해서 가능성이 제시된 개념을 세계 시장에서 성공하는 제품으로 만든 것은 우리나라 전자 산업계에서는 처음 경험한 사건이라고 할 수 있다.

계속되는 반도체의 재발견

반도체 소자는 처음에는 진공관을 대체할 정류기와 증폭기를 만들기 위해서 개발하게 되었는데, 벨연구소에서 반도체에 대한 고체물리적 이론의 확립부터 상업적으로 판매 가능한 초기 제품에 이르기까지 전체 개발 과정을 주도했다고 볼 수 있다. 이후 모스펫을 이용한 집적회로 혁명을 겪으면서 산업의 쌀이 되었고, 현재의 실리콘밸리를 만들었으며 우리나라의 국가 기간산업이 되었다. 실리콘으로 이루어진 첨단 반도체 소자에서 더 높은 집적도와 더 많은 기능을 구현하기 위한 글로벌 기술 경쟁은 머리가 아플 지경이다. 한국의 삼성과 하이닉스, 대만의 TSMC, 미국의 인텔과 마이크론뿐만 아니라 반도체 굴기를 앞세운 중국 업체들의 도전에 이르기까지 잠깐 한눈을 팔면 회사의 존망을 걱정해야 하는 불꽃 튀는 경쟁이 벌어지고 있다. 비록 실패했지만 일본이 반도체 제조에 필수적인 소재를 이용하여 우리나라의 관련 산업에 타격을 입히려 시도한 것도 이 때문이다.

다른 한편으로 완전히 새로운 조성과 구조를 가진, 전혀 다른 원리와 특성에 기반한 반도체 소자를 발명하기 위한 연구 또한 여전히 치열하다. 이미 언급한 유기물 또는 페롭스카이트 반도체 이외에도 최근에는 그래핀과 유사한 2차원 반도체 물질들이 여러 종류 발견되면서 이를 이용하여 더 값싸고 집적도가 높으며 다양한 기능을 결합한 소자의 가능성에 대해서 집중적인 연구가 이루어지고 있다. 이처럼 전자 소자가 우리의 생활과 밀접하게 붙어 있는 한 반도체는 항상 우리 곁에 있을 것이며, 연구자들은 끊임없이 기존의 물질과 새로운 물질로 반도체를 계속 재발견하고 있을 것이다.

3

부도체의 재발견

: 부도체의 완벽한 분류

양범정

서울대학교 물리천문학부 부교수. 위상물질 및 자성체 이론을
연구한다. 대학 때 화학을 전공했으나 분자 합성을 할 만한 손
재주가 없음을 깨닫고 실망하고 있을 즈음 응집물리 이론이라
는 분야를 접하고 물리공부를 시작했다. 위상 물리는 위상수학
이라는 추상적인 수학적 개념을 이용해서 고체 물질의 물성을
설명하는 매력적인 연구 분야이다. 물성에 대한 직관적 이해와
수학을 통한 논리적 증명 모두를 추구할 수 있는 흥미로운 연구
를 하고 있다.

물질은 전극을 연결했을 때 전류가 흐르는지를 기준으로 도체와 부도체로 나뉜다. 전류가 흐르면 도체이고, 전류가 흐르지 않으면 부도체이다. 수많은 고체 물질을 전기 전도라는 특성에 따라 두 가지로 간단하게 분류할 수 있다는 건 정말 멋진 일이다. 그런데 15년 전쯤 이런 이분법으로 분류될 수 없는 새로운 물질 상태가 알려졌다. 이 물질의 내부로는 전류가 흐르지 않지만, 표면으로는 전류가 흐른다. 도체도 아니고 부도체도 아닌 어정쩡한 상태다. 표면의 도체 껍질을 떼어내면 부도체만 남을 것 같지만, 그렇게 해서 드러난 속살이 대신 도체가 되어버린다. 표면의 전도성이 그냥 표면만의 문제가 아니라 물질 자체가 부도체로 변하는 것에 대한 저항성을 보인다. 이런 이상한 물질을 위상 부도체topological insulator라고 부른다. 고체를 분류하는 데 추상 수학의 한 분야인 위상수학topology이 등장한 것이다.

위상수학이 뭔지 설명할 때 흔히 손잡이가 있는 커피잔, 구멍 뚫린 도넛 그리고 속이 꽉 찬 찰흙 공을 예로 든다. 물체를 늘리거나 줄이고 구부리는 것은 허용하되 구멍을 뚫는 것은 금지하면 커피잔은 도넛 모양으로 바뀔 수 있다. 하지만 속이 찬 찰흙 공은 구멍을 뚫지 않는 한 커피잔이나 도넛 모양으로 바뀔 수 없다. 위상수학에서는 커피잔과 도넛을 같은 형태로 취급하고, 속이 찬 찰흙 공은 이들과 다른 형태라고 한다. 같은 형태의 물체들이 공유하는 공통적인 특성을 위상학적 불변성topological invariant이라고 한다. 커피잔과 도넛은 구멍이 1개인 물체이고, 속이 꽉 찬 찰흙공은 구멍이 없는 물체라는 것이 바로 이들 물체들의 위상학적 불변성이다. 위상수학은 이런 위상학적 불변성을 연구하고 이를 기반으로 물체 혹은 공간이 위상학적으로 서로 다른지 같은지를 구분한다.

다시 도체-부도체 문제로 돌아오자. 부도체는 가장 단순하고 기본적인 물질이다. 가장 간단한 부도체로는 닫힌 에너지 껍질closed energy shell을 가진 원자들의 집합을 들 수 있다. 에너지 껍질energy shell은 어떤 원자에 속박된 전자가 가질 수 있는 에너지의 값을 의미한다(이를 에너지 준위라고도 부른다). 양자역학적으로 기술되는 원자 속 전자의 운동은 전자가 어떤 특별한 에너지 값만 취할 수 있다고 말한다. 에너지 값이 양자화되어 있다고 부르기도 한다. 원자 속 전자가 취할 수 있는 양자화된 상태를 에너지 껍질이라고 부르기도 한다. 원자에는 원자 수에 해당하는 여러 개의 전자가 존재하고, 이 전자들은 에너지가 가장 낮은 껍질부터 차곡차곡 채워간다. 특정한 에너지 껍질을 채울 수 있는 전자의 수는 파울리 배타 원리에 의해 제한된다. 에너지 껍질을 차곡차곡 채웠을 때 마지막 에너지 껍질이 전자로 꽉 찬 원자는 닫힌 에너지 껍질을 갖는 원자가 된다. 이런 원자는 특정 에너지를 가지는 껍질까지는 전자가 꽉 차 있고, 그보다 높은 에너지를 가지는 껍질은 모두 비어 있는 두 종류의 에너지 상태를 가진다. 전자 하나를 차 있는 에너지 껍질에서 비어 있는 에너지 껍질로 들뜨게 하려면 두 에너지 껍질 사이의 에너지 값 차이만큼의 에너지를 어디선가 전자에 주어야 한다. 자연이 따르는 에너지 보존 법칙 때문이다. 두 껍질의 에너지 차이를 에너지 간극energy gap 또는 에너지 갭이라고 한다. 외부에서 자극을 받아도 그 자극이 에너지 갭을 넘지 못하면 원자는 아무런 반응을 할 수 없다. 이런 원자들의 집합으로 만들어진 고체가 있다고 하면, 외부에서 전기장을 걸어줘도 전자가 들뜨지 못해 전류가 흐르지 않는다. 이런 종류의 부도체를 원자 부도체atomic insulator라고 부른다.

부도체는 외부 자극에 아무 반응을 보이지 않는 재미없는 물질이라는 생각이 들 법도 하다. 하지만 최근에 발견된 위상 부도체는 내부와 껍질이 모두 전류를 통하지 않는 원자 부도체와 달리 표면으로는 전류가 흐른다. 위상 부도체의 존재는 2005년에 처음 이론적으로 예측되었고, 2007년과 2008년에 2차원과 3차원 위상 부도체 물질의 존재가 실험적으로 규명되었다. 그 후 급속도로 전개된 위상 부도체의 이론적·실험적 발견은 기존 고체의 물성을 이해하는 방식에 근본적인 변화를 가져왔고, 그 결과 고체 속 전자의 파동함수가 보이는 위상수학적 성질이 고체 물성을 이해하는 가장 기본 개념으로 자리잡았다. 초기 위상 부도체의 발견 이후 위상 준금속topological semimetals, 위상학적 결정 부도체topological crystalline insulators, 위상 초전도체topological superconductors 등 새로운 형태의 위상학적 고체 상태가 연달아 발견되었다.

부도체의 양자역학: 에너지띠 구조

가장 간단한 형태의 부도체로서 닫힌 에너지 껍질을 가진 원자들의 집합인 원자 부도체를 위에서 언급했다. 원자에 닫힌 에너지 껍질이 존재하는 이유를 이해하려면 양자역학을 알아야 한다. 원자들을 공간에 규칙적으로 배열하여 결정 상태를 만들면 이웃한 원자들의 에너지 껍질끼리 서로 겹치는 중첩superposition이 일어난다. 그 결과 본래 한 원자에만 속박되었던 전자가 이웃한 원자로 이동하는 게 가능해진다. 이로 인해 결정 속 전자의 상태는 결정 전체에 파동의 형태로 퍼지면서 에너지띠를 형성한다. 에너지띠의 의미를 한마디로 요약하면, 고체 속의 전자 상태가 갖는 운동량(정확히 말하자면 결정 운동량crystal momentum이다)에 해당하는 전자의 에너지 값이다. 운동량이 바뀌면 에너지 값도 바뀌는데, 일반적으로 대단히 많은 에너지띠가 복잡하게 얽혀 있다. 고체 속 전자도 원자 속 전자처럼 파울리 배타 원리의 지배를 받아 에너지띠의 낮은 자리부터 차곡차곡 채워나간다. 전자가 꽉 찬 가장 높은 에너지 값을 갖는 띠를 원자가띠라고 하고, 전자가 차지 않은 에너지띠 중 가장 낮은 에너지 값을 갖는 띠를 전도띠라고 한다. 원자 부도체는 꽉 찬 원자가띠와 텅 빈 전도띠 사이에 에너지 간극이 존재하고, 외부 전기장도 이 간극을 극복할 만큼 충분한 에너지를 공급하지 못하기 때문에 전류가 흐르지 않는다.

모든 부도체와 반도체는 크고 작은 에너지 갭을 갖는 에너지띠 구조를 보인다. 어떤 물질의 에너지 간극을 연속적으로 줄이거나 늘이는 과정은 위상수학적 관점에서는 연속적인 변환에 해당한다. 곧 에너지 갭이 꽤 큰 부도체나 갭이 작은 반도체나 위상수학적으로는 동등한 topologically equivalent 상태라는 뜻이다. 위상학적 동등성을 더 확장하면 안정된 위상학적 동등성stable topological equivalence이라는 개념도 도입할 수 있다. 조금 복잡한 개념이긴 하지만 그 핵심은 원자가띠와 전도띠 사이의 에너지 간극을 유지한 채 위상수학적 성질이 없는 에너지띠를 원자가띠 아래에 추가하는 변형을 가리키는 말이다. 이런 변형을 통해 두 물질의 에너지띠 구조가 서로 연결될 수 있으면, 이들은 위상수학적으로 동등한 물질이라고 볼 수 있다. 이 개념에 따르면 모든 원자 부도체는 위상수학적으로 동등하다. (물론 결정 대칭성을 더 조심스럽게 고려하면, 원자 부도체들도 위상학적으로 구분이 가능한데, 이에 대해서는 뒤에서 논의하겠다.) 그렇다고 모든 부도체가 원자 부도체와 위상수학적으로 동등한가 하면 그렇지 않다. 위상 부도체는 어떤 형태의 원자 부도체와도 연속적인 변형을 통해 연결될 수 없기 때문이다.

양자홀 상태

원자 부도체와 위상학적으로 동등하지 않은 부도체 중 대표적인 예가 양자홀 상태quantum Hall state이다. 양자홀 상태는 2차원 평면 금속에 수직 방향으로 자기장을 강하게 걸면 나타난다. 자기장은 전자가 직선 운동을 하는 대신 원 궤도를 따라 움직이게 만든다. 양자역학적으로 전자의 운동 문제를 풀면 전자의 에너지가 란다우 준위Landau level라고 부르는 띄엄띄엄한 에너지 값으로 나온다. 전자는 에너지가 가장 낮은 란다우 준위부터 채워나가는데, N개의 란다우 준위는 전자로 꽉 채워지고 그다음 란다우 준위는 텅 빈 경우, 두 란다우 준위의 에너지 차이에 해당하는 에너지 갭이 존재한다. 이런 상황은 얼핏 보면 원자 부도체의 전자 구조와 비슷하지만 둘 사이에는 몇 가지 큰 차이가 있다. 우선 전기장을 걸어도 전류가 흐르지 않는 원자 부도체와 달리, 양자홀 상태는 굳이 전기장을 걸어주지 않아도 이미 2차원의 양자홀 물질 가장자리를 따라 끊임없이 흐르는 변두리 전류edge current가 존재한다. 중세 유럽의 성 주변에 파놓은 해자에 물이 차 있고, 그 물이 한 방향으로 끊임없이 흐르는 모습을 그려보면 된다. 전류가 흐른다는 것은 양자홀 물질의 변두리가 금속 상태라는 뜻이다. 앞서 말한 껍질만 금속인 위상 부도체의 첫 번째 사례가 바로 양자홀 물질이라고 하겠다. 이런 양자홀 물질에 전기장을 걸어주면 전류가 전기장과 수직 방향으로 흐른다. 도체는 전기장을 걸어준 방향으로 전류가 흐르지만 양자홀 물질에선 오로지 그 수직 방향으로만 흐른다는 게 큰 차이다. 이렇게 전기장과 수직으로 흐르는 전류를 홀 전류Hall current라고 부른다. 놀라운 점은 또 있다. 유도된 홀 전류의 양을 나타내는 홀 전도도 값을 측정해보니 $\frac{e^2}{h}, \frac{2e^2}{h}, \cdots$ 이런 식으로 소수점 아홉 자리 수준까지 정확하게 정수 값으로 나왔다. 여기서 e는 전자의 전하, h는 플랑크 상수를 나타낸다.

이런 정확한 측정이 가능한 배경에는 홀 전도도가 위상 불변량topological invariant이라는 사실이 있다. 양자홀 상태를 구성하는 전자는 N번째 란다우 준위까지 꽉 채웠고 (N+1) 번째 란다우 준위는 하나도 채우지 않았기 때문에 그 사이의 에너지 갭이 존재한다. 이 에너지 갭을 서서히 키우거나 줄여도 갭이 존재한다는 사실 자체는 바뀌지 않는다. 이렇게 연속적인 변형에 대한 불변성을 위상학적 불변성이라고 부른다. 에너지 갭이 유지되는 한 홀 전도도는 일정한 값 $N\frac{e^2}{h}$을 유지한다. 양자홀 물질의 위상수학적 불변성이 홀 전도도라는 불변량으로 표현되는 것이다. 홀 전도도 값이 다른 두 물질은 위상수학적으로 다른 상태이기 때문에 이 둘을 부드럽게, 연속적으로 연결하는 방법은 없다. 원자 부도체는 홀 전도도가 0이므로 양자홀 상태와 위상수학적으로 구분된다. 원자 부도체가 양자홀 부도체로 전이하려면 위상 불변량이 바뀌어야 하는데, 이런 전이 과정은 위상 상전이topological phase transition를 통해서만 가능하다. 홀 전도도가 위상 불변량이라는 점은 홀 전도도에 등장하는 정수 N이 사실은 천 숫자Chern number라고 불리는 위상 숫자라는 사실을 통해 좀더 엄밀해진다. 천 숫자란, 어떤 추상적 공간(전자의 운동량 공간)에서 파동함수가 몇 번이나 꼬여 있는지를 나타내는 숫자라고 직관적으로 표현할 수 있다. 하나의 란다우 준위에 해당하는 파동함수는 대개 운동량 공간에서 한 번만 꼬여 있어 천 숫자가 1이 되고, 이로 인해 $\frac{e^2}{h}$만큼의 홀 전도도를 준다. 이런 란다우 준위 N개가 전자로 꽉 차 있으면 각 란다우 준위가 주는 홀 전도도를 다 합친 값이 전체 홀 전도도가 되어 $N\frac{e^2}{h}$라는 홀 전도도 결과가 나온다.

홀데인 모델

양자홀 현상 연구 초창기에는 란다우 준위가 홀 전도도 양자화에 아주 중요한 역할을 하는 것으로 이해되었다. 차츰 위상물질에 대한 이해가 깊어지면서 양자화된 홀 전도도의 원인은 란다우 준위보다 파동함수의 꼬임이라는 인식이 퍼졌다. 이런 인식의 전환을 가져온 중요한 인물은 2016년 노벨 물리학상 수상자인 덩컨 홀데인이다. 양자홀 효과에서 파동함수 꼬임의 중요성을 간파하고 있던 홀데인은 간단한 격자 모델lattice model을 이용해 란다우 준위 없이 양자홀 효과가 나타나는 최초의 격자 모델을 제안했다. 좀더 구체적으로 말하면, 홀데인은 그래핀의 벌집구조 격자honeycomb lattice 위에 주기적인 패턴을 가지는 자기장을 도입하여 격자 모델을 구축하였다. 여기서 중요한 점은 양의 부호를 가지는 자기장과 음의 부호를 가지는 자기장이 주기적으로 나타나면서 총 자기장의 합은 0이 되어 란다우 준위는 생기지 않게 된다.

벌집구조 격자의 경우 단위 세포에 2개의 격자점이 존재하므로 격자 모델은 2×2 행렬 형태가 되고, 이런 해밀토니언Hamiltonian은 일반적으로 다음과 같이 적을 수 있다.

$$H(k)=h_x(k)\sigma_x+h_y(k)\sigma_y+h_z(k)\sigma_z$$

여기서 $\sigma_{x,y,z}$는 파울리 행렬을 말한다. 그래핀 격자 위에 홀데인이 제안한 주기적인 자기장을 도입해서 시간역전 대칭성time-reversal symmetry을 깨면 원자가띠와 전도띠 사이에 에너지 갭이 유한하게 존재하는 부도체 상태가 나타나는데, 이 부도체는 홀 전도도가 $\sigma_{xy}=\dfrac{e^2}{h}$인 양자홀 상태가 된다. 즉 원자가띠의 파동함수는 운동량 공간에서 한번 꼬여 있고, 천 숫자가 1이라는 말이다.

파동함수의 꼬임과 천 숫자의 관계를 이해하는 한 가지 좋은 방법은 위에서 적은 2×2 행렬 모양 해밀토니언의 운동량 공간에서의 꼬임 형태를 확인하는 것이다. 해밀토니언 H(k)를 구성하는 3개의 함수 $h_x(k)$, $h_y(k)$, $h_z(k)$를 이용해 하나의 벡터 $h(k)=(h_x(k), h_y(k), h_z(k))$를 정의할 수 있고 이 벡터의 크기를 1로 고정시킨 단위 벡터 $\hat{h}(k)=h(k)/|h(k)|$를 생각해보자. 홀데인 모델의 양자홀 상태의 경우 단위 벡터 $\hat{h}(k)$가 운동량 공간에서 〈그림 1〉의 왼쪽과 같은 모양으로 분포하게 된다. 여기서 화살표들은 주어진 운동량 k에 대응되는 단위 벡터 $\hat{h}(k)$

의 모양을 나타낸다. 단위 벡터 $\hat{h}(k)$의 꼬임 구조가 확연히 드러난다. 비교를 위해 천숫자가 0인 원자 부도체에 대응되는 단위 벡터 $\hat{h}(k)$의 분포는 오른쪽에 표시하였다. 이 경우는 화살표들이 한 곳을 가리키며 아무런 꼬임이 나타나지 않는다. 실제로 천 숫자는 단위 벡터 $\hat{h}(k)$가 운동량 공간에서 만드는 입체각solid angle의 총합을 4π로 나눈 값과 같다. 양자홀 부도체에서는 단위 벡터 $\hat{h}(k)$가 꼬인 구조를 가지며 총 입체각이 4π가 되어 천 숫자가 1이 되고, 원자 부도체에서는 단위 벡터 $\hat{h}(k)$가 큰 변화가 없이 고정된 방향을 가리키고 있어서 총 입체각은 0이 되며 해당 천 숫자 역시 0이 된다.

가장자리 금속 상태: 덩치-가장자리 상관관계

위상 부도체의 가장 중요한 성질은, 덩치 상태bulk state 자체는 에너지 갭이 있는 부도체이지만 물질 표면surface 혹은 가장자리boundary에 국소화된 금속 상태가 존재한다는 사실이다. 앞에서 이야기한 2차원 양

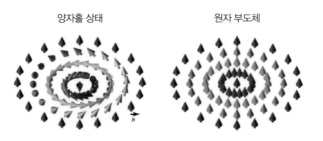

|양자홀 상태|원자 부도체|

〈그림 1〉 천 숫자가 1인 양자홀 부도체와 천숫자가 0인 원자 부도체를 기술하는 2×2 행렬 해밀토니언에 대한 단위 벡터 $\hat{h}(k)$의 운동량 공간에서의 분포 모양.

자홀 상태 물질의 가장자리를 따라 1차원 금속 상태가 존재한다. 이런 가장자리 금속 상태는 일반적으로 다른 위상 숫자를 가지는 두 부도체 사이에서 항상 나타난다. 진공 상태vacuum state 역시 약한 전기장이 걸려도 전류가 흐르지 않으므로, 원자 부도체와 같이 위상 성질이 없는 부도체 상태로 생각할 수 있다. 이는 곧 2차원 양자홀 상태 물질과 진공의 경계에 나타나는 1차원 금속 역시 천 숫자가 유한한 위상 부도체와 천 숫자가 0인 일반 부도체 사이의 경계에 나타나는 금속 상태로 이해할 수 있다는 말이 된다.

그렇다면 양자홀 상태와 진공(혹은 원자 부도체) 사이의 경계에는 왜 금속 상태가 존재할까? 다른 위상 숫자를 가지는 두 부도체 경계의 수직 방향을 따라 한 부도체에서 다른 부도체로 천천히 움직이면서 주어진 위치에서 물질의 에너지띠 구조가 어떻게 변해가는지를 상상해보자. 양자홀 상태와 원자 부도체 모두 부도체이므로 원자가띠와 전도띠 사이에는 항상 유한한 에너지 갭이 존재한다. 그런데 두 부도체

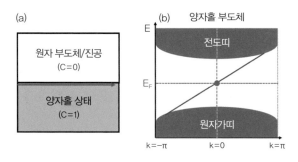

〈그림 2〉 양자홀 상태와 원자 부도체의 경계에 존재하는 1차원 금속 상태. 가장자리에서 전자는 시계 방향 혹은 반시계 방향 중 어느 한 방향으로만 움직인다.

는 다른 위상 숫자를 가지므로 연속적인 변형을 통해 한 부도체에서 다른 부도체로 전이가 불가능하다. 이 말은 곧 두 부도체의 경계면에서 불연속적인 변화가 나타나야 한다는 말이 되고, 이는 경계면에서 에너지 갭이 0이 되면서 금속 상태가 나타나야 한다는 뜻이 된다. 얼핏 들으면 아주 단순한 설명인데, 놀랍게도 위에서 설명한 아이디어는 위상 성질이 다른 두 부도체 경계에서 금속 상태가 나타나는 원인을 아주 일반적으로 잘 설명해준다.

2차원 양자홀 상태 물질의 가장자리를 따라 1차원 금속 상태가 나타나는 것과 비슷하게, 3차원 위상물질의 표면에는 2차원 금속 상태가 나타나고, 1차원 위상물질 가장자리에는 0차원 금속 상태가 나타난다. 일반적으로 d차원(d는 자연수) 위상 부도체의 (d-1)차원 표면에는 금속 상태가 나타나는데 이렇게 d차원 위상 숫자와 (d-1)차원 표면 금속 상태의 상관관계를 덩치-가장자리 상관관계bulk-boundary correspondence라고 부르는데, 이는 위상물질의 가장 중요한 특징 중 하나이다.

위상물질 가장자리 금속 상태는 물질의 차원 및 해당 위상 숫자의 종류에 따라 다른 성질을 가진다. 예를 들어 양자홀 상태의 1차원 가장자리 금속은 한쪽 방향으로만 움직일 수 있기 때문에 해당 금속 상태를 카이랄 경계 상태chiral edge state라고 한다. 자기장하에서 전자는 원운동을 하는데, 그 방향은 주어진 자기장에 대해 한 방향으로 고정된다. 양자홀 상태의 가장자리 금속 상태가 한 방향으로 움직이는 것도 같은 원리로 이해될 수 있다. 천 숫자가 아닌 다른 위상 숫자를 가지는 위상 부도체에서는 해당 가장자리 금속 상태의 성질이 일반적으로 다른데, 이와 관련해서는 뒤에서 좀더 자세히 이야기하고자 한다.

시간역전 불변성과 양자 스핀홀 부도체

2차원 양자 스핀홀 부도체quantum spin Hall insulator의 이론적 예측 및 실험적 발견은 고체의 에너지띠 구조를 이해하는 방식에 근본적인 변화를 가져왔다. 양자 스핀홀 상태는 양자홀 상태와 마찬가지로, 덩치 상태 자체는 에너지 간극이 있는 부도체지만 물질 가장자리를 따라 전류가 흐르는 상태를 말한다. 양자홀 상태와는 달리 양자 스핀홀 상태는 시간역전 대칭성을 만족시킨다. 뿐만 아니라 가장자리 금속 상태에서는 업-스핀up-spin 전자와 다운-스핀down-spin 전자가 반대 방향으로 움직이는데, 이런 1차원 금속 상태를 나선형 금속 상태helical metallic state라고 한다. 양자 스핀홀 부도체의 발견은 양자홀 상태를 넘어서는 새로운 위상 상태의 존재를 확인했다는 점에서 중요할 뿐만 아니라 대칭성이 보호하는 위상학적 상태symmetry protected topological states라는 새로운 개념이 도입되는 계기가 되었는데, 이는 향후 다양한 위상학적 결정 물질topological crystalline material의 발견으로 이어졌다.

양자 스핀홀 효과에 대한 연구는 전기장을 통해 전자의 스핀 수송 현상을 제어하려는 스핀트로닉스spintronics 연구의 발전에 그 근본을 두고 있다. 전자는 전하와 더불어 스핀을 가지고 있는데, 전기장을 걸어서 업-스핀 전자와 다운-스핀 전자를 반대 방향으로 움직이게 하면 전하의 수송 없이 스핀만 수송이 가능하다. 또한 자기장과 달리 전기장은 시간역전 불변성을 깨지 않는다.

2차원 양자 스핀홀 부도체를 구현하는 가장 간단한 방법은 업-스핀 전자로 구성된 양자홀 상태와 다운-스핀 전자로 구성된 양자홀 상태를 겹쳐놓는 것이다. 여기서 중요한 점은 2개의 양자홀 상태의 천 숫자가 크기는 같지만 부호가 반대가 되어, 전체 시스템의 천 숫자는 0이 되어야 한다. 천 숫자의 총합이 0인 경우에는 전체 시스템이 시간 역전 대칭성을 가질 수 있다. 각각의 양자홀 상태를 구현하려면 자기장을 걸어야 하지만, 업-스핀 양자홀 상태와 다운-스핀 양자홀 상태에 걸린 자기장 방향이 반대면, 전체 자기장은 0이 되어서 시간역전 대칭성이 유지된다. 두 번째로 중요한 점은 각 전자의 스핀 방향이 보존되어야 한다는 것이다. 즉 업-스핀 전자와 다운-스핀 전자는 각자의 스핀 방향을 유지한 채 운동해야 한다.

이론적으로는 간단하지만 실제로 위에서 언급한 방식으로 양자 스핀홀 부도체를 구현하려면, 스핀에 따라 자기장 방향을 반대로 걸어주어야 하는 어려움이 있다. 그런데 재미있게도 자연계에서는 이런 스핀 방향에 의존하는 자기장을 걸 수 있는 아주 자연스러운 방법이 있다. 바로 스핀-궤도 결합spin-orbit coupling을 이용하는 것이다. 스핀-궤도 결합은 스핀을 가진 입자가 전기장하에서 움직일 때 전기장과 운동 방향에 수직으로 유효 자기장이 생기면서 스핀을 정렬시키는 힘을 말한다. 실제로는 전기장만 가해진 것이기 때문에 스핀-궤도 결합은 시간역전 불변성을 유지한다. 예를 들어 만약 2차원 물질이 xy 평면에 놓여 있다고 하고 전기장이 y 방향, 전자의 운동 방향이 x 방향이라고 하면 유효 자기장은 z 방향을 향한다. 이때 업-스핀 전자와 다운-스핀 전자는 반대 부호의 스핀 각운동량을 가지므로 해당 유효 자기장의 방향도 반대가 된다. 스핀 방향에 의존하는 자기장이 걸린 것이다. 물론 엄밀한 의미에서 전기장이 상수인 경우 스핀-궤도 결합은 란다우 준위를 만들지 못한다. 격자 변형을 통해 전기장이 실공간 위치에 따라 변해야, 진정한 의미에서 스핀 방향에 의존하는 란다우 준위가 생길 수 있다. 하지만 스핀-궤도 결합이 스핀에 의존하는 유효 자기장을 줄 수 있다는 사실은 일반적으로 성립한다.

양자 스핀홀 부도체를 기술하는 최초의 모델 해밀토니언인 케인-멜레Kane-Mele 모델은 찰스 케인 교수와 유진 J. 멜레 교수에 의해 제안되었는데, 기본적으로 위에서 설명한 아이디어를 기반으로 하고 있다. 좀더 구체적으로 말하면 양자홀 부도체를 기술하는 홀데인 모델을 업-스핀, 다운-스핀 전자에 대해서 따로 정의한 뒤에, 2개의 홀데인 모델을 스핀-궤도 결합을 통해 연결한 것이 바로 케인-멜레의 양자 스핀홀 부도체 모델이다.

양자 스핀홀 부도체 역시 가장자리에 1차원 금속 상태를 가진다. 이 가장자리 금속 상태의 성질은 양자 스핀홀 상태를 구성하는 2개의 양자홀 부도체의 가장자리 상태를 기반으로 이해할 수 있다. 예를 들어, 업-스핀 전자가 만드는 양자홀 상태의 천 숫자가 +1이고 다운-스핀 전자가 만드는 양자홀 상태의 천 숫자가 -1이며, 이 둘을 결합해서 양자 스핀홀 상태가 만들어졌다고 하자. 천 숫자를 고려하면 업-스핀 전자의 양자홀 상태는 경계를 따라 시계 방향으로 움직이는 카이랄 모드를 가져야 하고, 다운-스핀 전자의 양자홀 상태는 같은 경계를 따라 반시계 방향으로 움직이는 카이랄 모드를 가져야 한다. 이 두 가지 카이랄 모드의 집합이 바로 양자 스핀홀 부도체의 나선형 가장자리 모드가 된다.

위에서 설명한 방식으로 양자 스핀홀 부도체와 나선형 가장자리 금속 상태를 이해하려면 스핀 각운동량의 z 성분이 보존되어야 한다. 이 경우 업-스핀 전자와 다운-스핀 전자 사이에 상호작용이 없게 되고, 각 스핀이 만드는 양자홀 상태도 독립적인 상태로 유지될 수 있다. 하지만 실제 물질에서 스핀-궤도 결합의 모양은 훨씬 더 복잡하고, 일반적으로 스핀 각운동량은 보존되지 않는다. 이런 상황에서 나선형 가장자리 모드가 안정하게 존재할 수 있을까 하는 의문이 생길 수 있다. 주어진 모서리에서 양의 속도positive velocity를 가지고 움직이는 업-스핀 전자의 가장자리 모드와 음의 속도negative velocity를 가지고 움직이는 다운-스핀의 가장자리 모드가 불순물에 의해 산란되면서 섞이면 가장자리 금속 상태가 없어질 가능성이 있기 때문이다. 하지만 재미있게도 실제 양자 스핀홀 부도체에서는 스핀 각운동량이 보존되지 않는 상황에서도 나선형 가장자리 상태가 안정되게 존재할 수 있는데, 이는 양자 스핀홀 시스템이 시간역전 대칭성을 가지기 때문이다.

시간역전 대칭성과 나선형 가장자리 상태의 안정성 사이의 관계에 대해 좀더 자세히 알아보자. 시간역전 대칭성을 나타내는 연산자operator를 T라고 하자. 전자와 같이 스핀 $\frac{1}{2}$을 가지는 페르미온의 중요한 성질은 시간역전 대칭성을 두 번 가했을 때 파동함수에 마이너스 부호가 붙는다는 것이다. T 연산자를 이용하면 이는 $T^2 = -1$로 표시된다. 이 경우 주어진 전자 상태와 그 시간역전 파트너는 반드시 같은 에너지를 가지는 독립적인 상태가 된다. 이렇게 시간역전 대칭성이 있는 전자계에서 같은 에너지를 가지는 2개의 독립적인 전자 상태가 반드시 짝을 이루어 존재한다는 사실을 크래머스 정리Kramers theorem라고 부른다.

크래머스 정리는 시간역전 대칭성이 있는 전자계의 에너지띠 구조에 중요한 축퇴degeneracy 조건을 준다. 양자 스핀홀 부도체의 1차원 가장자리를 따라서 병진 대칭성이 존재하므로 가장자리 방향의 운동량 k가 정의될 수 있고, 시스템의 에너지는 운동량 공간에서 2π의 주기를 가지고 반복된다. (가장자리 방향의 격자 상수를 편의상 1이라고 하자.) 시간역전 대칭성에 대해 운동량 k는 -k와 대응이 된다. 즉 운동량 k를 가지는 전자의 시간역전 파트너는 운동량 -k를 가진다는 말이다. 그런데 운동량 k가 0 혹은 π 값을 가질 경우 k와 -k가 같으므로(운동량 공간에서는 에너지띠 구조가 2π 주기를 가지고 반복된다는 점을 기억하자), 이 두 점에서는 주어진 전자 상태와 그 시간역전 파트너가

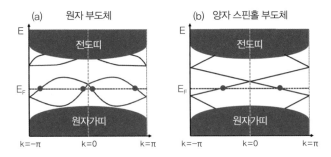

〈**그림 3**〉 한 방향으로 유한한 폭을 가지는 리본 모양의 2차원 원자 부도체와 양자 스핀홀 부도체의 에너지 스펙트럼. 시간역전 대칭성으로 인해 두 경우 모두 k=0와 k=π에서 크래머스 짝이 존재한다. k=0와 k=π 사이에서 원자 절연체는 페르미 준위를 지나는 갭 속 에너지 상태가 짝수 개만큼 존재하고, 양자 스핀홀 절연체는 홀수 개만큼 존재한다. 갭 속 에너지 상태는 부도체 가장자리에 국소화되어 있다.

같은 운동량과 같은 에너지를 가지며 축퇴되어 있어야 한다. 이런 현상을 크래머스 축퇴Kramers degeneracy라고 부르고, k=0과 k=π 두 운동량을 시간역전 불변 운동량time-reversal invariant momentum이라고 부른다. k=0에 있는 크래머스 짝들Kramers pairs과 k=π에 있는 크래머스 짝들을 이어주는 에너지 분산 방식은 〈그림 3〉에서와 같이 크게 두 가지 형태로 나뉠 수 있다. 첫 번째 경우는 k=0에 있는 크래머스 짝들이 k=0에서 벗어나면서 살짝 갈라졌다가 k=π에서 다시 원래의 짝들과 크래머스 짝을 이룬다. 반면 두 번째 경우에는 k=0에 있는 크래머스 짝들이 k=0에서 벗어나면서 갈라졌다가 k=π에서는 다른 전자와 새로운 크래머스 짝을 이룬다. 절대영도에서 전자가 찬 에너지띠와 비어 있는 에너지띠의 에너지 경계를 페르미 준위라고 하는데, 첫 번째 경우는 k=0과 k=π 사이에서 페르미 준위와 에너지띠 사이에 짝수 개의 교차점이 존재하고, 두 번째 경우는 홀수 개의 교차점이 존재한다. 또한 첫 번째 경우에는 에너지띠를 연속적으로 변형시키면서 페르미 준위를 지나는 에너지띠가 없는 부도체의 띠 구조를 만들 수 있는 반면에 두 번째 경우에는 에너지띠가 항상 연속적으로 연결되어 있어서 적어도 하나의 에너지띠는 반드시 페르미 준위를 지나게 된다. 첫 번째 경우가 원자 부도체와 같이 위상 성질이 없는 부도체에 해당하고, 두 번째 경우가 가장자리에 나선형 금속 상태를 가지는 양자 스핀홀 부도체에 해당한다. 시간역전 대칭성이 있는 부도체가 두 가지 형태로 구분된다는 사실을 좀더 전문적인 용어로 "위상 숫자가 Z_2 값을 가진다"라고 표현한다. $Z_2=0$이면 일반 부도체, $Z_2=1$이면 양자 스핀홀 부도체가 된다.

3차원 위상학적 부도체

2차원 양자 스핀홀 부도체의 발견은 바로 3차원 위상 부도체의 예측 및 발견으로 이어졌다. 3차원 위상 부도체 역시 그 2차원 표면에 금속 상태를 가진다. 3차원 위상 부도체의 2차원 표면을 따라 병진 대칭성이 있는 경우, 표면 2차원 브릴루앙 영역Brillouin zone의 에너지띠 구조를 생각해보자. 일반적으로 2차원 브릴루앙 영역에는 4개의 시간역전 불변 운동량이 존재하는데, 이 4개의 운동량을 각각 Γ_1, Γ_2, Γ_3, Γ_4라고 하자. 각 $\Gamma_{i=1,2,3,4}$에서 에너지띠들은 크래머스 짝을 이루고 있고, 이 점에서 벗어나면 스핀-궤도 결합 때문에 크래머스 짝들은 에너지가 다른 2개의 상태로 나뉜다. 결국 각 Γ_i에서 크래머스 짝들은 2차원 디랙점Dirac point을 만든다. 2차원 양자 스핀홀 부도체의 가장자리 에너지띠 구조를 설명할 때 2개의 시간역전 불변 운동량($k=0$과 $k=\pi$) 사이에서 크래머스 짝들 사이의 연결 관계를 두 가지로 분류할 수 있다고 설명했다. 마찬가지로 3차원 위상 부도체 표면에 있는 4개의 Γ_i 중 임의의 두 점 사이의 에너지띠 구조 역시 두 가지로 구분이 가능하다.

우선 〈그림 4〉(a)와 같은 페르미 표면Fermi surface 구조를 보자. 여기서는 Γ_1과 Γ_2 사이, 그리고 Γ_3과 Γ_4 사이의 띠 구조가 모두 〈그림 3〉(b)와 같은 구조를 가지고 있다. 왜냐하면 두 시간역전 불변 운동량 사이에서 페르미 준위를 지나는 표면 상태가 홀수 개 있기 때문이다. 이러한 형태의 띠 구조는 2차원 양자 스핀홀 부도체를 2차원 물질의 수직 방향으로 여러 겹 겹쳐 쌓으면 만들 수 있다. 각 2차원 물질의 가장자리가 〈그림 3〉(b)와 같은 띠 구조를 가지므로 이런 띠 구조를 수직 방향으로 반복하면 〈그림 4〉(a)와 같은 표면 금속 상태를 가지는 3차원

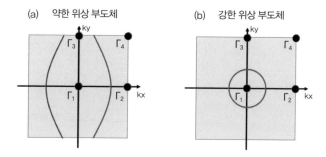

(a) 약한 위상 부도체   (b) 강한 위상 부도체

〈그림 4〉 3차원 위상 부도체의 2차원 표면 브릴루앙 영역. 빨간색 선은 페르미 표면을 나타내고, $\Gamma_{1,2,3,4}$는 시간역전 불변 운동량을 나타낸다. $\Gamma_{1,2,3,4}$에는 각각 2차원 디랙점들이 존재한다. (a) 약한 위상 부도체. 표면 상태 에너지띠는 Γ_1과 Γ_3에서 페르미 준위 아래에 있고, Γ_2와 Γ_4에서는 페르미 준위 위에 있다. (b) 강한 위상 부도체. 표면 상태 에너지띠는 Γ_1에서는 페르미 준위 아래에 있고, 나머지 세 점에서는 페르미 준위 위에 있다.

부도체 상태를 만들 수 있다. 이런 방식으로 2차원 양자홀 부도체를 수직 방향으로 겹겹이 쌓아서 만든 3차원 위상물질을 약한 위상 부도체weak topological insulator라고 한다. 이런 층상 구조로 기술되는 3차원 부도체 역시 Z_2 위상 숫자 ν로 특징지을 수 있는데, ν=0는 2차원 일반 부도체를, ν=1은 2차원 양자 스핀홀 부도체를 겹겹이 쌓아서 만든 약한 위상 부도체를 가리킨다. 2차원 물질을 겹겹이 쌓아서 3차원 구조를 만드는 방법은 쌓는 방향에 따라 크게 세 가지가 있다. 즉 xy 평면과 평행한 2차원 물질들을 z 방향으로 쌓거나, yz 평면과 평행한 구조를 x 방향으로, 혹은 zx 평면과 평행한 구조를 y 방향으로 쌓는 것이 그것이다. 각각의 경우에 해당하는 Z_2 위상 숫자를 ν_1, ν_2, ν_3라고 하겠다.

3차원 약한 위상 부도체 표면의 경우 주어진 Γ_i와 이웃한 Γ_j 사이의 띠 구조는 Γ_j를 어떻게 잡는지에 따라 Z_2=0 형태일 수도 있고, Z_2=1

형태일 수도 있다. 즉 〈그림 4〉 (a)의 경우 Γ_1과 Γ_2 사이, 그리고 Γ_3과 Γ_4 사이의 띠 구조는 $Z_2=1$ 형태이지만 Γ_1과 Γ_3 사이에는 $Z_2=0$ 형태의 띠 구조를 가진다. 그렇다면 주어진 Γ_i에서 이웃한 Γ_j 사이의 띠 구조가 모두 $Z_2=1$ 형태일 수는 없을까? 그러한 표면 띠 구조를 가지는 위상물질을 강한 위상 부도체strong topological insulator라고 부른다. 강한 위상 부도체의 페르미 표면은 홀수 개(하나 혹은 3개)의 2차원 디랙점을 감싸고 있는데, 이는 페르미 표면이 짝수 개의 표면 디랙점을 감싸는 약한 위상 부도체와 구분이 된다. 이런 강한 위상 부도체의 위상 상태를 기술하는 Z_2 위상 숫자를 ν_0이라고 하자. 결국 시간역전 대칭성이 있는 3차원 부도체는 $(\nu_0, \nu_1, \nu_2, \nu_3)$ 이렇게 4개의 Z_2 위상 숫자를 기반으로 위상학적으로 분류할 수 있다.

결정 대칭성과 위상학적 결정 부도체

앞에서 시간역전 대칭성이 있는 물질에서 나타날 수 있는 2차원, 3차원 위상 부도체에 대해서 살펴보았다. 시간역전 대칭성은 고체에서 아주 흔히 존재하는 대칭성이다. 그런데 고체 물질은 시간역전 대칭성 말고도 다양한 결정 대칭성crystalline symmetry을 가진다. 자성이 없는 3차원 고체 결정은 230개의 공간군 대칭성space group symmetry을 가진다. 그렇다면 시간역전 대칭성 대신 결정 대칭성 때문에 나타나는 위상 부도체 상태는 존재하지 않는지를 물을 수 있다.

이 질문에 대한 첫 번째 답은 리앙푸 교수에 의해 주어졌다. 리앙푸 교수는 격자의 회전 대칭성에 의해서 보호되는 3차원 위상 부도체가 존재함을 이론적으로 보였고, 이렇게 격자 대칭성이 보호하는 위상 부도체를 위상학적 결정 부도체topological crystalline insulator라고 명명했다. 하지만 회전 대칭성이 보호하는 위상학적 결정 부도체는 아직 발견되지 않았다. 실험적으로 발견된 최초의 위상학적 결정 부도체는 거울 대칭성mirror symmetry에 의해 보호되는 위상 부도체 상태인데, 이에 대해서 좀더 자세히 알아보자.

우선 거울 대칭성이 보호하는 2차원 위상 부도체를 생각해보자. 2차원 물질이 xy 평면에 놓여 있다고 하고, 이 물질이 xy 평면에 대한 거울 대칭성을 가진다고 하자. 해당 거울 대칭 연산자를 Mz라고 하면, Mz는 공간 좌표 (x, y, z)를 (x, y, -z)로 뒤집어준다. 스핀-궤도 결합이 있는 전자계에서 Mz는 전자의 공간 좌표뿐만 아니라 스핀 방향에도 작용하는데, 스핀의 z 성분은 Mz에 대해서 불변이지만 x, y 성분은 Mz에 대해 부호가 바뀐다. 즉 스핀의 x, y, z 성분을 Sx, Sy, Sz라고 하면 Mz에 대해서 (Sx, Sy, Sz)가 (-Sx, -Sy, Sz)와 같이 바뀐다. 각 성분의 부호 변화는 공간 좌표의 경우와 정확히 반대로 바뀌는데, 이는 스핀 각운동량이 축성 벡터axial vector라는 사실에 기인한다. 또한 $(M_z)^2 = -1$을 만족하는데, 이는 시간역전 연산자 T의 경우와 마찬가지로 스핀 $\frac{1}{2}$인 입자가 360도 회전할 때 해당 파동함수의 부호가 바뀐다는 사실 때문에 나타난다. $(M_z)^2 = -1$는 곧 Mz의 고유값이 +i 혹은 -i 이라는 뜻이 된다.

Mz가 (x, y) 좌표를 바꾸지 않는다는 말은 곧 2차원 물질의 운동량 (kx, ky)도 Mz에 대해서 불변이라는 말이 된다. 따라서 운동량 공간의 각 점에서 파동함수들은 Mz 연산자의 고유 벡터eigenvector가 될 수 있다. Mz 고유값이 +i인 에너지띠들과 Mz 고유값이 −i인 에너지띠들이 독립적으로 존재하므로, 각 에너지띠 집합들마다 천 숫자를 따로 정의할 수 있다. C_{+i}, C_{-i} 를 각각 페르미 준위 아래에 있는 에너지띠 중에서 Mz 고유값이 +i, −i인 에너지띠들의 천 숫자라고 정의하자. 편의상 페르미 준위 아래에 있는 에너지띠들의 전체 집합을 원자가띠라고 하고, 페르미 준위 위에 있는 에너지띠들의 전체 집합을 전도띠라고 하자. 그러면 원자가띠 전체의 천 숫자는 $C = C_{+i} + C_{-i}$로 주어지는데, C가 0이 아니면 시스템은 양자홀 부도체가 된다. 이 시스템에서는 총 천 숫자 C 말고 거울 천 숫자mirror Chern number, $C_M = \dfrac{C_{+i} - C_{-i}}{2}$라는 새로운 위상 숫자도 정의될 수 있다. 총 천 숫자가 0이고 거울 천 숫자가 0이 아닌 2차원 부도체를 거울 대칭성이 보호하는 2차원 위상학적 결정 부도체topological crystalline insulator protected by mirror symmetry라고 부른다. 이 시스템의 1차원 가장자리 브릴루앙 영역에는 거울 천 숫자만큼의 1차원 디랙점이 나타나고, 표면 금속 상태를 만들어준다.

앞에서 설명한 위상학적 결정 부도체의 개념은 3차원으로도 확장될 수 있다. Mz 연산자는 z 성분 운동량 kz의 부호를 바꾸지만, kz=0과 kz=π에 해당하는 2차원 브릴루앙 영역은 각각 Mz에 대해서 불변이므로, 이 두 평면상에서는 에너지띠들의 거울 천 숫자를 2차원에서와 마찬가지로 정의할 수 있다. 시간역전 대칭성이 있는 3차원 부도체 중 kz=0 혹은 kz=π 두 평면 중 어느 하나에서라도 거울 천 숫자가 0이 아닌 부도체를 Mz 거울 대칭성이 보호하는 3차원 위상학적 결정 부도체라고 부른다. 흥미롭게도 SnTe이라는 반도체가 거울 대칭성이 보호하는 3차원 위상학적 부도체라고 2012년에 이론적으로 제안되었고,

이듬해에 실험적으로 증명되었다.

거울 대칭성이 보호하는 위상학적 결정 부도체가 실험적으로 확인될 수 있었던 것은 바로 이 시스템이 가지는 독특한 표면 금속 상태 때문이다. 앞에서 이야기한 시간역전 불변성이 보호하는 3차원 위상 부도체의 경우 물질의 표면이 어떤 방향을 향하고 있는지에 상관없이 항상 2차원 금속 상태가 존재한다. 반면 위상학적 결정 부도체의 경우는 표면의 방향에 따라 금속 상태가 나타날 수도 있고, 그렇지 않을 수도 있다. 예를 들어, Mz 거울 대칭성이 보호하는 위상학적 결정 부도체의 경우 xy 평면에 평행한 표면의 경우에는 표면에서 거울 대칭성이 깨져 있는데, 이 경우는 일반적으로 표면 금속 상태가 나타나지 않는다(〈그림 5〉(a)). 반면 〈그림 5〉(b)에서처럼 표면이 yz 평면 혹은 xz 평면에 평행한 경우는 표면에서도 Mz 대칭성이 유지되고, 이 경우

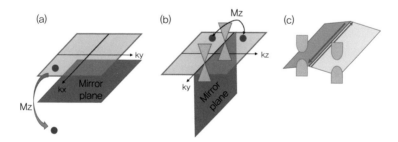

〈그림 5〉 거울 대칭성이 보호하는 위상학적 결정 부도체와 고차 위상 부도체. (a) 거울 대칭성이 깨진 표면은 부도체 상태가 된다. (b) 거울 대칭성이 있는 표면의 금속 상태. 2차원 디랙점이 거울천 숫자만큼 존재. (c) 거울 대칭성이 있는 표면을 살짝 구부려서 만든 모서리 나선형 금속 상태. 구부러진 표면은 거울 대칭성이 없으므로 디랙점에 갭이 열리고 부도체가 된다. 전체 시스템은 거울 대칭성이 있는 모서리를 따라 1차원 나선형 금속 상태가 존재하는 고차 부도체 상태가 된다.

는 표면 금속 상태가 나타난다. 좀더 구체적으로, 〈그림 5〉 (b)처럼 yz 평면에 평행한 표면을 생각해보자. 표면 브릴루앙 영역의 임의의 운동량 (ky, kz)는 Mz 거울 대칭성에 대해 (ky,-kz)로 대응된다. 즉 kz=0과 kz=π인 ky 방향 직선 위의 운동량은 Mz에 대해 불변이고, 이 직선 위에서 에너지띠들은 Mz 대칭성의 고유값을 가질 수 있다. 사실 이 두 직선은 Mz에 대해 불변인 2차원 브릴루앙 영역인 kz=0 혹은 kz=π 평면의 가장자리에 해당한다. 만약 브릴루앙 영역인 kz=0 혹은 kz=π 평면이 0이 아닌 거울 천 숫자를 가지게 되면, yz 평면에 평행한 표면 브릴루앙 영역의 kz=0 혹은 kz=π 직선 위에 2차원 디랙점이 나타나고, 표면 금속 상태가 나타난다. 이렇게 표면 방향에 따라 표면 금속 상태 혹은 표면 디랙점 상태의 분포가 달라지는 점을 이용해서 SnTe가 거울 대칭성이 보호하는 3차원 위상학적 결정 부도체임이 실험적으로 증명될 수 있었다.

고차 위상 부도체

지금까지 이루어진 위상학적 부도체에 대한 논의를 보면, 위상 부도체는 공통적으로 양자화된 위상 숫자로 특징지어지고, 물질 표면에 금속 상태를 가지고 있다. 특히 후자의 경우는 덩치-가장자리 상관관계라고 불리며 2차원 위상 부도체의 1차원 가장자리, 3차원 부도체의 2차원 가장자리에 금속 상태가 반드시 존재해야 한다는 중요한 특징을 기술한다. 일반적으로 d차원의 위상 부도체는 (d-1)차원의 표면 금속 상태를 가진다.

하지만 최근 들어 이런 전형적인 덩치-가장자리 상관관계를 넘어서는 새로운 위상 부도체가 발견되었다. 그중 대표적인 예가 고차 위상 부도체higher-order topological insulator다. 3차원 고차 위상 부도체의 2차원 표면은 에너지 갭이 있는 부도체지만, 두 표면이 만나는 1차원 모서리hinge를 따라서 카이랄 금속 상태 혹은 나선형 금속 상태가 나타난다. 즉 d차원의 위상 부도체의 (d-1)차원 가장자리는 부도체 상태이고, (d-2)차원 가장자리에 금속 상태가 나타나는 것이다. 이런 고차 위상 부도체의 존재는 결정 대칭성이 보호하는 위상 부도체의 독특한 성질이다.

고차 위상 부도체를 얻는 한 가지 간단한 방법을 설명하기 위해, 앞에서 언급한 Mz 거울 대칭성이 보호하는 3차원 위상학적 결정 부도체를 생각해보자. 앞에서 설명한 대로 이 물질의 yz 표면은 Mz 대칭성이 있고, kz=0 혹은 kz=π 직선 위에 거울 천 숫자만큼의 2차원 디랙점을 가지는 금속 상태이다(〈그림 5〉 (b)). 이 상태에서 〈그림 5〉 (c)에서와 같이 yz 표면을 Mz 대칭성을 유지하면서 살짝 구부려보자. 이때 주의할 점은 구부러진 구조의 양쪽 표면 사이의 경계인 1차원 모서리는 여전히 Mz 대칭성에 대해 불변이고, Mz 대칭성이 구부러진 구조의 한쪽 면을 다른 쪽 면으로 대응시켜서 전체 구부러진 구조는 Mz 대칭성을 유지하도록 하는 것이다. 이때 구부러진 구조의 각 면에서는 Mz 대칭성이 깨지게 된다. Mz가 하나의 면을 다른 면으로 대응시킨다는 점은 각각의 면에서는 Mz 대칭성이 깨졌다는 말이 된다. 이 경우 Mz 대칭성이 보호하는 위상학적 결정 부도체의 일반적인 성질에 의하면 Mz 대칭성이 깨진 각 면은 〈그림 5〉 (a)처럼 부도체 상태가 되어

야 한다. 하지만 두 면이 맞닿은 1차원 모서리를 따라서는 yz 평면을
구부리는 변형 과정에서 계속 Mz 대칭성이 유지되므로 모서리 위에
존재하던 1차원 나선형 금속 상태가 계속 존재하게 된다. 이 1차원 나
선형 금속 상태는 Mz 거울 대칭성에 의해서 보호된다. 이렇게 하여
Mz 대칭성을 가지는 3차원 부도체가 1차원 모서리를 따라서 나선형
금속 상태를 가지는 고차 위상 부도체가 만들어진다. 위의 설명을 보
면 거울 대칭성이 보호하는 위상학적 결정 부도체의 경우 유한한 크
기의 3차원 구조를 만들 때 표면 방향을 어떻게 만드는지에 따라 2차
원 표면 금속 상태가 생길 수도 있고, 모서리를 따라 1차원 금속 상태
가 나타날 수 있다. 이런 이유로 위상학적 결정 부도체로 확인된 SnTe
가 고차 위상 부도체의 후보 물질로도 제안되었다. 고차 위상 부도체
의 이론적인 제안은 이 새로운 위상물질 상태에 대한 많은 연구로 이
어졌고, 현재는 모든 고차 위상 부도체의 종류와 각 위상 상태를 보호
하는 결정 대칭성에 대한 체계적인 분류가 이루어졌다. 실험적으로는
비스무트(Bi) 결정이 1차원 나선형 금속 상태를 모서리에 가지는 최초
의 고차 위상 부도체임이 증명되었다. 이 물질의 고차 위상 성질은 시
간역전 대칭성과 3중 회전 대칭성, 그리고 공간 반전 대칭성에 의해
보호된다.

가로막힌 원자 부도체 및 전기 다중극 모멘트 부도체

고차 위상 부도체의 발견으로 d차원 부도체 중 (d-1)차원의 표면 금
속 상태를 가지는 기존의 위상 부도체를 1차 위상 부도체, (d-2)차원

의 표면 금속 상태를 가지는 새로운 위상 부도체를 2차 위상 부도체 등으로 구분해서 부르기 시작했다. 앞에서 언급한 1차원 모서리 금속 상태를 가지는 3차원 위상 부도체는 3차원 2차 위상 부도체. 그렇다면 모서리와 모서리가 만나서 생기는 꼭짓점에 0차원 금속 상태를 가지는 3차원 3차 위상 부도체도 가능한가 하는 질문을 해볼 수 있다.

사실 이렇게 0차원 꼭짓점에 금속 상태가 나타나는 위상학적 결정 부도체는 위에서 언급한 고차 위상 부도체가 발견되기 전에 이론적으로 제안되었다. 0차원 꼭짓점 금속 상태는 3차원 3차 부도체뿐만 아니라 2차원 2차 부도체, 1차원 1차 부도체에서도 존재한다. 2차원 양자 홀 부도체와 양자 스핀홀 부도체는 1차원 가장자리 금속을 가지므로 2차원 1차 위상 부도체에 해당하고, 2차원 2차 부도체는 모서리 2개가 만나는 꼭짓점에 금속 상태를 가진다. 1차원 물질의 경우는 가장자리가 원래 0차원이므로 1차원 1차 부도체 자체가 0차원 꼭짓점 금속 상태를 가진다.

0차원 가장자리 금속 상태를 가지는 1차원 위상 부도체는 다음과 같은 방법으로 이해할 수 있다. 원자핵과 전자 1개로 구성된 원자를 규칙적으로 정렬하여 1차원 격자 구조를 만들자. 이렇게 만들어진 원자 부도체는 자연스럽게 M_x 거울 대칭성을 가진다. 여기서 M_x는 x 좌표를 $-x$로 보내는 거울 대칭 연산을 말한다. 그런데 이웃한 원자 사이의 상호작용을 고려하면, M_x 대칭성을 만족하는 새로운 형태의 1차원 부도체 상태를 생각할 수 있다. 즉 각 원자핵에 속박되어 있던 전자가 이웃한 원자핵의 중간 지점에 존재하는 상태가 그것이다(〈그림 6〉(a)). 결국 M_x 대칭성을 만족하는 1차원 부도체는 두 가지가 가능하다.

주어진 원자핵과 가장 가까이 있는 전자 사이의 거리를 기준으로 전기 분극electric polarization P를 정의한다면, 전자가 원자핵과 같은 위치에 있는 부도체는 P=0, 전자가 이웃한 원자핵 사이에 존재하면 $P=\frac{1}{2}$이 된다. 여기서는 이웃한 원자핵 사이의 거리를 1이라고 가정했다. 결국 Mx 대칭성을 가지는 1차원 격자의 전기 분극은 $P=0, P=\frac{1}{2}$ 이렇게 두 가지로 구분된다. 이때 후자가 바로 0차원 가장자리 금속 상태를 가지는 1차원 위상 부도체가 된다.

Mx 대칭성이 있는 1차원 부도체를 좀더 조심스럽게 정의해보자. 부도체를 정의하려면 전자가 꽉 찬 원자가띠와 텅 빈 전도띠의 개념이 필요하다. 즉 최소한 2개의 에너지띠가 존재해야 하고, 이는 단위 세포unit cell에 적어도 2개의 오비탈 혹은 2개의 원자가 존재해야 한다는 뜻이 된다. 실제로 $P=\frac{1}{2}$을 보이는 부도체를 기술하는 모델의 대표적인 예인 수-셰리퍼-히거Su-Schrieffer-Heeger(SSH) 모델은 위에서 정의한 원자핵 대신에 2개의 원자로 구성된 단위 세포를 도입하여 2개의 에너지띠 구조를 만들어준다. 이 경우 전자가 단위 세포 중간에 위치하면 P=0, 이웃한 단위 세포 경계에 존재하면 $P=\frac{1}{2}$이 된다. 여기서 전자의 의미도 좀더 조심스럽게 생각해보아야 한다. 앞에서 설명했듯이 주기적인 격자에서 전자는 파동 형태로 격자 전체에 퍼져서 존재한다. 원자가띠를 꽉 채우고 있는 전자 파동을 잘 중첩하면 실공간에서 국소화된localized 파동을 만들 수 있는데, 이렇게 실공간에 국소화된 원자가띠의 전자 파동을 바니어 함수Wannier function라고 부른다. 위에서 이야기한 전자는 바니어 함수 형태의 국소화된 전자 상태를 말하고, 편의상 바니어 함수의 중심Wannier center을 전자가 존재하는 위치로 정의

한다. 1차원 부도체에서는 항상 원자가띠 전자가 국소화된 바니어 함수를 만들 수 있다. 결국 바니어 중심의 위치가 단위 세포 중심에 있는지, 경계에 있는지가 $P=0$, $P=\frac{1}{2}$을 결정한다(〈그림 6〉 (a)). 두 경우 모두 국소화된 전자와 원자핵의 개념을 써서 기술이 가능하므로 원자 부도체에 해당한다. 하지만 $P=\frac{1}{2}$의 경우는 전자가 원자핵에 갇혀 있지 않고 이웃한 두 원자 사이에 존재하는 이상한 상태로, 단순한 원자 부도체와는 구분이 간다. 이런 형태의 독특한 원자 부도체를 가로막힌 원자 부도체obstructed atomic insulator라고 부른다. 가로막힌 원자 부도체는 원자 부도체이긴 하지만 단순한 원자의 집합과는 구분된다. 실제로 Mz 거울 대칭성이 유지되는 한 단순 원자 부도체와 가로막힌 원자 부도체는 연속적인 변형으로 연결될 수 없고, 반드시 중간에 에너지 갭이 0이 되는 위상 상전이 과정을 거쳐야 전이가 가능하다.

이제 가로막힌 원자 부도체의 0차원 가장자리 금속 상태에 대해서 이야기해보자. 이를 위해서 주기성이 있는 SSH 모델을 생각하고 임의의 이웃한 두 단위 세포 사이의 경계를 끊어서 가장자리 2개를 만드는 과정을 생각해보자. $P=\frac{1}{2}$ 부도체의 경우 전자 1개가 두 단위 세포 경계의 중심에 위치하므로 Mx 대칭성을 유지하면서 SSH 모델을 끊으면 각 모서리에는 전자가 2분의 1씩 나뉘어 들어가야 한다. 이렇게 2분의 1 전하가 가장자리에 나타나는 현상을 전하의 분수화 fractionalization라고 하는데, 사실 이 문제는 좀더 조심스럽게 다루어야 한다. 사실 전자 1개의 전하를 더 잘게 쪼갤 수는 없기 때문이다. $P=0$ 그리고 $P=\frac{1}{2}$인 1차원 부도체의 가장자리 상태를 엄밀하게 이해하려면 두 경우에 해당하는 시스템을 유한한 크기를 갖도록 준비하고 각 경우의 에너지 스펙트럼에서 상태수state number를 조심스럽게 따져보아야 한다. 이 두 시스템의 에너지 스펙트럼은 〈그림 6〉(b)에 나타냈다. 유한한 크기를 갖는 시스템이 2N개의 단위 세포로 구성이 되었다고 하면, 총 4N개의 상태가 존재하고 이 중 2N개가 전자로 채워져 있어야 한다. P=0 부도체는 2N개의 상태가 페르미 준위 아래에, 나머지 2N개의 상태가 페르미 준위 위에 존재하며, 아래쪽의 2N개의 상태가 정확하게 전자로 꽉 차게 된다. 반면 $P=\frac{1}{2}$ 부도체는 (2N-1)개의 상태가 페르미 준위 위에, (2N-1)개의 상태가 페르미 준위 아래에 존재하고, 에너지가 0인 상태가 2개 나타난다. 이 2개의 제로 에너지 상태가 양쪽 가장자리에 국소화된 상태다. 여기에 2N개의 전자를 낮은 에너지 준위부터 채우면 우선 (2N-1)개의 페르미 준위 아래에 있는 상태들이 꽉 차게 되고, 남은 전자 1개는 2개의 제로 에너지 상태 중 하나를 채워야 한다. 그런데 둘 중 어느 하나를 채우게 되면 두 가장자리 중 어느 하나에만 전자가 들어가므로 Mx 대칭성은 반드시 깨지게 된다. 결국 Mx 대칭성을 유지하면서 2N개의 전자를 채울 수 있는 방법이 없다. 이런 현상을 채움 이상filling anomaly이라고 부른다. 채움 이상 현상을 해결하는 한 가지 방법은 Mx 대칭성을 살짝 깨서 전자가 한쪽 가장자리를 차지하게 하는 것으로, 이렇게 하면 전자가 채워진 가장자리는 평균 전하보다 전하가 2분의 1만큼 더 쌓여 있고, 그 반대쪽은 2분의 1만큼 전자가 덜 쌓여 있게 만들어서 가장자리 분수 전하를 설명할 수 있게 된다. 하지만 이 방법은 Mx가 정확하게 유지되어 있지 않아서 시스템의 전기 분극이 P=0, $P=\frac{1}{2}$로 양자화되는 설명과 배치되는 부자연스러움이 있다.

대칭성을 유지하면서 채움 이상 문제를 이해하는 방법은 시스템에 전자 하나를 추가로 넣거나, 뺀 뒤 전체 전하 분포를 확인하는 것이다. 전자를 하나 추가하는 경우를 생각하면 제로 에너지 상태 2개가 모두 전자로 채워지면서 전체 시스템의 전자는 (2N+1)개가 된다. 이 경우 추가로 넣어준 전자의 전하 분포를 조사하면 양쪽 가장자리에 모두 2분의 1만큼의 전하가 추가로 나타나게 된다. 여기서 중요한 것은 Mx 대칭성을 유지하는 한 P=0인 부도체는 항상 (2N+짝수)만큼의 전자가 채워질 수 있고, P=$\frac{1}{2}$인 부도체는 항상 (2N+홀수)만큼의 전자가 채워질 수 있어서, 두 부도체는 상태수 개수 비교를 통해서 항상 구분이 가능하다(〈그림 6〉 (b)). 채움 이상은 일반 원자 부도체와 가로막힌 원자

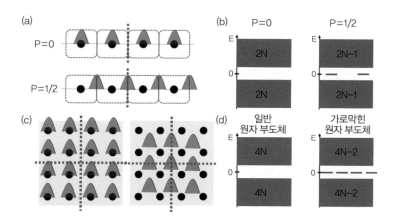

〈그림 6〉(a) 거울 대칭성이 있는 1차원 부도체에서 양자화된 전기 분극 P와 전자의 바니어 중심의 위치. 검은 점은 양전하의 위치, 주황색은 전자 바니어 함수, 빨간 점선은 시스템을 둘로 나눌 때의 경계를 나타낸다. (b) 2N개의 단위 세포로 구성된 거울 대칭성이 있는 1차원 부도체의 에너지 스펙트럼과 채움 이상. (c) 4중 회전 대칭성이 있는 2차원 부도체의 전자 바니어 함수의 위치. (d) 2N개의 단위 세포로 구성된 4중 회전 대칭성이 있는 2차원 부도체의 에너지 스펙트럼과 채움 이상.

부도체를 구분하는 가장 일반적인 현상으로, 어느 차원의 물질에서도 적용이 가능하다.

이번엔 0차원 꼭짓점에 국소화된 전하를 가지는 2차원 부도체 상태를 생각해보자. 1차원에서와 비슷한 가로막힌 원자 부도체 상태를 얻기 위해서는 추가적인 격자 대칭성이 필요한데, 여기서는 2차원 평면에 수직한 축 방향으로 4중 회전 대칭성C_4 rotation symmetry이 있는 전자계를 생각해보자. 스핀-궤도 결합은 무시하고 전자가 스핀 없는 페르미온spinless fermion이라고 하자. 전체 시스템이 사각 격자square lattice 모양이고, 단위 세포 중심에 4개의 오비탈이 놓여 있으며, 단위 세포당 2개의 전자가 있다고 하자. 이 시스템은 4개의 에너지띠를 가지게 되는데, 이 중 2개는 전도띠, 나머지 2개는 원자가띠를 만든다고 하자. 단위 세포당 2개씩 들어 있는 전자는 원자가띠를 꽉 채우고, 전체 시스템은 부도체 상태가 된다. 4중 회전 대칭성을 만족하면서 2개의 전자가 분포되는 방식은 두 가지가 가능하다. 하나는 단위 세포 중심에 있는 오비탈과 같은 위치에 국소화되는 것이고, 다른 하나는 4개의 이웃한 단위 세포가 만나는 꼭짓점에 2개의 전자가 국소화되는 것이다(〈그림 6〉 (c)). 전자는 일반 원자 부도체 상태에 해당하고 후자는 가로막힌 원자 부도체 상태에 해당한다. 4중 회전 대칭성이 유지되는 한 두 부도체 상태들이 연속적인 변형을 통해서 연결될 수는 없다.

이 경우 채움 이상 현상은 어떻게 나타날까? 이를 확인하기 위해서 주기적인 2차원 구조를 가지는 사각 격자를 〈그림 6〉 (c)에서와 같이 4중 회전 대칭성을 유지하면서 수직 방향과 수평 방향으로 잘라서 유한한 크기의 격자로 만들어보자. 4개의 이웃한 단위 세포가 교차하는 꼭짓점에 있는 2개의 전자는 4개의 꼭짓점으로 나뉘게 되고, 이는 곧 각 꼭짓점에 2분의 1의 분수 전하가 존재함을 의미한다. 하지만 4중 회전 대칭성이 유지되는 한 2개의 전자를 4개의 코너에 동등하게 나눠서 넣는 것은 불가능하다. 4중 회전 대칭성을 유지하면서 채움 이상 현상을 확인하는 방법은 다음과 같다. 실제로 유한한 크기의 사각 격자가 2N개의 단위 세포로 구성되어 있다고 하면, 전체 시스템에는 8N개의 상태가 존재한다. 일반 원자 부도체 상태에서는 4N개의 전자가 페르미 준위 아래에, 나머지 4N개의 전자가 페르미 준위 위에 나타난다. 가로막힌 원자 부도체에서는 페르미 준위 위와 아래에 각각 (4N−2)개의 에너지 준위가 존재하고 제로 에너지에 4개의 에너지 준위가 존재한다. 4개의 제로 에너지 상태에 2개의 전자가 채워져야 한다. 채움 이상 문제를 해결하기 위해 이 시스템에 2개의 전자를 더해주자. 이 경우 4개의 제로 에너지 상태는 전자로 꽉 채워지게 되고, 총 (4N+2)개의 전자가 페르미 준위 밑에 나타나게 된다(〈그림 6〉 (d)). 추가로 들어간 2개의 전자는 시스템의 가장자리의 4개의 꼭짓점에 2분의 1만큼의 추가 전하를 만들며 국소화되어 존재한다. 결국 4중 회전 대칭성을 만족하는 유한한 크기의 시스템에서 페르미 준위 밑에 4N개의 준위가 전자로 채워지는지, (4N+2)개의 전자가 채워지는지를 기준으로 일반 원자 부도체와 가로막힌 원자 부도체의 구분이 가능하다. 후자는 시스템 가장자리의 꼭짓점에 국소된 0차원 금속 상태 혹은 분수화된 추가 전하가 모인 상태를 구현한다.

여기서 꼭짓점 전하 분포를 추가로 생각해보자. 사각형 형태로 만든 2차원 물질의 4개의 꼭짓점에 플러스, 마이너스 전하가 시계 방향으로 교대로 번갈아 나타나는 부도체 구조를 생각해보자. 이런 전하 분포는 전기 단일극 모멘트electric monopole moment(혹은 총 전하)와 2중극 모멘트dipole moment(혹은 전기 분극)는 모두 0이지만 유한한 4중극 모멘트quadrupole moment를 가지는 구조이다. 이렇게 덩치 상태가 4중극 모멘트를 가지면 그 1차원 가장자리에서는 전기 분극이 나타나고, 두 전기 분극이 만나는 꼭짓점에서는 전하가 쌓이는 현상이 나타나는데, 이는 0차원 꼭짓점에 국소화된 전하가 나타나는 아주 자연스러운 방법이 된다. 이렇게 4중극 모멘트를 가지는 2차원 부도체를 전기 4중극 부도체electric quadrupole insulator라고 부르는데, 이 상태가 사실 0차원 모서리 금속 상태를 가지는 부도체 중 첫 번째로 제안된 예이다. 이런 아이디어가 3차원으로 확장되면 정육면체의 8개 꼭짓점에 양전하와 음전하가 교대로 번갈아 나타나는 부도체 구조를 생각할 수 있는데, 이런 상태를 전기 8중극 부도체electric octupole insulator라고 부른다. 전기 8중극 부도체는 덩치 상태가 8중극 모멘트를 가지고, 2차원 표면에는 4중극 모멘트, 1차원 모서리에는 전기 분극, 0차원 꼭짓점에는 전하를 가지는 특징이 있다.

연약한 위상 부도체

앞에서 언급한 일반 원자 부도체와 가로막힌 원자 부도체는 페르미 준위 아래의 에너지 준위(원자가띠)에 해당하는 전자 파동이 실공간에 국소화된 바니어 함수로 기술될 수 있는 경우에 정의된다. 1차원 격자에서는 주어진 에너지띠에 해당하는 전자 파동의 국소화된 바니어 함수가 항상 존재하지만, 2차원 이상에서는 그렇지 않다. 사실 양자홀 부도체와 원자 부도체를 구분하는 또 다른 방법은 바로 각 부도체의 원자가띠에 해당하는 바니어 함수가 존재하는지 여부를 확인하는 것이다. 천 숫자가 유한한 2차원 부도체의 경우 원자가띠 전자는 국소화된 바니어 함수를 만들지 못한다. 비슷하게 2차원 양자 스핀홀 부도체의 경우도 시간역전 대칭성을 유지하는 바니어 함수가 존재하지 않는다. 이렇듯 국소화된 바니어 함수가 존재하지 않는다는 것은 위상 숫자를 가지는 위상 부도체라는 말과 동등한 의미가 된다. 위상학적 결정 부도체의 경우, 일반적으로 2차원 표면 금속 상태를 가지는 3차원 1차 부도체, 1차원 모서리 금속 상태를 가지는 3차원 2차 부도체 및 2차원 1차 부도체는 원자가띠에 해당하는 국소화된 바니어 함수가 존재하지 않는다. 반면 0차원 꼭짓점에 국소화된 전자 상태를 가지는 3차원 3차, 2차원 2차, 1차원 1차 부도체는 국소화된 바니어 함수가 존재하며, 바니어 중심이 원자에 속박되어 있는지 단위 세포 경계에 존재하는지를 기준으로 일반 원자 부도체와 가로막힌 원자 부도체로 구분된다.

그렇다면 0차원 꼭짓점에 국소화된 전자 상태를 가지는 위상학적 결정 부도체는 항상 바니어 함수로 기술될 수 있는지를 물을 수 있다. 이 질문의 반례에 해당하는 상태가 바로 연약한 위상 부도체fragile topological insulator이다. 연약한 위상 부도체는 2차원 및 3차원에 존재하는데, 모두 물질 가장자리 꼭짓점에 국소화된 전자를 가지지만 해당 원자가띠에 해당하는 파동함수는 양자홀 상태와 마찬가지로 국소화된 바니어 함수를 만들지 못한다. 즉 원자 상태를 기반으로 해당 위상 성질을 이해할 수 없다는 뜻이다. 연약한 위상 부도체의 가장 독특한 성질은 원자가띠에 위상 성질이 없는 에너지띠를 추가로 집어넣으면 전체 원자가띠에 해당하는 바니어 함수를 만들 수 있게 된다는 것이다. 이런 성질은 양자홀 부도체와 같이 안정된 위상 성질stable topology를 가지는 부도체와 구분된다. 양자홀 부도체에서는 원자가띠에 위상 성질이 없는 에너지띠를 아무리 많이 추가해도, 전체 원자가띠에 해당하는 바니어 함수가 존재하지 않는다. 이런 안정된 위상 성질과 대조를 위해 연약한 위상 성질fragile topology라는 개념이 도입되었다. 흥미롭게도 이런 연약한 위상 성질을 가지는 에너지띠가 최근에 주목받고 있는 마법각 뒤틀린 두 층 그래핀magic angle twisted bilayer graphene에서 발견되었다. 이 시스템의 페르미 준위 근처에 존재하는 평평한 에너지띠들이 연약한 위상 성질을 가지는 위상학적 상태의 최초의 예로 확인된 것이다.

위상물질의 완벽한 분류

지금까지 최근 15년간 이루어진 위상 부도체 연구의 발전 과정을 간략히 살펴보았다. 2005년 케인과 멜레가 양자 스핀홀 절연체의 존재 가능성을 이론적으로 예측하기 전까지 부도체를 위상학적으로 분류할 수 있다는 개념은 존재하지 않았다. 당시에 알려졌던 양자홀 상태는 사실 부도체의 하나라기보다는 자기장하에서 나타나는 독특한 위상 현상으로, 부도체 물리와는 별개로 여겨졌다. 양자 스핀홀 부도체의 발견 이후 대칭성을 기반으로 주기적인 격자 구조를 가지는 시스템의 에너지띠 구조의 위상학적 특성을 분류할 수 있음이 알려지게 되었고, 격자의 결정 대칭성으로 대칭성의 범위가 확장되면서 다양한 형태의 위상학적 결정 부도체가 발견되었다. 여기서 살펴본 부도체의 종류는 〈그림 7〉과 같이 간략하게 정리할 수 있다.

꽤 여러 가지 종류의 부도체 상태에 대해 이야기했지만, 사실 이 글에서 다룬 위상 부도체의 종류는 고체 결정에서 존재 가능한 위상 상태의 일부분에 불과하다. 글을 마무리하기 전에 여기서 다루지 않은 위상 상태들에 대해서 간략히 언급하고자 한다. 그중 하나는 위상 준금속topological semimetal 상태이다. 전도띠와 원자가띠가 에너지 갭으로 분리된 부도체와 달리, 위상 준금속 상태에서는 전도띠와 원자가띠가 브릴루앙 영역의 몇 개의 점, 선, 면에서 맞닿아 있다. 이런 준금속 상태를 각각, 위상 마디점nodal point, 마디선nodal line, 마디면nodal surface 준

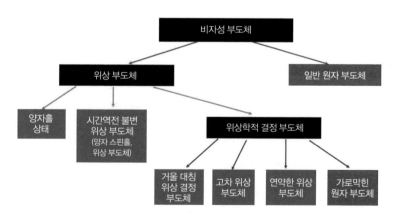

〈그림 7〉 비자성 부도체의 분류. 파란색 상자 속의 부도체 상태는 원자가띠 전자의 바니어 함수가 존재하지 않고, 빨간색 상자 속의 부도체는 바니어 함수가 존재한다.

금속이라고 한다. 마디점에서 2중 혹은 4중 축퇴도를 가지는 바일 준금속Weyl semimetal 및 디랙 준금속Dirac semimetal이 대표적인 예이다. 시스템이 가지는 대칭성에 따라 나타날 수 있는 마디점, 마디선, 마디면의 종류와 성질, 그리고 이런 마디들이 나타나는 브릴루앙 영역의 위치가 다르다. 위상 부도체와 마찬가지로 많은 마디선 준금속들이 표면 금속 상태를 가질 수 있고, 여러 가지 다양한 형태의 전자기적 성질을 가지고 있는데, 현재 이에 대한 연구가 활발히 이루어지고 있다.

또한 여기서 다룬 위상 부도체는 자성이 없는 물질에 국한하였다. 만약 스핀의 정렬까지 고려하면, 3차원 고체 결정의 공간군 대칭성의 종류는 230개에서 1651개로 늘어난다. 이렇게 다양한 형태의 자성 공간군 대칭성magnetic space group symmetry의 종류는 스핀 정렬을 고려했을 때 나타날 수 있는 위상 부도체, 위상 준금속 상태의 종류 역시 더 다양함을 의미한다.

위상학적 띠 구조에 대한 아이디어는 또한 초전도체로도 확장이 가능하다. 초전도체와 부도체는 완전히 다른 성질을 가지는 물질 상태이지만 준입자quasi-particle의 에너지 스펙트럼만 고려하면 비슷한 특징을 가진다. 초전도체의 준입자 에너지 스펙트럼은 격자 대칭성과 더불어 전자-양공 대칭성electron-hole symmetry을 가지는데, 이런 대칭성은 부도체에는 존재하지 않는 대칭성으로, 초전도체는 부도체에는 없는 새로운 위상학적 상태를 구현할 수 있다. 특히 위상 초전도체의 표면에는 마요라나 상태Majorana state라는 표면 상태가 존재하는데, 이런 입자는 향후 양자 컴퓨터 개발에 응용될 가능성이 높아 최근 많은 주목을 받고 있다.

부도체, 준금속, 초전도체에 자성 공간군 대칭성까지 고려하면, 얼마나 많은 위상 상태를 만들 수 있을까? 고체 격자가 가지는 수많은 대칭성을 고려하면, 가능한 위상 상태를 체계적으로 분류하고 그 성질을 조사하는 것이 근본적으로 가능하기는 한지 하는 의문마저 든다. 많은 위상물질 연구자들이 이런 야심 찬 목표를 이루기 위해 분주히 움직이고 있다. 이미 대칭성 지표symmetry indicator 및 위상학적 양자 화학topological quantum chemistry 등의 아이디어를 기반으로 이 복잡한 물질군을 체계적으로 이해하려는 노력들이 조금씩 열매를 맺고 있다.

위상물질 연구가 짧은 시간 동안 큰 발전을 이룩한 것은 사실이지만, 동시에 많은 새로운 문제들, 그리고 질문들을 만들어냈다. 모든 물질을 대칭성과 위상 성질을 기반으로 분류하는 일, 각 위상 상태의 독특한 물성을 밝히는 일, 상호작용 효과를 이해하는 일, 그리고 서로 다른 위상 상태 사이의 양자 상전이quantum phase transition 현상을 이해하는 일 등 후학들이 해결해야 할 문제들이 산더미처럼 쌓여 있다.

4

탄소 물질의 재발견

: 탄소 나노 물질의
  끝없는 다채로움

최형준

연세대학교 물리학과 교수. 물질의 특성을 컴퓨터로 계산하는 물리학자다. 풀러렌, 탄소나노튜브, 그래핀, 그래파인, 마법각 그래핀 이중층 등 다양한 탄소 나노 물질 연구를 섭렵하였고, 전기전도 특성과 초전도 특성에 깊은 관심을 가지고 있다. 복잡하거나 낯선 과학적 지식도 머릿속에 완전히 그려질 때까지 계속 반복하여 생각하고 컴퓨터 계산으로 구현하고 있다. 물질 속에서 원자와 전자가 벌이는 일들을 이해하고 예측하기 위해 노력하고 있다.

2018년 3월 첫째 일요일, 여느 해와 마찬가지로 인천국제공항에서 미국행 비행기에 몸을 실었다. 응집물질물리학 분야에서 세계 최대 학술 행사인 3월 미팅March Meeting에 참석하는 길이었다. 매년 그렇듯이 새 학기가 막 개강한 직후라서 강의를 일주일 미루고 출장을 떠나기가 상당히 부담스러웠지만 매년 연구를 진행하기 위해서는 어쩔 수 없는 일정이었다. 미국 물리학회의 3월 미팅은 항상 지나간 1년의 연구 방향을 돌아보고 새로운 연구 방향을 가늠하는 중요한 기점이다. 2018년 3월 미팅은 한인 교포들이 많이 살고 기후도 온화한 미국 로스앤젤레스에서 개최되었다.

3월 미팅에서는 응집물질물리학 분야의 연구자들이 심혈을 기울인 수많은 연구 성과들이 군더더기 없이 간결하게 발표된다. 2018년 3월 미팅에는 1만여 편의 발표가 예정되어 있었다. 한 발표자가 기본 12분씩 발표하며, 오전 8시에 시작하여 오후 5시 30분까지 수십 개의 발표장에서 연구 발표가 진행된다. 점심 시간도 없이 오전 15분, 오후 15분, 이렇게 휴식 시간을 딱 두 번만 주면서 집중도를 최대로 끌어올린다. 한국을 출발하여 개최 도시에 도착하면 시차로 밤낮이 뒤집힌 상태여서 체력 부담도 상당하지만, 관심 있는 연구 주제를 찾아 연구 발표를 계속 들으며 지난 1년의 연구 성과를 정리하고 앞으로의 연구 방향을 깊이 생각할 수 있다. 그리고 몇 년에 한 번씩은 아주 놀라운 연구 결과가 발표되어 새로운 연구 주제가 열린다.

2018년 3월 미팅에서 1일 차인 월요일과 2일 차인 화요일이 지나가고 3일 차인 수요일이 되었을 때 로스앤젤레스 컨벤션센터의 분위기가 술렁이고 있었다. MIT의 파블로 하리요에레로 교수가 어느 발표장에서 발표할 예정인데, 그 발표장의 수용 인원보다 훨씬 많은 사람이 들을 것으로 예상되어 그 발표장에 카메라를 설치하고 열린 공간에 대형 텔레비전을 놓아 생중계한다는 것이었다. 20년 동안 3월 미팅에 참석했지만 연구 발표를 생중계하는 경우는 거의 없었다. 중요한 발표임을 직감하고 대형 텔레비전에 되도록 가까운 자리에서 발표를 들었다.

하리요에레로 교수가 발표한 연구 결과는 역시 아주 놀라웠다. 그래핀 위에 다른 그래핀을 놓을 때 두 그래핀의 방향을 1도 정도 다르게 하면 전기가 통하지 않는 부도체가 되거나 전기 저항이 전혀 없는 초전도체가 되게 할 수 있다는 내용이었다. 탄소로 이루어진 그래핀 한 장은 전기가 잘 통하는 도체지만 전기 저항이 전혀 없는 물질은 아니다. 중고등학교 때 배운 과학 실력으로 생각하면 그래핀 두 장을 겹치면 전기가 2배로 잘 흘러야 한다. 즉 1+1=2이다. 그런데 하리요에레로 교수의 발표 내용은 그래핀 두 장을 겹쳐서 전기가 전혀 흐르지 않게 하거나(1+1=0), 또는 전기가 무한대로 잘 흐르게(1+1=무한대) 할 수 있다는 내용이었다. 하리요에레로 교수의 발표가 끝난 후, 근처에서 발표를 들은 최영우 학생이 상기된 표정으로 필자에게 다가왔다. "교수님, 계산해볼까요?"

탄소: 그래핀의 구성 원소

그래핀은 탄소 원자가 한 층으로 배열된, 탄소 원자 1개 두께의 아주 얇은 막이다. 탄소는 우리의 일상과 굉장히 밀접하다. 우리 몸을 구성하는 중요한 원소 중 하나이고, 식물이 광합성으로 태양에너지를 저장하여 우리에게 전달하는 과정에서도 중요한 역할을 한다. 식물은 태양에너지를 이용하여 탄소를 재료로 포도당을 만들고, 음식을 먹으면 포도당이 우리 몸속에 들어와 산소와 결합하면서 생명에 필요한 에너지를 공급한다. 아주 오랜 옛날 인간이 불을 피워 문명의 길을 시작했을 때, 불꽃 속에서 산소와 결합하여 이산화탄소가 되면서 빛과 열을 낸 것도 탄소이다. 옛날 생물들의 유해인 석유와 석탄, 우리가 입는 옷과 사용하는 플라스틱 등의 주된 성분이기도 하니 주위에서 탄소가 들어있지 않은 것을 찾는 것이 오히려 더 어려울 듯하다. 이렇게 중요한 탄소이지만 아이로니컬하게도 산소와 결합하여 생기는 이산화탄소는 지구 온난화의 주범으로 지목되어 퇴출 대상이기도 하다.

탄소는 수없이 많은 종류의 물질에서 다양한 역할을 해내고 있다. 탄소가 이럴 수 있는 것은 탄소 원자가 가장 바깥쪽의 전자 껍질에 전자 4개를 가지고 있고, 그 안쪽의 전자 껍질에는 s 궤도 함수만 있기 때문이다. 원자의 가장 바깥쪽 전자 껍질에 있는 전자를 최외각 전자라 부르는데, 이 전자들은 화학 결합과 전기적 성질에 중요한 역할을 담당한다. 탄소는 최외각 전자 4개를 가지고 주위의 다른 원자 1개, 2개, 3개, 4개와 각각 전자를 1개씩 공유하는 화학 결합을 할 수 있어서 무수히 많은 구조의 분자와 고체를 만들 수 있다.

다이아몬드와 흑연, 그리고 그래핀

탄소로 만들어진 고체 중 대표적인 것이 다이아몬드와 흑연이다. 다이아몬드는 투명하고 단단하고 귀하다. 다이아몬드에서는 탄소 원자들이 각각 그 주위에 있는 다른 탄소 원자 4개와 공유결합을 단단하게 하는데, 이 공유결합에 최외각 전자 4개를 모두 사용하기 때문에 자유롭게 이동할 수 있는 자유전자가 없다. 그래서 다이아몬드는 단단하고 전기가 흐르지 않는 부도체이다.

반면 흑연은 검고 잘 부서지고 흔하다. 연필심에 들어 있는 것이 모두 흑연이다. 흑연은 평면 모양의 탄소층들이 쌓여 있는 구조이다. 같은 층 안의 탄소 원자들이 강하게 결합하여 탄소층 각각은 강하지만, 탄소층 사이의 결합은 약하여 탄소층들이 서로 쉽게 떨어질 수 있다. 두 탄소 원자 사이의 강한 결합은 전자를 공유하는 공유결합이고, 층과 층 사이의 약한 결합은 분산력에 의한 것이다. 우리가 연필을 종이에 문지르면 연필심이 닳으면서 종이에 검은색이 묻는데 이 검은색이 흑연에서 떨어진 탄소층들이다. 흑연에서 탄소 원자들은 최외각 전자 4개 중 3개를 사용하여 같은 층에 있는 다른 탄소 원자 3개와 공유결

〈그림 1〉 다이아몬드(왼쪽), 흑연(가운데), 그래핀(오른쪽)에서의 탄소 원자 배열. (가운데: C. S. Leem et al.(2009), 오른쪽: B. G. Kim and H. J. Choi(2012))

126

합을 단단히 하고, 남은 전자 1개는 자유롭게 이동할 수 있는 자유전자가 된다. 이 자유전자로 인하여 흑연은 전기가 잘 흐르는 도체가 된다.

그래핀은 흑연의 탄소층 하나가 따로 분리되어 있는 경우이다. 그래핀은 단단하면서도 휘어지고, 전기가 잘 통한다. 그래핀의 존재는 20세기 후반에 이미 알려져 있었으나, 그래핀을 쉽게 만들 수 있는 방법이 전 세계 연구자들에게 알려지게 된 것은 비교적 최근인 2004년이다.

나노미터의 세계

그래핀의 두께는 1나노미터보다 작다. 1나노미터는 10억분의 1미터다. 그래핀처럼 원자 한 층으로 이루어진 물질은 엄밀히 말하면 두께가 없다고 할 수도 있지만, 그래핀을 여러 층 쌓으면 그래핀 사이의 간격이 0.33나노미터가 되므로, 그래핀의 두께는 실질적으로 0.33나노미터라 할 수 있다. 즉 그래핀의 두께는 30억분의 1미터인 셈이다. 그래핀은 종이보다 얼마나 얇은 것일까? 프린터에 사용하는 종이 500매 한 묶음을 꺼내어 두께를 재보았다. 약 5센티미터였다. 그러면 종이 한 장의 두께는 즉 1만분의 1미터이다. 1만의 30만 배가 30억이므로 그래핀은 종이보다 30만분의 1이나 얇은 것이다. 여러분의 키가 30만분의 1로 줄어들면 그래핀이 종이처럼 보일 것이다.

이렇게 작은 세계는 1981년 IBM 취리히연구소의 게르트 비니히 박사와 하인리히 로러 박사가 주사터널링현미경Scanning Tunneling Microscope(STM)을 발명하면서 물질적으로 다룰 수 있게 되었다. 주사터널링현미경은 아주 뾰족한 금속 바늘을 1나노미터보다 작은 크기로 움직이면서 바늘 끝을 이용하여 물질의 모양을 측정하거나 물질을 움직일 수 있는 기술이다. 주사터널링현미경이 발명되어 나노미터 영역의 과학 기술이 엄청나게 발전할 수 있었고, 비니히 박사와 로러 박사는 전자현미경을 설계한 에른스트 루스카 박사와 함께 불과 5년 뒤인 1986년에 노벨 물리학상을 수상하였다. 주사터널링현미경의 발명이 나노 과학의 세계를 열었다고 할 수 있다.

풀러렌: 나노미터 크기 탄소 축구공

그래핀과 같은 탄소 나노 물질의 선두 주자는 축구공 모양의 풀러렌 fullerene이다. 풀러렌은 1985년에 미국 라이스대학교의 로버트 컬 교수와 리처드 스몰리 교수, 영국 서식스대학교의 해럴드 크로토 교수의 연구팀이 우주에 있을 수 있는 탄소 물질을 찾던 중에 우연히 합성되었다.

크로토 교수는 그 당시에 우주 공간에 어떤 탄소 물질이 있는지 관심이 많았고, 탄소로 이루어진 기다란 분자가 우주 공간에 있을 것으로 예상했다. 우주 공간에 어떤 물질이 있는지 어떻게 알아낼 수 있을까? 방법은 우주에서 오는 빛, 적외선, 마이크로파 등 여러 전자기파를 분석하는 것이다. 우주에서 오는 전자기파들이 우주 공간에 있는 물질을 지날 때, 물질에 따라 특정한 진동수의 전자기파는 물질에 흡수되어 지구에 도달하지 못하고, 다른 진동수의 전자기파는 물질을 그대로 통과하여 지구에 도달한다. 우주에서 오는 전자기파들을 분석하여 없어진 진동수를 찾고, 어떤 물질이 그런 전자기파를 흡수하는지 알아내면 그 물질이 우주 공간에 있다는 것을 알 수 있다. 한편으로는 우주에서 분자가 생성되는 상황을 실험실에서 흉내내어 물질을 합성하고, 그 물질이 어떤 진동수의 전자기파를 흡수하는지 실험하여 우주에서 오는 전자기파와 비교하면 그 물질이 우주 공간에 있는지 없는지 알 수 있다.

크로토 교수는 스몰리 교수 연구팀에 특별한 합성 장치가 있다는 것을 알게 되었고, 1985년 9월 1일에 라이스대학교 스몰리 교수 연구실에 도착하여 공동연구를 시작했는데, 이 연구에 컬 교수도 참여하였다. 이들은 흑연의 표면에 레이저를 비추어 탄소 기체를 만든 후, 이 탄소 기체가 응축할 때 어떤 탄소 분자가 생기는지 실험했다. 합성된 탄소 분자들의 질량을 분석한 결과, 뜻밖에도 탄소 60개 또는 탄소 70개로 이루어진 탄소 분자가 잘 생기는 것을 발견했는데, 이들은 탄소 원자들이 각각 그 주위의 다른 탄소 원자 3개와 결합하여 둥근 풍선처럼 된 것이라 예상했다. 이들은 이와 비슷한 모양의 건축물을 설

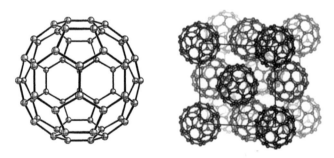

〈그림 2〉 풀러렌 C_{60} 분자(왼쪽)와 풀러렌 C_{60} 고체(오른쪽). (왼쪽: Q.-M. Zhang et al.(1991), 오른쪽: J. Tao et al.(2018))

계했던 건축가 버크민스터 풀러의 이름을 따서 합성된 탄소 분자의 이름을 풀러렌이라 했고, 1985년 9월 12일에 논문 작성을 마무리했다. 특히 탄소 60개로 이루어진 분자는 축구공과 같이 5각형 12개와 6각형 20개로 이루어진 다면체 모양의 꼭짓점에 탄소 원자들이 놓인 구조일 것이라 예상하고 논문에 축구공 사진을 넣었다. 탄소 원자로 이루어진 풍선 모양의 구조가 과학계에 처음 보고된 것이다. 세 사람은 풀러렌을 발견한 공로로 1996년에 노벨 화학상을 받았다.

풀러렌 고체

풀러렌 연구 초기에는 합성된 풀러렌의 양이 적어서 주로 분자 상태가 연구되었는데, 합성 방법이 발전하면서 풀러렌이 많이 만들어져 고체 상태를 연구할 수 있게 되었다. 풀러렌이 모여 만들어지는 고체는 면심입방구조faced centered cubic를 가지고 있으며, 풀러렌 고체에 알칼리 금속을 첨가하면, 알칼리 금속에서 전자가 떨어져 나와 풀러렌 고체 속을 흐르는 도체가 된다. 첨가되는 알칼리 금속의 양이 풀러렌 분자 1개당 알칼리 금속 원자 3개의 비율이 되면 낮은 온도에서 풀러렌 고체의 전기 저항이 완전히 사라지는 초전도체가 되고, 첨가되는 알칼리 금속의 종류를 바꾸면 초전도성이 발생하는 최대 온도가 달라진다.

필자가 풀러렌을 처음 본 것은 1990년대 초이다. 서울대학교 박영우 교수 실험실에서 대학원 선배들이 풀러렌으로 실험하는 것을 옆에서 볼 수 있었다. 이때는 필자가 실험실에 갓 들어와 여러 실험을 보고 배우던 때이다. 선배가 압력을 가할 수 있는 작은 통에 풀러렌 분말을 아주 조심스럽게 넣고 높은 압력을 가하였다. 압력을 받은 풀러렌 분말은 고체 덩어리가 되었는데 이 고체를 펠릿pellet이라고 불렀다. 그다음 과정은 못 본 듯한데, 문헌을 찾아보니 풀러렌 펠릿에 알칼리 금속을 첨가하고 온도를 아주 낮은 온도부터 상온까지 변화시키면서 전기 전도도와 열전력thermopower 특성을 측정하여 보고한 논문을 찾을 수 있었다.

풀러렌 박막

필자가 풀러렌을 본격적으로 연구한 것은 미국 캘리포니아대학교 버클리 캠퍼스에서 박사후 연구원으로 있던 2000년대 초이다. 당시 주요 주제 중 하나였던, 양공 도핑된hole doped 풀러렌 박막의 초전도 특성을 연구했다. 1990년대에는 전자 도핑된 풀러렌 고체의 초전도 특성이 큰 관심을 받았는데, 2000년 11월에 미국 벨연구소의 얀 헨드릭 쇤 박사가 전자 대신에 양공을 도핑하여 풀러렌 박막의 초전도 특성을 더 강하게 만들었다는 놀라운 실험 결과를 발표했다. 필자는 2001년 거의 1년 동안 붕화마그네슘(MgB_2)의 초전도 특성 계산에 몰입해 있었는데, 다음 연구 주제로 양공 도핑된 풀러렌 박막의 초전도성을 선택했다. 쇤 박사의 실험 논문을 보면, 전자 도핑된 풀러렌 고체보다 양공 도핑된 풀러렌 박막에서 초전도 특성이 더 강하므로, 필자는 전자 도핑의 경우와 양공 도핑의 경우를 비교하는 방향으로 연구를 진행했다. 필자가 3개월의 시간을 들여 집중 계산한 결과, 실험 결과와 반대로 전자 도핑된 풀러렌보다 양공 도핑된 풀러렌에서 초전도 특성이 더 약하다는 결론에 도달했다. 즉 쉰 박사의 실험 결과는 표준적인 초전도 이론으로 설명할 수 있는 것이 아니었다. 필자는 이에 대해 논문을 쓰지 않기로 하고 연구를 종료하였는데, 이후 1년이 채 되기 전에 쉰 박사의 실험 결과들이 조작된 것일 수 있다는 이야기가 돌았다. 이에 대해 벨연구소에서 공식 조사한 결과, 쉰 박사의 실험 결과가 사실이 아닌 것으로 판명되었다.

양공 도핑된 풀러렌의 초전도 특성에 대해서는 논문을 쓰지 않고 연구를 종료하였지만, 이때 탄소 원자로 이루어진 다양한 나노 구조를 효율적으로 계산할 수 있는 역량을 갈고 닦을 수 있었다. 이 역량은 곧이어 스탠퍼드대학교의 지순셴 교수 연구팀과 풀러렌 박막의 전자 구조에 대해 공동연구를 할 때 큰 도움이 되었다. 셴 교수 연구팀은 은(111) 표면 위에 풀러렌(C_{60}) 단일층을 만들고 칼륨을 도핑한 후에 빛을 쪼여 방출되는 전자들의 운동 방향과 에너지를 측정했다. 측정 결과, 풀러렌 단일층에 있는 전자들이 매우 느리게 운동하고 있다는 것을 알 수 있었으며, 필자의 계산 결과는 이러한 측정 결과와 잘 일치했다.

탄소 나노튜브: 나노미터 굵기 탄소 빨대

1990년대 초 풀러렌을 연구하던 사람들 사이에는 풀러렌을 합성하는 방법과 비슷한 방법으로 탄소 대롱도 만들어졌다는 소문이 있었다. 이 소문은 곧 확인되었는데, 1991년 일본의 이이지마 스미오 박사가 아크 방전arc discharge 방법으로 탄소 나노튜브를 합성하고 전자현미경 사진을 찍어 학계에 보고한 것이다. 탄소 나노튜브는 〈그림 3〉과 같이 탄소 원자로 이루어진 빨대 모양의 고분자 물질이다. 탄소 나노튜브의 지름은 1나노미터 정도로 작을 수 있고, 길이는 1마이크로미터 정도로 길 수 있다. 1마이크로미터는 100만분의 1미터이다.

수학에서 점은 0차원, 선은 1차원, 면은 2차원, 공간은 3차원이다. 이를 따르면 풀러렌은 0차원, 탄소 나노튜브는 1차원, 그래핀은 2차원, 흑연과 다이아몬드는 3차원이다. 탄소 나노튜브를 그래핀과 비교하면, 탄소 나노튜브는 그래핀이 둥글게 말려 원통 모양이 된 것과 같다. 탄소 나노튜브는 여러 가지 구조가 가능한데, 〈그림 3〉에서 왼쪽에 있는 탄소 나노튜브와 같이 이웃한 탄소 원자 사이의 공유결합들 중에 나노튜브의 축 방향에 정확히 수직한 것이 있으면 도체가 되고, 그렇지 않으면 반도체가 된다.

1990년대 중후반, 탄소 나노튜브를 사용하여 전기 회로를 만드는 실험은 나노 회로 기술을 발전시키는 중요한 계기가 되었다. 앞에서 이야기한 것과 같이 탄소 나노튜브의 지름은 1나노미터 정도로 작고

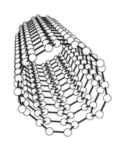

〈그림 3〉 탄소 나노튜브의 원자 배열 모형의 예(왼쪽)와 탄소 나노튜브 다발의 원자 배열 모형의 예(오른쪽).
(왼쪽: J. W. Mintmire et al.(1992), 오른쪽: P. Delaney et al.(1998))

길이는 1마이크로미터 정도로 커서, 아주 작은 도체 도선 또는 반도체 도선과 같다. 1990년대 중반은 나노 회로 기술이 태동하는 상황이어서 탄소 나노튜브 1개에 금속 도선을 연결하여 저항값을 측정할 수 있으면 그 결과를 세계적인 학술지에 논문으로 발표할 수 있었다. 탄소 나노튜브는 학계와 산업계에 지금도 큰 영향을 주고 있으며, 최초로 발견한 이이지마 박사가 노벨상 후보로 여러 차례 거론되었으나, 2010년에 그래핀 실험에 노벨상이 수여되면서 탄소 나노튜브에 대한 노벨상은 한발 물러선 모양새이다.

탄소 나노튜브의 전기 전도도 계산

필자는 박영우 교수의 연구실에서 고체 실험으로 석사 과정을 마친 후에 박사학위 과정을 고체 이론으로 하여 임지순 교수 연구실에 들어갔고, 박사학위 과정 학생이었던 1990년대 중후반에 탄소 나노튜브를 집중적으로 연구했다. 탄소 나노튜브가 모여 다발이 되는 경우 전자의 상태가 어떻게 달라지는지 연구했고, 나노 물질의 전기 전도 특성에 대한 양자역학적 계산법을 세계에서 처음으로 개발하여 탄소 나노튜브의 전기 전도 특성을 정밀하게 연구했다. 나노 물질의 전기 전도 특성 계산법을 개발하는 과정은 두 단계로 이루어졌다. 첫 번째 단계는 3차원 나노 구조에서 전자 흐름을 계산할 수 있는 방법론을 개발한 것이었고, 두 번째 단계는 이 방법론을 탄소 등 나노 구조의 성분 원소를 정확히 고려할 수 있도록 발전시킨 것이었다.

3차원 나노 구조 속에서, 전자는 파동적 성질이 강하게 발현되어 파동이 퍼지는 것처럼 이동한다. 이것은 전자기파가 금속관 속을 이동할 때와 매우 유사하다. 필자는 학부 양자역학 과목에서 배웠던 1차원 장벽 문제를 3차원으로 확장한 방정식을 유도하고, 이 방정식을 푸는 프로그램을 작성했다. 이 프로그램에서는 자연계의 인과율에 맞는 순서로 미지수의 값들이 정해지도록 하여 계산 결과가 안정적으로 산출될 수 있게 하였다.

이렇게 개발된 방법은 3차원 나노 구조에서 전자의 퍼텐셜에너지가 주어졌을 때 전자의 흐름을 계산하는 방법이었지만, 3차원 나노 구조를 원자 수준에서 고려할 수 있는 것은 아니었다. 이러한 수준이 되려면 넘어야 할 고비가 남아 있었다. 물질의 구조를 원자 수준에서 고려하려면 개별 원자의 특성을 자세하게 고려해야 하는데, 이에 대해 처음에는 수행해야 할 계산의 양이 계산 요소들의 곱으로 증가해서 계산할 수 없다고 생각했었다. 하지만 얼마 후엔 계산 요소들의 곱이 아니라 합으로 증가한다는 사실을 깨닫고 충분히 계산할 수 있다는 것을 알게 되었다.

나노 물질의 전기 전도 특성을 양자역학적으로 계산할 수 있는 프

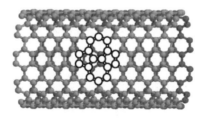

〈그림 4〉 구조 변형이 있는 탄소 나노튜브의 탄소 원자 배열 모형. (H. J. Choi and J. Ihm(1999))

로그램은 당시에 세계의 많은 이론 연구자들이 손에 넣길 원했던 최첨단 연구 기술이었다. 이를 직접 개발함으로써 이후 한동안 탄소 나노튜브의 전기 전도 특성 연구에서 가장 앞서갈 수 있었다. 프로그램의 알고리즘을 자세히 설명한 논문을 발표했고, 다른 연구자들이 머지 않아 비슷한 프로그램을 개발할 수 있었는데, 이들은 개발 성공을 보이기 위해 필자의 연구 결과를 재현하여 발표했다.

그래핀: 탄소 원자층의 재발견

그래핀 이야기로 다시 돌아가자. 2004년 영국 맨체스터대학교의 안드레 가임 교수와 콘스탄틴 노보셀로프 박사가 투명 테이프를 이용하여 흑연으로부터 그래핀을 제작했다고 학계에 보고했다. 노보셀로프 박사는 가임 교수의 지도를 받아 2004년에 박사학위를 받았는데, 투명 테이프를 이용하여 그래핀을 제작한 것은 박사학위를 받기 전이었을 것으로 추측된다. 흑연에서 탄소 한 층을 떼어내는 실험이었고, 기계적 박리에 의한 그래핀 제작이라 표현했다. 흑연과 투명 테이프를 구하여, 투명 테이프를 흑연에 붙였다가 떼는 것을 반복하면 아주 미세한 검은색이 투명 테이프에 붙게 된다. 그 투명 테이프를 이산화규소(SiO_2) 기판 위에 문지르면 투명 테이프에 붙었던 검은색 먼지들이 기판에 옮겨붙는데, 그 검은색 먼지들이 그래핀이다. 아주 저 예산 실험이다. 준비물은 이산화규소 기판, 흑연, 그리고 투명 테이프이다. 값비싼 최첨단 연구 장비가 좋은 연구의 필수 조건이라고 흔히 생각하지만, 사실 연구에는 정해진 방법이 없고, 연구의 중요도와 연구의 난이도가 꼭 함께 가는 것은 아니다. 연구 방법은 쉬울수록 좋다.

흑연과 투명 테이프를 이용하여 그래핀을 매우 값싸게 만들 수 있게 되면서 세계적인 연구 열풍이 불었다. 그래핀은 자유전자들이 상대론적 특성을 가지고 있고 화학적으로 안정되었기 때문에 다양한 특성이 예측되었고 실험되었다. 특히, 한국인 과학자들이 그래핀 연구에 크게 기여하여 김필립 교수뿐만 아니라 홍병희 교수, 안종현 교수, 손영우 교수가 세계적으로 파급력 있는 연구 결과들을 발표하였다. 가임 교수와 노보셀로프 박사는 2010년에 그래핀에 대해 중요한 실험을 한 공로로 노벨 물리학상을 수상하였다.

그래핀으로 유명한 하버드대학교의 김필립 교수는 박사학위 과정 학생일 때 탄소 나노튜브 연구를 했고, 1999년 박사학위를 취득한 후에 캘리포니아대학교 버클리 캠퍼스에서 박사후 연구원을 지냈다. 필자가 버클리 캠퍼스에 있었던 기간과 상당히 겹친다. 당시 김필립 박사는 탄소 나노튜브를 연구하면서 흑연에서 탄소 원자층을 떼어내는 연구에도 관심이 많았다. 필자는 김필립 박사가 탄소 원자층에 대해 언급하는 것을 보면서 저런 연구도 있구나 생각했는데, 그래핀 연구의 중요성을 그때 깨달았으면 그래핀 연구를 좀더 일찍 시작했을 것이다. 당시 필자는 붕화마그네슘의 초전도성 연구에 푹 빠져 있었다. 한편, 김필립 박사는 2002년에 뉴욕에 있는 컬럼비아대학교 교수로 부임하여 흑연에서 탄소 원자층을 떼어내는 연구를 했는데 나노 연필nanopencil 이라 명명된 기술집약적 방법으로 2004년에 원자 3층 두께에 도달하였다. 이때 투명 테이프를 사용하는 값싼 방법이 학계에 보고되었고, 김필립 교수 연구팀은 이 소식을 듣자마자 이튿날부터 같은 방법을 사용하기 시작했다고 한다. 정말 본받을 만한 점이라고 생각한다.

2004년 기계적 박리에 의한 그래핀 제작이 보고된 후 이듬해인 2005년에 노보셀로프 박사와 가임 교수의 연구팀, 그리고 김필립 교수의 연구팀에서 각각 그래핀에서 발생하는 특이한 양자홀 효과를 보고했다. 그래핀에 전류를 흘리면서 그래핀 면에 수직한 방향으로 자기장을 가하고 전류와 자기장에 수직한 방향으로 전압을 측정하는 홀효과 실험이었다. 실험 결과는 보통의 양자홀 현상과 차이가 있는, 특이한 양자홀 현상이었다.

그래핀의 제작 과정은 풀러렌이나 탄소 나노튜브와 달리 화학 반응을 이용한 것이 아니라, 흑연을 가져다 놓고 투명 테이프로 떼는 것이다. 투명 테이프를 사용한 그래핀 연구가 세계적으로 막 확산된 시기에 연세대학교 물리학과의 학부생인 김종환 학생(현재 포항공과대학교 신소재공학과 교수)이 미국 캘리포니아대학교 버클리 캠퍼스에 교환학생으로 갔다. 김종환 학생은 버클리 캠퍼스에 있는 동안 물리학과의 펭왕 교수 연구팀에 참여했는데, 투명 테이프로 그래핀을 떼어 실험에 필요한 시료를 제작하는 일을 했다. 이후 김종환 학생이 교환학생을 마치고 연세대학교로 돌아온 후에 물리학과 대학원생들에게 그래핀 시료를 제작하는 노하우를 전해주어 그래핀 및 2차원 물질 연구를 촉진하였다.

그래핀의 원자 구조와 전자 구조

그래핀은 탄소 원자층 하나로 되어 있는데 각각의 탄소 원자가 이웃한 3개의 탄소 원자와 공유결합을 한다. 이웃한 탄소 원자들을 선분으로 이으면 〈그림 5〉와 같이 육각형이 반복되는 벌집 모양이다. 이웃한 탄소 원자 사이의 거리는 약 0.14나노미터이다. 탄소 원자 하나를 빨간색으로 표시한 후, 빨간색으로 표시된 탄소 원자에 이웃한 탄소 원자를 파란색으로, 파란색으로 표시된 탄소 원자에 이웃한 탄소 원자를 빨간색으로 표시하는 것을 반복하자. 이렇게 했을 때 빨간색으로 표시된 탄소 원자들이 주기적으로 반복되는 것을 A 부분 격자sublattice라 하고, 파란색으로 표시된 탄소 원자들이 주기적으로 반복되는 것을 B 부분 격자라고 한다. 이렇게 탄소 원자들을 부분 격자 2개로 나눌 수 있는 것은 그래핀의 중요한 특징이다. 탄소 원자가 모여 그래핀을 이루면 4개의 전자 중 3개는 공유결합을 이루면서 자유롭게 이동하지 못하고, 남은 전자 1개는 자유전자가 된다.

그래핀 안의 자유전자에 대해 좀더 자세히 살펴보자. 그래핀에서는 자유전자가 채워진 원자가띠와 채워지지 않은 전도띠가 〈그림 6〉과 같이 에너지-운동량 공간에서 뾰족하게 만나는 특이한 성질을 가지고 있다. 이렇게 뾰족하게 만나는 꼭짓점들을 디랙점이라고 부르고, 디랙

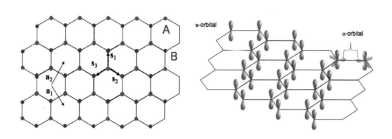

〈그림 5〉 그래핀의 부분 격자(왼쪽)와 화학 결합(오른쪽). (손영우(2008))

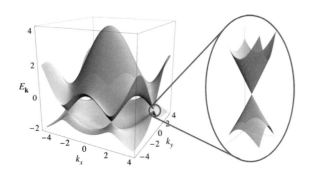

〈그림 6〉 그래핀 전자 구조의 디랙콘. (A. H. Castro Neto et al.(2009))

점 부근의 위아래 깔때기 모양을 디랙콘Dirac cone이라고 하는데, 이것
은 자유전자의 에너지가 운동량에 비례한다는 것을 뜻한다. 에너지가
운동량에 비례하는 것은 일반적으로 빛과 같이 질량이 없는 물체, 또
는 질량이 있지만 빛의 속력에 아주 가깝게 운동하는 물체의 성질이
다. 그래핀에서는 자유전자의 속력이 광속의 약 0.3퍼센트에 불과하지
만, 에너지가 운동량에 비례하는 특별한 성질을 가지고 있다.

그래핀의 재발견: 비틀린 이중층 그래핀

2018년 3월 미팅에서 필자와 최영우 학생을 놀라게 한 비틀린 이중층
그래핀은 그래핀 한 장 위에 다른 그래핀 한 장을 1도 정도 돌려서 겹
쳐놓은 것이다. 그래핀 두 장을 똑같은 방향으로 겹쳐놓으면 그냥 이
중층 그래핀이라고 부르며, 〈그림 7〉과 같이 한 장에 대해 다른 장이
회전하여 두 장의 방향에 차이가 있는 경우는 비틀린 이중층 그래핀

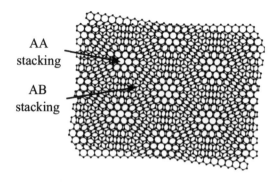

AA
stacking

AB
stacking

〈그림 7〉 비틀린 이중층 그래핀의 원자 구조 모형. (G. Baskaran(2018))

이라고 부른다. 이렇게 그래핀 두 장이 약간 비틀려 겹쳐지면 눈에 아른아른한 모양이 생기는데 그 모양을 자세히 보면 상대적으로 밝게 보이는 부분과 어둡게 보이는 부분이 일정한 간격으로 반복되는 것을 알 수 있다. 밝게 보이는 부분은 위쪽 그래핀과 아래쪽 그래핀에서 탄소 원자가 만드는 육각형이 겹쳐지면서 육각형을 통과하는 부분이 보이기 때문에 밝게 보이고, 그렇지 않은 부분은 육각형이 겹치지 않아 약간 어둡게 보이는 것이다. 이렇게 격자 구조 2개가 겹쳐서 큰 주기로 반복되는 구조가 나타날 때 이것을 무아레moiré 초격자라고 한다.

마법각 비틀린 이중층 그래핀: 이론적 예측과 실험적 성공

그래핀 두 장을 포개놓으면 두 장의 그래핀 사이를 자유전자가 옮겨다닐 수 있게 되어 자유전자의 운동 상태가 달라진다. 2011년 텍사스대학교 오스틴 캠퍼스의 라피 비스트리처 박사와 앨런 맥도널드 교수는 〈그림 7〉과 같이 포개진 그래핀 두 장 중 하나는 고정하고, 다른 하나는 포개진 상태에서 회전시키는 경우(이렇게 하는 것을 비튼다twist 라고 표현한다)를 고려했는데, 비트는 각도에 따라 자유전자의 속력이 변하다가 어떤 특정한 각도일 때는 자유전자의 속력이 0이 되는 것을 발견했다. 이 각도를 마법각magic angle이라 이름 지었고, 마법각 중 가장 큰 각도는 1.05도로 예측되었다. 이후로, 비트는 각도가 마법각과 같은 이중층 그래핀을 '마법각 비틀린 이중층 그래핀'이라 부른다. 일반적으로, 자유전자의 속력이 0에 아주 가깝게 되면 전자들 사이의 상호작용에 의해 자유전자의 상태가 불안정해지고 특이한 상태로 상전이가 일어날 가능성이 매우 커진다. 이러한 이유로 마법각 비틀린 이중층 그래핀에서 특이한 물리 현상이 발생할 것으로 예상되었다.

마법각 비틀린 이중층 그래핀을 만들기 위해서는 그래핀 두 장의 각도 차이를 정밀히 조절할 수 있는 기술이 필요하다. 그 기술은 2015년에 개발되었는데, 그래핀 한 장을 두 부분으로 자른 후에 한 부분을 들어올려서 다른 부분 위에 놓는 방법으로 성공하였다. 2017년 MIT의 하리요에레로 교수 연구팀에서 비틀림 각도가 1.05도, 1.08도, 1.16도인 비틀린 이중층 그래핀 시료들을 제작하여 도핑에 따라 부도체적 특성과 초전도 특성이 발생하는 것을 실험적으로 발견했다. 이러한 연구 결과들은 이 글의 맨 앞에 소개한 것과 같이 2018년 3월 미팅에 맞추어 공개되었다.

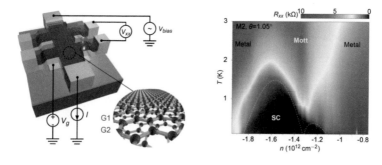

〈그림 8〉 마법각 비틀린 이중층 그래핀의 전기 저항 실험 장치(왼쪽)와 물리적 성질의 도핑 의존성(오른쪽).
(Y. Cao et al.(2018))

비틀린 그래핀 다중층: 초전도 발생 원인

표준적인 초전도 이론에서는 원자의 진동이 전자와 전자 사이에 서로 끌어당기는 효과를 발생시키고, 이 효과에 의해 전기 저항이 없어지는 초전도 현상이 발생한다. 2018년 3월 미팅 직후에 최영우 학생과 함께 마법각 비틀린 이중층 그래핀에서 원자 진동의 효과가 초전도 현상을 일으킬 정도로 강한지 연구하기로 하였다. 최영우 학생은 곧바로 연구를 시작하였는데, 놀라운 속도로 연구를 진행했다. 계산 결과를 보니 원자 진동의 효과가 충분히 커서, 표준적인 초전도 이론을 사용하여 실험에서 관측된 초전도를 설명할 수 있었다. 이 연구 결과 논문을 빨리 작성하여 2018년 9월에 학술지에 투고할 수 있었다. 연구를 시작한 지 고작 6개월 뒤였다.

비틀린 이중층 그래핀에서는 위상적 특성과 자성 특성도 발현되었고, 비정상 홀 현상도 실험적으로 보고되었다. 또한 겹쳐놓은 그래핀이 세 장인 경우와 네 장인 경우도 실험되었는데, 그래핀 세 장을 겹쳐 놓을 때 첫째 장과 셋째 장의 방향을 같게 하고 가운데 둘째 장의 방향을 약 1.6도 어긋나게 하는 경우에 초전도가 발생하였다. 이러한 비틀린 삼중층 그래핀에서의 원자 진동 효과를 계산한 결과, 비틀린 이중층 그래핀에서와 마찬가지로 전자와 원자 진동 사이의 상호작용이 매우 커서, 실험에서 관측된 초전도를 설명할 수 있었다. 한편 그래핀 네 장이 겹쳐진 비틀린 이중 이중층double bilayer 그래핀에서는 자유전자가 그래핀의 부분 격자 2개에 고르게 분포하지 못하면서 원자 진동에 의한 초전도 발생 가능성이 크게 감소했다.

탄소 물질의 미래

탄소는 강한 공유결합과 약한 분산력 덕에 무궁무진한 구조를 만들 수 있고, 구조가 바뀜에 따라 물리적 성질이 극단적으로 달라질 수 있다. 전기가 전혀 안 통하고 투명한 다이아몬드, 전기가 잘 통하고 검은색을 띠는 흑연, 이 둘은 이러한 가능성을 이미 암시하고 있었다. 초전도가 일어나는 풀러렌 고체, 구조에 따라 도체가 되거나 반도체가 되는 탄소 나노튜브, 자유전자의 에너지가 운동량에 비례하는 그래핀, 자유전자가 거의 정지하는 비틀린 이중층 그래핀 등 똑같은 탄소 원자로 다양한 물질이 빚어졌다.

탄소 물질의 앞길은 우리의 상상력과 노력에 달려 있다. 전자 스핀이 정렬하는 탄소 자석, 전자 상태에 위상적 특성이 있는 3차원 탄소 위상 물질, 전자들 사이의 상대적 위치가 중요해지는 강상관strong correlation

탄소 물질의 가능성이 이미 타진되고 있다. 새로운 현상, 새로운 물질에 대한 상상력을 펼치고, 이들을 찾아내는 창의적인 도전이 필요하다. 열려 있는 수많은 가능성 속에서 새롭고 아름다운 보석들이 계속 펼쳐질 것이다.

2부

양자 액체, 양자 기체

5

액체의 재발견

: 영원히 얼지 않는 액체

최형순

KAIST 물리학과 부교수. 저온 양자 유체를 연구한다. 초유체 헬륨으로 양자 유체 연구를 시작했으며, 액체 헬륨 외의 다른 물질에서도 초유체 현상과 유사한 특성이 발현되는지 관심이 많다. 섭씨 영하 270도 이하의 온도에 도달해야 발현되는 현상을 주로 들여다보는 탓에 자연스레 냉각 기술과 온도에 대해서도 이런저런 생각을 많이 하게 되었다. 연구와 강의 외에도 과학의 대중화와 대중의 과학화를 위해 고등과학원의 과학 웹진 〈호라이즌〉 편집위원으로 활동 중이다.

"만약 지구가 태양에 조금 더 가까워서 기온이 물의 끓는 점보다 높았다면 대부분의 액체, 심지어 일부 금속들도 기체가 되어 대기를 형성했을 것이다. 반면에 지구가 목성이나 토성처럼 조금 더 추운 곳에 있었다면, 강과 바다의 물 대신 지구에는 얼음 산이 존재했을 것이다. 공기는, 전부는 아니더라도 적어도 공기 중 일부는, 눈에 안 보이는 기체 상태로 존재하는 대신 액체 상태로 존재했을 것이다. 그 결과 우리가 전혀 알지 못하는 새로운 액체를 만들어냈을 것이다."

_앙투안 라부아지에

생명의 기원, 물

주변을 둘러보라, 무엇이 보이는가? 육지를 딛고 사는 육상 동물인 우리 주변에는 흙, 돌, 나무부터 콘크리트, 유리, 알루미늄, 구리, 스테인리스 스틸, 플라스틱, 고무 등 스스로 그 형체를 유지하고 있는 수많은 고체가 눈에 띈다. 그 외에 또 뭐가 있을까? 우리 주변을 가득 채운 공기는 무색 무취의 기체이고, 가장 흔한 액체는 물론 물, 즉 H_2O이다. 독자들의 책상에 있을 법한 커피, 차, 우유, 주스, 탄산음료 등은 적어도 85퍼센트 이상의 물에 다른 성분이 조금 섞여 있는 액체일 뿐이다. 꿀 또는 설탕 시럽이 거의 예외적으로 물보다 다른 물질(설탕)이 더 많이 포함된 액체라고 할 수 있다. 대부분의 수용성 물질도 물에 섞이지 않은 상태에선 액체 상태로 존재하지 않는다. 예를 들면 각설탕은 물에 잘 녹지만 고체 상태로 존재한다. 일상생활에서 '액체'와 '물'은 거의 동치에 가깝다.

인간 몸의 70퍼센트가 물인 만큼 단일 물질로서 인간(나아가 모든 생명체)에게 가장 중요한 것 역시 물이다. 물은 생명을 이루는 핵심 물질이고, 지구상에 생명체가 존재할 수 있었던 이유 또한 물이 존재하기 때문이다. 생명체의 중요한 특성 중 하나는 형체와 기능이 변화할 수 있다는 것이고, 그러려면 반드시 액체가 필요하다. 고체와 구별되는 액체의 큰 특징은 스스로 형체를 유지할 수 없다는 점이다. 생명체의 몸이 로봇과 달리 다양한 모양으로 부드럽게 변형이 가능한 것은 그 몸체가 액체, 즉 물 기반이기 때문이다. 생명이 존재하는 데에 있어서 물의 중요한 또 다른 특성은, 물 분자가 갖고 있는 '극성'이다. 2개의 수소 원자가 1개의 산소 원자와 결합해서 물 분자를 만들 때, 두 수소 원자는 한쪽으로 쏠리면서 비대칭적인 구조를 이룬다. 그 결과로 물 분자의 전하 분포 역시 산소 원자 주변은 음극, 두 수소 원자 주변은 양극을 띠는데, 이런 식으로 한 분자 속에서 전하 분포가 비대칭성을 띠는 현상을 극성이라 한다. 이런 극성 덕분에 물 분자는 다른 물 분자들을 포함해서 극성을 띠는 다양한 분자들과 강하게 상호작용한다. 그 결과 물에는 많은 물질이 녹아 물을 흔히 범용 용매universal solvent라고도 한다. 생명체는 범용 용매의 특성을 적극적으로 활용하여 생존에 필요한 다양한 기능의 물질을 생명체 곳곳으로 수송한다. 화성에 물의 흔적이 있느냐 없느냐가 뉴스거리가 되는 이유 역시 물의 존재 여부가 생명체의 존재를 확인하는 첫걸음이기 때문이다.

우리 주변에 물을 제외한 다른 액체는 무엇이 있을까? 실험 과학자가 직업이 아닌 이상, 인간이 살면서 마주할 수 있는 액체는 기름, 알코올, 산으로 분류되는 물질 중에서도 극히 일부에 불과하다. 설령 술을 무척 좋아하는 애주가라 하더라도 순수한 알코올 섭취량은 하루에 머그컵 한 잔을 넘지 못한다. 반면 인간이 다양한 경로로 섭취하는 물의 양은 하루 평균 3리터 정도나 된다. 물은 인간에게 너무나도 중요한 물질인 나머지, 지루할 정도로 흔해야만 하는 물질이다. 화학의 아버지로서 다양한 물질을 다루어본 라부아지에 입장에서 액체의 세상은 얼마나 단조로웠을까? 그가 왜 '새로운 액체'에 대해 궁금해했는지 짐작이 간다.

가열과 냉각

지구 표면의 70퍼센트가 바닷물로 덮여 있다고 하지만 바다 깊숙이 들어가보면 그 밑에는 결국 딱딱한 지각이 자리잡고 있다. 지각 깊숙한 곳에 있는 핵은 지구 부피의 15퍼센트 정도를 차지하는데 대부분 철이 녹은 액체 상태로 존재한다. 지구의 핵과 지각 사이에는 지구 부피의 84퍼센트를 차지하는 맨틀이 있는데, 지금의 맨틀은 실리콘 기반의 돌덩이에 가깝지만 고생대까지만 해도 액체 상태로 존재했다. 지구의 나이를 45억 년이라고 보면 90퍼센트 이상의 시간 동안 지구는 얇은 껍질 속에 아주 뜨거운 액체가 담겨 있는, 계란과 같은 상태였다. 오늘날의 지구는 45억 년 전 철과 규소가 녹아서 뒤섞인 커다란 액체 방울이 표면부터 서서히 식어가면서 딱딱한 껍질을 만들어낸 결과물이다. 인류가 아직 존재하지 않던 초기 지구에는 지금 우리가 볼 수 없는, 물이 아닌 액체가 지천에 널려 있었을 것이다. 비록 우리가 일상적으로 접하지 못한다고 하더라도 뜨거운 액체가 우리에게 낯설게만 느껴지는 것은 아니다. 영화 〈터미네이터 2〉의 마지막 장면이 설득력을 얻는 것도 결국은 섭씨 1000도가 넘는 용광로 속에서 붉게 빛나는 금속 액체에 대한 친숙함 덕분이다.

글의 서두에서 인용한 라부아지에의 말에는 그 자신도 깨닫지 못한 상당한 통찰이 담겨 있다. 고체를 뜨겁게 달궈 액체를 만드는 게 가능하다면, 그 반대로 (라부아지에의 상상처럼) 우리에게 친숙한 기체를 차갑게 냉각해 액체로 바꾸는 것 역시 가능할 텐데, 막상 기체를 액체로 만드는 장면은 영화 속 용광로처럼 익숙한 이미지로 남아 있지 않다. 왜 그럴까? 다양한 이유를 찾을 수 있겠지만, 필자의 생각에 그 궁극적인 차이는 가열 기술과 냉각 기술 사이의 비대칭성에 있다. 주머니에 넣을 수 있는 라이터 하나만 켜도 몇백 도의 온도에 쉽게 도달할 수 있고, 이를 잘 활용하면 물도 끓일 수 있다. 하지만 반대로 물을 얼릴 수 있는 휴대용 도구는 존재하지 않는다.

실제로 고대 인류가 불을 사용한 흔적은 100만~200만 년 전으로 거슬러 올라간다. 그 불로 섭씨 수백 도까지는 일상적으로 도달할 수 있었을 것이다. 불을 이용하여 섭씨 1000도와 1500도에 도달할 수 있게 됐을 때 각각 청동기와 철기 시대가 열렸음을 떠올려보면, 인류 문명사에서 금속을 녹일 수 있는 기술의 중요성은 아무리 강조해도 지나치지 않다. 인류 역사상 가장 짧은 기간에 가장 놀라운 기술적 발전을 이뤄낸 산업혁명의 핵심이 증기기관, 즉 엔진의 발명이라고 한다면, 그 발명의 밑바탕에는 금속 제련 기술과 이를 가능하게 해준 가열 기술이 자리잡고 있다. 게다가 증기기관을 운용하려면 물을 끓여서 증기를 만들 수 있어야 했으니, 여러모로 가열 기술은 쓸모가 많았고, 상당히 발달해 있었다.

반면 냉각 기술은 어떨까? 독자들의 절대다수는 냉장고와 에어컨이 없는 세상을 경험해본 적이 없을 것이다. 하지만 능동적 냉각 기술은 불과 200여 년 전 산업혁명이 일어난 뒤에나 가능해진, 인류 역사를 놓고 보면 엄청나게 최근에 개발된 첨단 기술이다. 대학교에서 가르치는 일반 물리학에는 열역학이란 단원이 있는데, 여기서 학생들은 '엔진을 거꾸로 돌리면 냉장고가 된다'고 배운다. 즉 산업혁명의 모태가 된 엔진 개발이 있었기에 그 역과정이라 할 수 있는 냉장고 개발도 가능했다는 뜻이다. 인류 최초의 냉장고는 1834년 제이컵 퍼킨스가 만든 '아이스 머신'이다. 에테르를 냉매로 사용하는 증기 압축 냉동기인데, 그 이름이 암시하듯 간신히 얼음이나 얼릴 정도의 냉동기였다. 당시 이미 금속 제련을 위해 수천 도 온도에 손쉽게 도달할 수 있었음을 감안하면 겨우 30도 정도 냉각하는 기술의 초라함은 명확해진다. 그런 이유로 이미 18세기의 라부아지에가 기체를 액화시키는 상상을 했음에도 불구하고 막상 공기를 액체로 만드는 데는 그로부터 100년 이상의 시간이 걸렸다.

액체란 무엇인가?

기체를 액체로 만들려면 일단 그 두 상태의 차이점이 뭔지 알아야 한다. 우리에게 익숙한 물질의 세 가지 상태 사이에는 확연히 구분되는 특성이 있다. 우선 고체는 그 형체가 정해져 있다는 점에서 액체나 기체와 구분된다. 액체와 기체는 이들을 담고 있는 (고체) 용기에 의해서 그 형상이 결정된다. 이런 점에서 액체와 기체는 매우 유사하며, 이를 묶어서 '흐르는 물체'라는 의미로 유체流體라고 부르기도 한다. 이런 유사성에도 불구하고, 우리는 액체와 기체를 손쉽게 구분할 수 있다. 왜 그럴까? 일단 액체는 무겁다. 두 상태의 밀도 차이 때문이다. 바꿔 말하면, 기체는 입자(원자나 분자)의 크기에 비해 입자 간 거리가 굉장히 먼 반면 액체는 입자의 크기와 입자 간 거리가 비슷하다. 매우 멀리 떨어져 있는 2개의 당구공 사이의 거리는 우리가 얼마든지 더 줄일 수 있지만, 서로 맞닿아 있는 당구공 사이의 거리를 더 줄이기란 쉽지 않다. 원자나 분자를 당구공마냥 유한한 크기를 갖는 단단한 입자라고 생각한다면, 두 물질 상태의 압축률(힘을 가해서 얼마나 압축이 잘 되는지 여부)에 따라 기체와 액체를 구분할 수도 있다. 이런 사실에 착안하여 기체를 계속 압축하다보면 더 이상 압축되지 않는 액체로 만들 수 있을 것만 같은 기분이 든다.

실제로 이 원리를 이용하여 1823년 험프리 데이비와 마이클 패러데이는 염화수소물chlorine hydrate($Cl_2 \cdot 10H_2O$)에 포함된 염소(Cl)를 액화하는 데 성공했다. 그는 고체 상태인 염화수소물을 〈그림 1〉과 같이 ㄱ자 모양의 밀봉된 유리 튜브에 넣고 가열했다. 그러면 이 고체가 승화되면서 기체로 변하는데, 그렇게 상승한 압력으로 인해 ㄱ자 튜브의 반대쪽에 염소 액체가 모이는 것을 확인한 것이다. 이것이 상온, 상압에서는 액체로 존재하지 못하는 물질을 고압에서 액화시키는 데 성공한

〈그림 1〉 염화수소물의 액화 방법.

최초의 기록이다. 그 이후로 패러데이는 암모니아를 비롯한 여섯 종류의 기체를 액화시켰다. 그 외에도 많은 이들이 다양한 기체를 액체로 만드는 데 성공했다.

비록 데이비와 패러데이가 기체를 액화하는 방법을 발견하긴 했지만, 이는 본래 라부아지에가 생각했던 방식과는 조금 다른 방법을 통한 성공이었다. 우리는 경험을 통해 물 분자의 온도를 높여주면 얼음, 물, 수증기 순서로 그 상태가 변한다는 사실을 알고 있다. 아주 낮은 온도에서 입자의 운동이 거의 없을 때는 입자들의 상대적 위치가 고정된 고체 상태로 존재하다가 열에너지를 넣어주면 차츰 입자들의 운동이 커지면서 입자들이 자유롭게 움직이는 액체로 바뀐다. 그러다가 더 많은 에너지를 넣어주면 운동의 폭이 더욱 커지면서 서로 더 멀리 떨어질 거라고 상상할 수 있다. 이게 바로 라부아지에의 상상이었다. 반면 1800년대 중반까지 기체를 액화하는 데 사용했던 과정은 데이비-패러데이처럼 기체에 압력을 가하여 부피를 줄이다보니 기체가 액체로 바뀐 것이었다. 기체 상태에 많은 압력을 가하다보니 입자들의 운동이 억제되어 액체로 바뀌었다고 보면 된다. 현실 세계에서 고체, 액체, 기체 상태를 바꾸는 데 효율적인 손잡이knob는 온도와 압력 두 가지인 셈이다.

영구기체와 판데르발스

당대의 과학자들을 당황하게 만든 것은 1800년대 중반까지 약 20년 간의 노력에도 불구하고 지구상에서 가장 흔한 기체인 공기를 액화할 수 없었다는 점이다. 공기를 이루는 가장 흔한 기체인 질소와 산소와 아르곤 외에도 수소, 일산화탄소 등의 기체는 좀처럼 액화되지 않았다. 그래서 포기가 빠른 일부 과학자들은 이들 몇몇 기체를 영구기체 permanent gas라고 여기기도 했다. 그렇지만 이는 순전히 고체, 액체, 기체 상전이에 대한 이해가 부족한 까닭이었다. 영구기체에 대한 오해를 1860년대에 실험적으로 바로잡은 이가 토머스 앤드루스이고, 요하네스 판데르발스가 오래지 않아 이에 대한 깔끔한 해석을 내놓게 된다. 판데르발스는 그 공로로 1910년에 노벨 물리학상을 수상했다.

 이들의 업적에 대해 이야기하기 전에 다음과 같은 사고실험을 해보자(물론 시간과 돈이 있다면 실제 실험을 해봐도 좋다). 카메라가 설치되어 있는 방 안을 진공으로 만든 뒤 투명한 기체나 액체 중 한 가지를 골라 그 방을 가득 채우고 밀폐한다. 그리고 카메라로 방 내부를 촬영한 영상만으로 그 방을 채우고 있는 것이 액체인지 기체인지 구분할 수 있을까? 꼭 할 수 있을 것만 같다. 동영상 촬영 카메라를 이용하여 스키를 타며 찍은 영상과 스쿠버 다이빙을 하며 찍은 영상은 주변이 한 가지 매질(공기와 물)로 가득 차 있음에도 확연히 구분 가능하지 않은가?

여기서 이 두 영상을 구분 가능하게 해주는 요소가 무엇인지 생각해볼 필요가 있다. 보통은 주변 동식물의 움직임, 빛의 양과 일렁임 등을 통해 이를 구분할 수 있다. 그런 주변 요소들의 변화에 의존하지 않고 기체와 액체 상태를 정확히 구분해내기란 대단히 어렵다. 그럼에도 불구하고 우리는 일상에서 이를 구분하는 데 어려움을 겪지 않는다. 텅 빈 유리잔과 물이 찬 유리잔을 헷갈리는 사람은 없다. 이를 구분할 수 있는 결정적인 단서는 '경계면의 존재'다. 앞서 언급한 바와 같이 기체와 액체 사이에는 상당히 큰 밀도 차이가 있다. 이렇게 밀도 차이가 심하게 나는 액체와 기체가 공존하는 경우 밀도가 높은 액체가 아래에 가라앉고, 기체가 위에 뜨면서 명확한 경계면이 생긴다. 이 경계면을 확인할 수 있을 때 같은 물질이라도 2개의 서로 다른 상태에 존재한다는 것을 알 수 있다. 기체를 압축하여 액체를 만드는 상황에서도 '아, 이제 기체가 액화되었구나' 하고 알 수 있는 것은 그 경계면을 확인할 수 있을 때이다.

그런데 이 경계면이 왜 존재하는가를 곰곰이 생각해보면 조금 의아한 지점이 있다. 앞서 기체를 이루는 입자 사이의 평균 거리는 그 입자의 크기보다 훨씬 멀지만, 액체를 이루는 입자 사이의 거리는 입자의 크기와 비슷하다고 했다. 기체를 압축하여 부피를 줄인다는 것은 입자 사이의 거리가 줄어든다는 뜻이다. 입자 사이에 상호작용이 전혀 없다면, 〈그림 2〉의 위에서와 같이 기체를 압축할 때 입자 사이의 평균 거리가 서서히 연속적으로 줄어들고, 입자들이 서로 맞닿을 정도로 압축

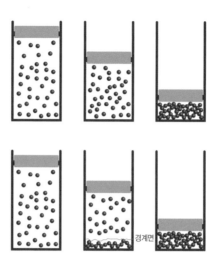

〈그림 2〉 인력이 없는 기체의 압축 과정(위)과 실제 기체의 압축 과정(아래).

하면 기체가 액체로 바뀔 것이다. 즉 어느 시점에서 기체가 액체로 바뀌었다고 구분하기가 어렵다는 말이다. 이런 상황을 상상해보면 〈그림 2〉의 아래처럼 기체와 액체의 경계면이 굳이 생길 이유가 없어 보이기도 한다.

그럼에도 불구하고 실제로 이런 경계면이 관찰되는 이유는 뭘까? 기체를 압축하면 특정 압력에서 밀도가 불연속적으로 급격히 높아지면서 기체 중 일부가 액체로 바뀌는 일이 벌어지기 때문이다. 물질을 이루는 입자들 사이에 실제로는 아주 약하게나마 서로를 잡아당기는 인력이 존재하는데, 압력이 낮아서 입자들 사이의 거리가 아주 멀 때는 이 인력의 효과를 무시할 수 있다. 이런 조건을 통할 때 어떤 물질이 기체 상태에 있을 수 있다. 그런데 입자들이 적절한 거리 안으로 들어오면 인력이 점점 강해져 입자들이 뭉치게 되는데, 이렇게 입자들이 뭉친 상태가 바로 액체이다. 이번엔 이런 급격한 밀도 변화가 기체-액체 경계면과 무슨 상관인지 질문해보자. 이걸 이해하기 위해 〈그림 3〉의 파란 선을 따라 1→3 방향으로 압력을 서서히 높여주는 상황을 상상해보자. 보다 구체적으로는 투명한 유리병에 기체를 가득 채운 뒤 피스톤으로 눌러주는 상황을 상상해보면 되겠다. 처음 한동안은 육안으로 구분되는 변화가 없이 물질이 계속 기체 상태(1번 상태)를 유지한다. 이때는 입자들 사이의 거리가 충분히 멀어서 입자들 사이의 인력이 중요하지 않다. 중간 과정은 잠시 잊기로 하고, 피스톤을 완전히 압축하여 용기 내의 모든 입자들이 서로 뭉쳐 있을 정도, 즉 물질 전체가 액체 상태로 존재하는 것이 3번 상태에 해당한다.

그리고 그 중간에는 모든 입자가 서로의 인력을 거의 느끼지 못할 만큼 멀리 떨어져 있기에는 용기가 너무 작고, 모든 입자들이 오밀조

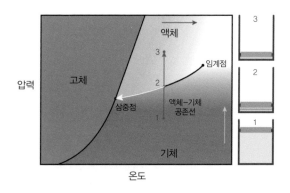

〈그림 3〉 고체-액체-기체 상전이 그림. 물질의 상태는 온도뿐 아니라 1-2-3에서처럼 일정한 온도에서 압력에 따라 달라지기도 한다.

밀 뭉쳐서 액체로 존재하기에는 용기가 너무 큰, 피스톤을 '애매하게' 압축한 구간이 존재한다. 이런 조건에서는 입자들 중 일부는 기체 상태를 유지하고, 일부 입자들은 서로 뭉쳐서 액체가 되어 두 상태가 공존한다. 이게 파란 선의 2번 점에 도달했을 때이다. 기체를 압축하여 압력을 높이다보면, 압력이 일정한 값에 도달했을 때 갑자기 유리병에 액체가 고이기 시작하는데, 이때 우리는 액체와 기체의 경계면을 눈으로 확인할 수 있다. 주어진 온도에서 이처럼 액체와 기체가 공존하는 압력값은 한 가지로 정해져 있다. 즉 액체와 기체가 공존하는 압력을 온도의 함수로 나타낼 수 있다. 온도-압력 상전이 그림에 이 함수를 표시한 곡선을 액체-기체 공존선이라고 한다. 액체-기체 공존선이 생기는 이유를 따져보면, 결국 입자 간의 상호작용 때문인데, 입자 간의 상호작용은 입자의 종류에 따라 다르므로 액체-기체 공존선의 정확한 모양은 물질에 따라 다르다. 그렇지만 압력이 일정할 때는 기체가 액체보다 온도가 높고, 온도가 일정하다면 액체가 기체보다 압력이 높다는 사실로부터 액체-기체 공존선은 온도-압력 상전이 그림에서 우상향의 모양을 띠어야 함을 짐작할 수 있고, 실제로 모든 물질에서 그러하다.

단 하나의 예외를 제외한 모든 물질은 온도가 충분히 낮아지면 고체로 바뀌기 때문에 〈그림 3〉의 상전이 그림과 같이 고체 상태가 액체-기체 공존선을 가로막는다. (그 한 가지 예외 물질에 대해서는 나중에 자세히 다루게 될 것이니 무엇인지 궁금하더라도 잠시 기다리자.) 이럴 때면 물질이 액체-기체 상태로만 공존하는 것이 아니라, 고체-액체-기체 세 가지 상태로 모두 공존할 수 있기에, 이를 물질의 삼중점이라고 한다. 압력과 온도에 따른 고체-액체-기체 상전이 그림의 개략적인 모양은 모두 비슷하지만 정확한 온도-압력 곡선은 물질마다 모두 다르다. 우리에게 가장 익숙한 물은 삼중점의 압력이 상압이라고 하는 1기압보다 낮기 때문에 섭씨로 영하의 온도에서부터 서서히 온도를 올리면 차례로 고체-액체-기체 상태가 관찰된다. 그렇지만 아이스크림을 포장할 때 종종 사용하는 드라이아이스의 원료인 이산화탄소는 삼중점이 1기압보다 높다. 그래서 우리가 생활하는 상압에서 온도를 올리면 고체 상태인 드라이아이스가 기체로 바뀌어 흔적도 없이 사라지는 것이다.

삼중점 반대 방향으로 액체-기체 공존선을 따라 온도와 압력을 계속 올리면 어떻게 될까? 제4의 물질 상태가 등장하는 대신 액체-기체 공존선이 끝나는 점이 하나 나오는데, 이를 임계점이라고 한다. 이 임계점은 왜 존재하고 이 지점에서는 무슨 일이 일어날까? 액체-기체 공존선에는 밀도 차이가 명확한 두 가지 물질 상태인 액체와 기체가 공존한다. 그렇지만 액체 상태라고 하더라도 〈그림 3〉의 빨간 화살표와 같이 압력을 일정하게 유지하면서 온도를 높이면 입자의 운동이 많아지고 그 결과로 액체의 밀도가 점점 낮아질 것이다. 또 같은 기체 상태라도 〈그림 3〉의 노란 화살표처럼 온도를 일정하게 유지하면서 압력을 높이면 밀도는 높아진다. 액체와 기체를 구분하는 특징이 밀도라고 볼 수 있지만, 충분히 높은 온도의 액체와 충분히 높은 압력의 기체는 밀도가 같아져 더 이상 구분이 불가능한 상태가 될 수 있다. 이렇게 밀도를 이용한 구분이 불가능해지는 지점이 바로 임계점이고, 임계점 이상의 압력과 온도에서는 앞서 언급한 기체와 액체 사이의 정확한 상변화가 일어나지 않고, 물질이 연속적으로 변화한다. 이는 〈그림 2〉에서 입자 사이에 상호작용이 없는 물질의 변화와 유사함을 알 수 있다. 이를 입자 사이의 인력으로 인한 에너지에 비해 온도와 압력으로 인한 에너지가 훨씬 크기 때문에 입자 사이의 상호작용이 크게 중요하지 않은 영역이라고 생각할 수도 있겠다.

몇몇 물질에서 이 임계점의 존재를 실험적으로 밝혀낸 이가 앤드루스이고, 입자의 크기와 입자 사이의 인력을 도입함으로써 우리가 중학교 때 배우는 이상기체 상태 방정식을 아주 살짝 수정한, 간단하다면 간단한 이론으로 임계점의 존재와 액체-기체 상전이를 설명해낸 이가 판데르발스이다.• 임계점의 발견을 통해 얻은 교훈은 기체가 액체로 바뀌는 과정을 관찰하려면 반드시 임계온도보다 낮은 온도에서 기체를 압축해야 한다는 점이다. 소위 '영구기체의 비밀'도 바로 이 임계온도에 숨어 있었다. 질소, 산소, 아르곤, 수소의 임계온도는 각각 섭씨 영하 147도, 영하 119도, 영하 122도, 영하 240도이니 상온에서 압축을 통해 이들 기체가 액체로 바뀌는 현상을 관찰할 수 있을 리 만무했다. 그 비슷한 시기에 개발된 제이컵 퍼킨스의 아이스 머신 정도로는 엄두도 낼 수 없는 온도였으니, 한동안 공기는 액체로 변하지 않는 영구 기체로 이루어졌다고 상상했을 법도 하다. 뒤집어 말하면 임계점의

• 어떤 용기 속에 들어 있는 기체의 부피와 압력 값을 곱하면 그 기체의 절대온도와 거의 정확하게 비례한다. 즉 그 비율, (부피×압력)/(절대온도)는 기체의 종류에 관계없이 일정한 상수 값을 가진다. 이런 관계를 만족하는 기체를 이상적인 기체, 즉 이상기체라고 부른다. 대부분의 기체가 상온에서 이 관계를 만족한다. 그러나 이 식만으로는 온도를 내렸을 때 기체가 액체로 바뀌는 현상을 설명할 수 없다. 이 점을 보완한 이론을 판데르발스가 만들었다.

존재와 그 의미를 깨닫고 나니, 공기를 우선 충분히 냉각한다면 액화도 가능할 것이라 상상할 수 있게 되었다. 그로 인해 시작된 공기 액화를 위한 경쟁은 급속한 냉각 기술의 발전을 이끌었다.

공기 액화의 길

열역학은 기묘한 방법으로 인간에게 냉각으로 향하는 길을 열어주었다. 압축을 통해 일단 새로운 액체를 만들고 나면 그 액체를 이용해 이전에는 도달할 수 없었던 온도까지 냉각할 방법이 생긴다. 목욕을 하고 난 뒤 몸이 젖은 상태에서 바람이 불면 몸이 시원해진다. 물이 기화될 때 주변(우리 몸)으로부터 기화열을 흡수하여 온도가 낮아지는 현상은 정온동물이 더울 때 땀을 흘려 체온을 유지하는 원리이기도 하다. 이와 같이 액체가 기체로 바뀔 때 주변으로부터 에너지를 흡수하는 현상은 모든 물질에서 공통적으로 나타나는데, 이를 이용한 냉각 기술을 기화 냉각evaporative cooling이라고 한다.

기화 냉각을 적극적으로 활용하는 방법은 액체를 담은 용기에 펌프를 연결하여 진공을 만들어주는 것이다. 액체가 담겨 있는 용기에 진공 펌프를 연결하면 용기 내부의 압력이 낮아지면서 액체의 일부가 순간적으로 기화되고, 기화열을 빼앗긴 나머지 액체의 온도는 낮아진다. 이런 기화 냉각법은 앞서 설명한 상전이 그림의 액체-기체 공존선을 이용하면 쉽게 이해할 수 있다. 액체가 담긴 용기의 압력을 낮추더라도 온도를 함께 낮출 수만 있다면 그 물질은 액체-기체 공존선을 벗어나지 않은 채 액체와 기체가 공존하는 상태를 유지할 수 있다. 액체-기체 공존선은 좌하향-우상향의 곡선이므로 그 선을 따라서 액체의 압력을 낮추면 〈그림 3〉의 하얀색 화살표를 따라 액체의 온도도 함께 낮아진다. 이런 기화 냉각법은 용기 내부의 액체가 모두 기화되거나, 상전이 그림의 삼중점을 만나 액체가 고체로 바뀔 때까지는 계속 물질에 적용할 수 있는 원리다.

임계온도가 상온보다 낮은 기체를 액화하는 데 이 원리가 어떻게 응용될 수 있을지 알아보자. 우선 임계온도는 상온보다 높고, 삼중온도는 상온보다 매우 낮은 기체를 하나 찾는다. 이를 물질 1이라고 하겠다. 이제 기체 상태의 물질 1에 압력을 가하여 액화시킨다. 그 후에 기화 냉각을 통해 물질 1의 온도를 삼중온도 근처까지 낮춘다. 이제 다른 물질 2가 있고, 이 물질의 임계온도는 상온보다 낮지만 물질 1의 삼중온도보다는 높다고 하자. 그럼 〈그림 4〉의 회색 영역처럼 두 물질의 액체-기체 공존선이 겹치는 온도 구간이 존재하게 된다. 이미 물질 1의 온도를 회색 영역까지 낮추었으므로, 물질 1과 접촉한 상태인 물

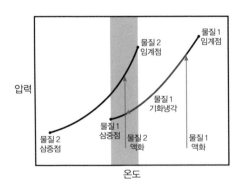

〈**그림 4**〉 단계 냉각법의 원리.

질 2의 온도도 회색 영역까지 저절로 낮아진다. 이제 충분한 압력을 가하기만 하면 물질 2는 액화되리라는 것이 상전이 그림만 봐도 자명해진다. 적당한 물질을 찾아서 이런 과정을 반복적으로 수행하면 임계온도가 매우 낮은 물질도 액화시키는 것이 가능한데, 이런 냉각 기법을 단계 냉각법cascade cooling이라 한다.

단계 냉각법을 적절히 활용한 덕분에 1877년 스위스의 라울 픽테와 프랑스의 루이 카유테는 처음으로 산소를 섭씨 영하 183도에서 액화하는 데 성공했다. 공기의 20퍼센트 정도를 액화하는 데 성공한 셈이다. 1883년, 폴란드의 지그문트 브루블레브스키와 카롤 올스제브스키가 질소 액화(액화점 영하 196도)에 성공함으로써 인류는 공기의 99퍼센트 이상을 액체로 만들 수 있게 되었다. 산소를 액화하기까지 라부아지에 사후 거의 100년, 데이비와 패러데이가 염소를 액화한 뒤로 50년 이상이 걸렸지만, 그 이후 질소를 액화하는 데에는 불과 6년

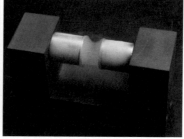

〈그림 5〉 기체 산소를 액체 질소 온도의 삼각 플라스크 안에 압축하여 산소를 포집하는 장면. 플라스크 안에 푸른색을 띠는 액체가 모여 있다.(왼쪽) 자석에 붙은 액체 산소. 산소 분자에는 쌍을 이루지 않는 2개의 전자가 있는데, 이 전자들로 인해 자석은 상자성을 띠고 자석에 붙는다. 이 두 전자의 흡수 스펙트럼을 살펴보면 장파장 영역의 가시광선을 흡수하는데, 산소 분자의 밀도가 충분히 높은 액체 상태에서는 푸른 빛을 띠는 것이 눈에 띈다.(오른쪽)

도 채 걸리지 않은 것을 보면, 산소 액화가 '영구기체'를 액화하는 데 얼마나 결정적인 역할을 했는지 알 수 있다.

그런 의미에서 산소 액화의 성공은 완전히 새로운 종류의 액체를 만들 수 있을 거라는 라부아지에의 꿈이 실현되는 순간이었다고도 할 수 있다. 액체 산소는 라부아지에의 상상을 초월하는 신기한 액체다. 액체 산소는 〈그림 5〉의 왼쪽에서 볼 수 있는 것과 같이 오묘한 푸른 빛을 띤다. 또한 〈그림 5〉의 오른쪽처럼 자석을 갖다 대면 액체 산소가 자석에 달라붙는다(이런 성질을 '상자성'이라고 부른다). 마지막으로 산소는 연소의 3요소로* 꼽히는 반응성이 높은 물질인 만큼, 밀도가 높은 액체 산소도 엄청난 반응성을 보인다. 공기 중에서는 어지간해서 불이 붙지 않는 철수세미에 액체 산소를 부은 뒤 불을 붙이면 활활 탄다. 필자도 대학원 시절에 친구들과 직접 시도해본 적이 있는데, 필자의 대학원 지도교수님이 수업 시간에 이를 시연하다가 강의대에 구멍을 뚫었다는 이야기가 도시 괴담처럼 전해져 내려오고 있다. 그에 비하면 액체 질소는 굉장히 차갑다는 것 외에 별다른 특징이 없다. 그렇지만 질소가 공기의 80퍼센트를 차지하는 대단히 안정적인 물질이고, 공기는 우리 주변에 어디나 있다는 점 자체가 특징이기도 하다. 액체 질소 1리터의 가격은 몇백 원 수준으로 생수보다도 싸고, 대단히 안정적인 물질이다보니 다른 물질을 섭씨 영하 200도 가까이 냉각시키기 위한 저온 냉매로 오늘날 널리 사용되고 있다.

- 연소의 3요소는 연소할 물질, 공기(정확히 말하면 공기 중에 있는 산소), 그리고 연소가 일어나기에 충분한 온도다.

세상에서 가장 차가운 액체

19세기 말 과학계의 가장 중요한 과제 중 하나는 질소와 산소뿐만 아니라 존재하는 모든 기체를 액화하는 것이었는데, 일단 원리를 깨닫고 나자 나머지 기체를 액체로 만드는 일은 시간 문제처럼 보였다. 당시에 이미 잘 알려진 사실은 가벼운 원자나 분자로 만들어진 액체일수록 끓는 점이 낮다는 것이었다. 게다가 끓는 점이 유난히 낮은 불활성 기체의 존재에 대해서는 1890년대 중후반까지도 아무도 몰랐기 때문에, 많은 이들이 생각한 영구기체 액화의 종착역은 수소였다. 막상 수소를 액화하는 데는 큰 장애물이 있었다. 당시 단계 냉각 기술로 도달할 수 있는 가장 낮은 온도는 대략 섭씨 영하 220도 정도였는데 수소의 임계온도는 영하 240도로 이보다 20도가량 낮았다. 따라서 냉각과 압축만을 반복하는 단계 냉각으로 수소를 액화할 수는 없었다. 영하 220도에서 영하 240도까지 온도를 내려 액화 수소를 만들려면 새로운 방법이 필요했다.

당시에 이미 줄-톰슨Joule-Thomson 효과를 이용하면 기체의 온도가 낮아진다는 것이 알려져 있었기 때문에 영하 220도에서 출발하여 줄-톰슨 효과를 통해 수소를 액화하려는 시도가 있었다. 압력이 높은 기체가 좁은 노즐을 통과하면서 압력이 낮은 영역으로 빠져나오면 기체가 팽창한다. 이때 압력이 높은 기체가 압축되는 과정에서 외부에서 기체에 일을 해준 셈이고, 압력이 낮은 쪽 기체는 팽창하는 과정에서 반대로 외부에 일을 해준다. 이때 기체가 받은 일과 해준 일의 차이, 즉 알짜 일의 양이 얼마냐에 따라 기체의 온도가 변화하는 현상을 줄-톰슨 효과라 한다. 입자의 상호작용이 없는 이상기체에서 이 알짜 일의 양은 항상 0이라 기체의 온도 변화가 없다. 앞서 언급한 것처럼 실제로 기체 입자 사이에는 약간의 인력이 있는데, 기체가 팽창할 때는 이 인력을 극복하기 위해 기체가 알짜 일을 해야만 하고, 그 결과 기체의 온도가 내려간다. 자전거 바퀴에서 바람을 빼거나, 컴퓨터/전자제품 청소용 깡통을 사용해본 사람이라면 바람이 빠지는 과정에서 자전거 바퀴나 깡통이 차가워지는 걸 경험했을 것이고, 이미 줄-톰슨 효과를 체험한 셈이다.

문제는 또 있었다. 줄-톰슨 효과로 수소를 영하 240도까지 냉각해 액체로 만들더라도, 차갑디 차가운 수소 액체를 모아둘 용기를 충분히 낮은 온도로 냉각시키는 것이 어려웠다. 액체 방울이 된 수소가 뜨거운 용기에 닿는 순간 다시 증발해버리고 말았다. 이 문제를 해결한 이는 스코틀랜드의 화학자 제임스 듀어였다. 픽테와 카유테가 산소 액화에 성공한 해에 듀어는 영국 왕립연구소Royal Institution의 풀러 석좌교수로 임명되어 패러데이의 성공적인 업적을 이어갔다.* 듀어는 1892년 유리로 된 최초의 진공 보온병을 개발하여 외부에서 용기로 들어오는 열을 차단하였고, 1898년에는 줄-톰슨 효과를 이용해 수소를 액화(액화점 섭씨 영하 253도)하는 데 성공한다. 듀어의 이름을 따서 실험실에서 사용하는 대형 저온 액체 보관 용기를 아직도 '듀어'라고 한다. 하지만 대중에게는 진공 보온병이 '서모스Thermos'라는 이름으로 더 익

---

* 영국 왕립연구소는 과학 연구 활동뿐 아니라 과학 지식을 대중에게 전달하는 역할도 앞장서는 곳으로 유명하다. 연구소의 풀러 석좌 화학 교수로 임명된 최초의 인물이 마이클 패러데이다.

숙할 것 같다. 듀어는 자신이 개발한 진공 보온병에 대해 과학적 실험 도구 이상으로서의 중요성을 알아채지 못하고 특허 등록을 하지 않았다. 반면 독일인 유리 세공인 두 명이 이 기술을 이용하여 회사를 차렸는데, 그 회사가 바로 서모스다. 듀어는 뒤늦게 서모스를 상대로 소송을 했지만 등록해놓은 특허가 없었기에 패소하였고, 결국 자신의 위대한 발명품으로 돈은 한 푼도 벌지 못했다.

이제 인류가 액체와 고체로 만들지 못한 마지막 기체는 1895년 이후에 발견된 헬륨, 네온, 아르곤 등의 불활성 기체들 몇 개뿐이었다.** 아르곤과 네온의 액화점은 수소보다 높기 때문에 크게 어려움이 없었지만 헬륨은 (그 원자량이 수소의 분자량보다 큼에도 불구하고) 쉽게 액화되지 않았다. 이상기체는 온도를 내려도 기체 상태로 남아 있어야 하지만 실제 온도를 내렸을 때 기체가 액화되는 이유는 여러 차례 언급했듯이 기체 입자들 사이에 인력이 존재하기 때문이다. 그러나 헬륨은 불활성 기체, 즉 활성이 없는 기체라는 이름이 암시하듯 입자 간의 상호작용이 매우 약하므로 쉽사리 액화되지 않는다. 즉 헬륨 기체의 액화 온도는 매우 낮을 것이라 예상할 수 있었다. 수소 액화를 선점한 듀어는 헬륨 액화도 본인이 해낼 수 있을 것이란 자신감이 있었다. 그렇지만 정작 헬륨 액화에 처음으로 성공한 것은 네덜란드의 카메를링 오너스로 1908년에 액체 수소보다 15도 이상 낮은 영하 269도에서

** 주기율표의 가장 오른쪽 칸을 차지하는 원소들이 기체 형태로 존재할 때 이를 불활성 기체라고 한다. 원자 속 전자들이 최외각 궤도를 꽉 채우고 있어서 다른 원자와 상호작용을 거의 하지 않기 때문에 '불활성'이란 이름이 붙었다.

헬륨을 액화하는 데 성공하였다. 더욱 놀라운 것은 오너스의 성공 이후 무려 15년간 아무도 헬륨을 액화하는 데 성공하지 못하면서, 헬륨 액화 기술을 오너스의 연구실에서 독점했다는 사실이다. 심지어 1923년에 두 번째로 헬륨 액화에 성공한 토론토대학교의 존 맥레넌도 오너스에게 대량의 기체 헬륨을 넘겨주고 그 대가로 오너스의 설계도를 넘겨받아 헬륨 액화기를 제작하는 데 성공했다고 한다. 오늘날 어떤 연구실에서 개발한 기술을 15년 동안 독점한다는 것은 도저히 상상할 수 없다. 어째서 이런 일이 가능했을까?

이에 대해서는 대개 두 가지 이유를 중요하게 꼽는다. 첫 번째는 당시 오너스를 돕던 숙련된 기술자 집단이었다. 단계 냉각과 줄-톰슨 효과를 이용해 기체를 액화하려면 기체에 높은 압력을 가할 수 있는 가압 기술, 압축을 통해 생성된 액체의 압력을 낮춰 기화 냉각을 유도하기 위한 진공 기술, 영하 200도 이하의 온도를 유지할 수 있는 단열 기술 등이 복합적으로 필요하다. 당시 단열 기술의 핵심은 듀어의 진공 보온병이었는데, 그 당시 기술력의 한계로 보온병을 유리로 만들 수밖에 없었다. 유리로 만든 용기에 엄청난 압력을 가하고, 그 내부를 진공으로 유지하는 공정을 거쳐야 한다는 게 얼마나 어려울지 실험실에서 일해본 사람이라면 상상이 가능할 것이다.

게다가 당시에 단계 냉각을 위해 사용된 아세틸렌 등은 가연성 물질로서 기체 상태에서도 충분히 위험한데, 고밀도 액체 상태로 포집하고 이를 바탕으로 (연소의 3대 요소 중 하나인) 산소마저 고밀도 액체로 만드는 과정에는 온갖 위험이 도사리고 있었다. 실제로 듀어의 실험실에서 발생한 폭발 사고로 그의 오른팔이었던 로버트 레녹스는 한쪽 눈을 실명하기까지 했다. 이처럼 저온 기체 액화 실험을 당시 기술 수준에서 수행하려면 공장 규모의 인력과 설비가 필요했는데, 아무리 뛰어난 실험가라고 하더라도 이런 기술과 장비들을 한 사람이 모두 숙련되게 익혀서 운용하기는 불가능하였다.

그 당시 유럽 대부분의 대학은 이런 대규모 실험 설비와 인력의 중요성을 이해하지 못했다. 수소 액화에 최초로 성공하면서 유리한 고지를 선점한 것은 듀어였지만, 약간의 수소를 액화하는 데 성공하는 것과 헬륨 액화를 위한 예비 냉매pre-cooling agent로 사용할 수 있을 정도로 대량의 수소를 액화하는 것은 전혀 다른 문제였다. 듀어에게는 자신의 성공을 대규모로 확장할 여력과 환경이 주어지지 않았다. 듀어의 조수인 레녹스는 매우 훌륭한 기술자였지만, 그 외에는 그를 도와줄 수 있는 사람이 많지 않았다. 게다가 듀어는 그런 레녹스와의 관계마저도 잘 유지하지 못하였다. 급기야 오너스가 헬륨 액화에 성공한 이후로 두 사람의 관계는 급속도로 악화되었고, 레녹스는 듀어가 왕립연구소에 있는 한 그곳에서 어떤 일도 하지 않겠다며 떠났다고 한다. 듀어는 실험을 제대로 하기 위해서 거의 모든 것을 직접 관장해야만 했던 고충을 토로하기도 했다.

그에 반해 오너스는 헤릿 플림이 이끄는 (당시 그들이 입고 있던 푸른 복장 때문에) '푸른 소년들blauwe jongen'이라고 불린 숙련 기술자들을 한 부대 데리고 있었다. 이들은 기체 액화 기술의 난이도를 충분히 인지한 오너스가 1880년대부터 공들여 양성한 젊고 잘 훈련된 기술자들이었는데, 1898년에는 16명이었던 푸른 소년들이 1904년에는 32명으로 늘어났다. 이들은 고압/진공 장비 및 부품의 관리 및 개조를 맡았고, 그 외에 오스카 케셀링처럼 유리를 불어서 원하는 형태의 용기를 만드는 솜씨 좋은 유리 직공들의 역할도 필수적이었다. 본인이 마주한 과업의 규모와 범위를 파악하고 이에 따라 인력을 키워낼 수 있었던 오너스의 선견지명도 놀랍지만, 이런 그의 노력을 묵묵히 지원해준 라이덴대학교의 풍토 역시 상당히 놀랍다. 기체 액화 이론의 선구자였던 판데르발스가 당시 라이덴대학교에 함께 있었다는 점 역시 이를 가능케 해준 요인이 아니었을까 싶다.

　오너스의 독점적인 성공의 두 번째 이유는 액화할 양질의 헬륨을 확보할 수 있었다는 데 있다. 이 점에서 듀어가 훨씬 유리한 위치를 차지할 수도 있었지만 그러지 못했다. 1895년 헬륨의 존재를 최초로 발견한 화학자는 스코틀랜드 출신의 윌리엄 램지였는데, 헬륨을 효과적으로 정제하려면 저온 액화기가 필요했다. 램지가 제임스 듀어에게 도움을 청했더라면 듀어가 헬륨을 액화하는 데 엄청난 우군이 될 수 있었지만, 불행히도 듀어와 램지는 사이가 매우 나빴고, 램지는 윌리엄 햄슨과의 협력을 선택했다. 햄슨은 대량으로 기체를 액화할 수 있는, 오늘날 린데-햄슨 순환 방식으로 알려진 방법을 개발한 냉각 액화 기술의 전문가였지만, 그의 관심사는 더 낮은 온도에 도달하는 것보다는 더 효율적인 액화 기술 개발이었고, 그가 헬륨 액화에 관심을 가졌던 것 같지는 않다. 그러는 사이에 카메를링 오너스는 그의 동생 오노 오너스의 협조로 다량의 헬륨을 확보하는 데 성공했다. 당시 네덜란드 정부기관의 고위 공직자였던 온노 오너스는 형에게 미국 노스캐롤라이나에서 생산된 다량의 모나자이트를 구해주었고, 카메를링 오너스는 이 모나자이트로부터 약 300리터의 기체 헬륨을 추출해내는 데 성공했다. 그 결과 헬륨 액화 경쟁은 오너스의 압도적인 승리로 끝이 난다. 또 한 가지 아이러니는 램지가 헬륨을 발견한 시점이 영구기체를 액화하기 위한 경주가 끝을 향해 가던 1895년이었는데, 이 시기에 그가 헬륨을 발견하지 못했더라면, 즉 헬륨이 존재하지 않았더라면 마지막 남은 영구기체인 수소를 액화한 영광은 듀어에게 돌아갔을 것이라는 사실이다. 램지와 듀어의 악연은 여러모로 얄궂다. 하지만 역사에 만약은 없는 법이고, 오너스마저도 듀어의 진공 용기 개발이 저온 액화 기술의 핵심이었다고 인정했음에도, 저온 물리학의 역사는 듀어가 아니라 오너스와 함께 시작되었다고 인정받고 있다.

그 이유는 오너스의 업적이 단순히 액화할 수 있는 가장 낮은 온도의 물질을 액체로 만드는 데 성공한 것에 그치지 않았기 때문이다. 오너스가 이룬 업적의 중요성이 그 정도뿐이었다면, 그가 헬륨 액화 기술을 15년 동안이나 독점했다는 사실도 그다지 놀라울 게 없었을 것이다. 헬륨 액화는 그저 호기심 많은 과학자 무리 사이에서 벌어진 '쓸데없는 일'이었고, 누군가 고지를 점령한 순간 더 이상 그 길을 따라가야 할 이유가 없는 일이었을 테니까. 하지만 오너스의 헬륨 액화와 함께 마무리되었어야 할 라부아지에의 꿈은 그와 동시에 역사적 전환점을 맞이한다. 이 전환점은 양자역학과 밀접하게 연결되어 있는 만큼, 양자역학에 대해 간단한 소개가 필요할 듯하다.

양자역학이라고 하면 흔히 원자 같은 미시적인 개체에만 적용되는 물리 법칙이라고 생각하기 쉽다. 위키피디아조차도 양자역학을 "원자나 그보다 작은 입자들의 자연 현상을 기술하기 위한 물리학 이론"이라고 정의하고 있다. 그러나 막상 양자역학 이론이 가장 먼저 성공적으로 적용된 사례는 우리 눈에 보이는 거시적인 물체가 내뿜는 빛의 스펙트럼 밀도(파장에 따라 방출되는 빛의 양을 표현하는 물리량)를 이론적으로 설명한 막스 플랑크의 흑체 복사 법칙이니, 거시적인 물체라고 해서 양자역학이 적용되지 않는 것은 아니다. 다만 흑체 복사의 경우를 제외하면 일상에서 양자역학적 효과가 눈에 잘 띄지 않을 뿐이다.

왜 그럴까? 이를 이해하기 위해 '상자 속 입자particle in a box'라고 부르는 간단한 양자역학 문제를 하나 풀어보자. 평평한 1차원 공간의 양 끝에 벽을 세워놓고, 입자 1개를 그 사이에 넣는다. 두 벽 사이에서 운동하는 입자의 에너지는 고전 물리학에 따르면 아무 에너지나 다 가능하다. 질량 m짜리 입자는 두 벽 사이에서 임의의 속력 v로 왕복 운동을 할 수 있고, $\frac{mv^2}{2}$으로 주어지는 운동에너지를 가진다. 그런데 양자역학적인 답은 사뭇 다르다. 양자역학적 입자는 벽 사이를 단순 왕복 운동을 하는 대신에 특정 위치에서 발견될 확률 분포로 존재한다. 이 확률 분포를 기술하는 것이 양자역학의 파동함수이고, 입자의 상태를 파동 형태로 표시할 수 있다는 게 바로 입자-파동의 이중성이다. 꽉 막힌 벽 사이에 존재하는 입자의 파동함수를 풀어보면 〈그림 6〉과 같이 양쪽이 고정된 고무줄의 진동 형태와 같은 모양이 나온다. 고무줄의 길이가 L이라고 하면, 파장의 길이가 2L, $\frac{2L}{3}$, $\frac{2L}{4}$, … 즉 길이 2L을 정수로 나눈 파장의 정상파 형태만 존재 가능하다. 불연속적인 파장의 파동만 상자 속에 존재할 수 있다는 것은 (파동-입자의 이중성에 따라) 입자가 가질 수 있는 에너지 역시 띄엄띄엄, 불연속적임을 의미한다. 상자의 크기, 즉 L이 작아질수록 입자가 가질 수 있는 에너지 값 사이의 간격이 커진다는 점도 양자역학의 특징이다.

띄엄띄엄한 양자역학적 에너지 준위의 효과가 드러나게 하려면 어떤 조건이 필요할까? 여기서 등장하는 중요한 고려 대상이 바로 온도다. 모든 물리학적 대상('물리계'라고 부른다)은 주변 환경과 상호작용할 수밖에 없는데, 상호작용 중 하나는 주변 환경과 에너지를 주고받는 일이다. 물리계가 주변 환경과 주고받는 에너지의 양은 온도가 높을수록 많아지고 절대온도 T에 비례하는 열적 에너지의 교환이 일어난다. 온도가 아주 낮을 때는 주변 환경으로부터 받아들이는 에너지의 양도 적다보니 입자는 물리계가 허용하는 양자역학적 에너지 준위 중 가장 낮은 몇 개 정도만 점유하게 된다. 반면 온도가 아주 높아지면 물리계의 에너지도 덩달아 높아지면서 수많은 양자역학적 에너지 준위에 입자들이 골고루 분포한다. 매우 많은 양자역학적 에너지 준위에

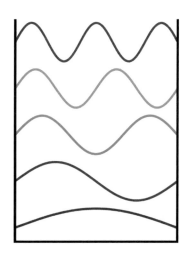

〈그림 6〉 1차원 상자 안에 갇혀 있는 입자의 파동.

입자가 다 차 있다보면 에너지 준위 하나하나의 정확한 값은 더이상 중요하지 않고, 에너지 준위가 불연속적이란 사실도 큰 의미가 없다. 작은 가구를 조립할 때는 1밀리미터의 오차도 허용이 안 되겠지만 커다란 건축물을 세울 때는 그 정도 차이를 무시할 수 있는 것과 비슷한 이치다.

물리학자가 온도가 낮은지 높은지 판단하는 기준은 결국 온도에 따른 열적 에너지와 물리계가 갖고 있는 고유한 양자역학적 에너지 준위의 간격을 비교함으로써 얻을 수 있다. 예를 들어 원자 속 전자가 갖는 에너지 준위의 간극에 비해 상온인 300K에 해당하는 열적 에너지는 열 배쯤 작다. 그 덕분에 상온에서도 원자 속 전자의 개별적 에너지 준위로 인한 양자역학적 현상이 잘 드러난다. 우리가 일상에서 보는 물건이 다 뚜렷한 색깔을 가질 수 있는 이유도 이와 무관하지 않다. 훨씬 뜨거운 온도에서는 전자가 온갖 종류의 에너지 준위를 다 가질 수 있기 때문에 에너지 차이도 제각각, 원자가 방사하는 빛의 색깔도 제각각이 될 것이고 세상은 온통 영롱한 무지갯빛으로 변할 것이다.

물리계의 크기가 커짐에 따라 양자역학적 에너지 준위 사이의 간격이 줄어들고 매우 많은 양자역학적 에너지 준위가 물질의 거동에 관여하게 되기 때문에 개별적인 에너지 준위의 의미와 중요성이 사라진다. 온도가 높다고 해서 물질이 갖고 있는 양자역학적 본질 자체가 달라지는 것은 아니지만, 우리가 관측할 수 있는 물질의 물성이나 거동에서는 그 모습을 드러내지 않게 된다. 역으로 이런 거시적인 물리계의 양자역학적 현상을 복구하기 위해서는 온도를 낮춰야만 한다. 세상에 존재하는 모든 기체를 액체로 만들고자 했던 한 무리의 과학자들은 양자역학에 대해 아무것도 몰랐지만 결과적으로 양자역학적 비밀을 풀어낼 단서를 제공한 셈이다. 헬륨 기체를 액화하는 데 성공한 카메를링 오너스는 거시적 물리계에서 나타나는 양자역학적 현상을 두 가지나 발견했는데, 그중 하나가 초전도체이고 다른 하나는 얼지 않는 액체, 초액체다.

저항이 없는 도체

초전도체는 영어 'superconductor'를 직역한 용어로 최고의 전도체, 즉 전기 저항이 전혀 없는 전도체를 말한다. 오너스가 이를 발견한 과정은 우연과 행운으로 가득 차 있다. 그 당시는 절대영도란 개념이 정립된 지 얼마 안 된 시기였고, 도체의 온도를 절대영도에 가깝게 낮추면 전기 저항이 어떻게 변할지가 학계의 주요 관심사였다. 크게 세 가지 예측이 있었는데 우선 실험적 관측을 바탕으로 아우구스투스 매티슨이 제안했던 매티슨 규칙Matthiessen's rule이 있었다. 매티슨 규칙의 핵심은 고체의 저항값 중 일부는 고체 자체의 내재적 특성으로 결정되지만, 고체 속에 섞여 들어간 불순물impurities과 결함이 결정하는 부분도 있다는 것이다. 도체 내의 전자들끼리 서로 충돌하여 발생하는 순수한 도체의 전기 저항은 온도를 낮추다보면 점점 줄어들더라도, 불순물과 결함은 온도를 낮춘다고 새로 생겨나거나 사라지지 않기 때문에 이로 인한 전기 저항은 온도와 무관할 것이다. 따라서 실제 금속처럼 불순물이나 결함이 존재하는 불완전한 물질은 아주 낮은 온도에서도 이것들로 인한 저항이 남아 있을 것이라는 게 매티슨의 생각이었다.

반면 제임스 듀어(수소 액화에 최초로 성공한 바로 그 듀어)는 매티슨 규칙이 적용되지 않는 도체를 만들 수 있을 것이고, 온도를 충분히 낮추면 전기 저항도 결국 완벽히 사라질 것이라고 생각했다. 그와 정반대로 윌리엄 톰슨 켈빈처럼 온도를 낮추면 도체 내의 전자들도 얼어붙어서 고체가 될 것이고, 그러면 전자가 움직일 수 없으니까 전기 저항이 오히려 커져야 한다고 생각한 이들도 있었다.

각각의 주장은 충분히 그럴듯했고, 오너스는 세상에서 가장 낮은 온도에 도달할 수 있는 기계를 갖고 이런 문제에 도전해볼 특권을 갖고 있었다. 전기 전도도가 좋기로 잘 알려진 구리, 금, 은이나 귀금속인 백금으로 실험을 했을 때는 온도를 낮추어도 전기 저항이 여전히 남아 있어 매티슨 규칙을 벗어나지 않는 듯한 결과를 얻었다. 듀어가 상상했던 완전무결한 금속이나 켈빈이 상상했던 전자가 고체로 얼어버리는 물질의 상태는 존재하지 않는 듯했다. 1911년 수은 금속을 갖고 실험했더니 아무도 상상하지 못한 일이 벌어졌다. 섭씨 영하 269도(흥미롭게도 헬륨의 액화 온도와 매우 비슷하다)에서 갑자기 전기 저항이 정확히 0으로 떨어지는 현상이 관측된 것이다. 초전도체의 발견이었다. 왜 하필 수은이었을까? 수은은 전기 전도도가 특별히 좋은 금속도 아니다. 게다가 수은은 상온에서 액체 상태로 존재하기 때문에 유리관에 액체 수은을 담아서 저온 실험을 해야 하는데, 냉각 과정에서 유리관이 수축하다가 그만 깨질 수도 있고, 진공을 만드는 과정에서 유리관 속의 수은 증기가 새어나올 여지도 있었다. 애초에 고체로 존재하는 다른 금속에 비해 훨씬 실험이 난해함에도 불구하고 굳이 수은을 선택한 이유는 무엇이었을까?

그 답은 매티슨 규칙과 듀어의 주장 사이에 숨어 있다. 매티슨 규칙이 가정한 불순물 효과를 제거하려면 금속에 섞여 있는 불순물을 줄여야 한다. 이에 대한 오너스의 응답은 녹는점이 낮은 금속을 이용하자는 것이었다. 금속을 정제해서 불순물을 제거하려면 우선 금속을 녹여야 하는데 녹는점이 높은 금속은 용해 과정에서 필연적으로 산소 등의 기체가 녹아 들어간다. 뒤집어 말하면, 다른 물질은 녹지 않는 온도에서 이미 액체 상태로 존재하는 금속이라면 상대적으로 정제가 쉽고, 높은 순도의 금속을 얻을 수 있다는 논리였다. 매티슨 규칙을 벗어날 수 있는 가장 유리한 물질은 상온에서 액체 상태로 존재하는 유일한 금속, 수은이었다! 이렇게 선택된 수은의 초전도 발현 온도가 하필 섭씨 영하 269도였던 것 역시 행운이 아닐 수 없다. 단일 원소로 된 금속 중 대기압에서 초전도 현상이 나타나는 물질은 29개가 있는데, 이 중에서 15개의 물질은 초전도 발현 온도가 영하 271도보다 낮아서 그 당시의 오너스조차 도달할 수 없었다. 수은은 29개 물질 중 초전도 발현 온도가 다행히도 8번째로 높은 물질이니, 다른 많은 중요한 발견과 마찬가지로 우연에 우연이 겹쳐 초전도체의 발견이 이뤄진 셈이다. 수은의 초전도 발현 온도가 조금만 더 낮았더라면 초전도체 발견은 훨씬 더 뒤로 미뤄졌을지도 모를 일이다. 초전도체의 발견과 더불어 오너스가 발견한 또 한 가지 흥미로운 현상은 얼지 않는 액체를 찾은 것이다.

얼지 않는 액체

헬륨을 액화한 것을 끝으로 모든 기체는 충분히 차갑게 만들면 액체로 변한다는 사실이 확인되었다. 마찬가지로 액체를 충분히 차갑게 만들면 고체가 될까? 오너스는 헬륨을 액화한 이래로 줄곧 액체 헬륨을 '얼리는' 일에 관심을 가졌다. 헬륨도 기화 냉각을 하다보면 액체-기체 공존선을 따라가다 삼중점을 만나 얼어붙으리라는 것이 오너스의 예측이었다. 공교롭게도 영하 271도 아래로 온도를 내려도 헬륨은 얼지 않았다. 앞에서 온도를 낮춰도 고체가 되지 않는 물질이 단 하나 있다고 했는데, 그것이 바로 헬륨이다. 그리고 이 단서를 가장 먼저 발견한 것 역시 오너스였다. 비록 영구기체는 자연에 존재하지 않지만 영구 액체는 존재하는 셈이다. 참고로 수은의 초전도 발현 온도는 액체 헬륨의 액화점 온도와 거의 같기 때문에 헬륨을 액화점 이하로 충분히 낮춰야만 수은의 저항이 0으로 떨어지고, 계속 저항이 0인 상태를 안정적으로 유지한다는 사실을 확인할 수 있다. 즉 초전도체 발견을 위해서는 헬륨 액화 온도보다 훨씬 낮은 온도에 도달하는 기술이 필요했는데, 이는 오너스가 헬륨을 얼리고자 했던 시도 덕분에 가능했다고도 볼 수 있겠다.

오너스가 발견한 얼지 않는 헬륨에는 (초전도 발전의 기폭제 역할 외에도) 그 자체로 중요한 특성이 숨어 있다. 헬륨이 얼지 않는 이유는 두 가지 조건이 맞아떨어지기 때문이다. 하나는 주기율표에서 두 번째로 등장하는 매우 가벼운 원자가 모여 만들어졌다는 점, 다른 하나는 주기율표에서 가장 우측 열에 존재하는 비활성 물질, 즉 원자와 원자 사이의 상호작용이 매우 약한 물질이라는 점이다.

양자역학의 불확정성 원리로 인해 입자는 가장 낮은 에너지 상태에서도 가만히 있지 못하고 영점 운동zero-point motion이란 것을 한다. 고전

역학에서는 물질이 운동량을 갖지 않고 제자리에 얼어 있을 수 있다. 그렇지만 입자가 아무런 운동량을 갖지 않고 한 자리에 고정되어 있다면 입자의 운동량과 위치를 동시에 알게 되는 셈이 되고, 이는 불확정성 원리에 위배된다. 따라서 양자역학에 의하면 절대영도에서도 입자는 운동량이 요동치는 약간의 운동을 해야 하는데, 이를 영점 운동이라고 한다. 헬륨 원자는 매우 가볍다보니 양자역학적인 영점 운동이 매우 큰 반면 원자간 상호작용은 작아서 영점 운동을 구속할 만한 다른 힘이 없다. 그 결과 절대영도에서조차 헬륨 원자들을 제자리에 묶어둘 수가 없고 고체 대신 액체 상태로 존재한다. 양자역학적 특성인 영점 운동이 절대영도 근방의 특성을 지배하는 액체라는 의미로 액체 헬륨을 양자 액체 또는 양자 유체라고 한다.*

양자 액체의 특성은 단순히 절대영도에서도 고체가 되지 않는다는 사실에 그치지 않았다. 액화를 통해 헬륨을 절대온도 4.2도까지 냉각하는 데 성공한 오너스는 기화 냉각을 통해 온도를 더욱 낮추면서 액체 헬륨의 밀도와 유전율, 비열 등 다양한 특성을 측정하였다. 그 과정에서 특이한 현상을 관측했는데 이런 물리량이 모두 절대온도 2.2도 근방에서 뾰족한 최댓값을 가진다는 점이었다. 오너스는 이게 특이하다고 생각했고, 빌럼 케이솜과 미에치스와프 볼프케는 액체 헬륨이 이 온도에서 모종의 상전이를 거친다는 결론을 내렸다. 그렇지만 이미 액체가 되어버린 헬륨이 또 다른 액체로 상전이한다는 게 어떤 의미인

---

* 헬륨이 절대로 고체가 되지 않는다는 뜻은 아니고, 절대영도에서 약 30기압의 높은 압력을 가함으로써 헬륨 원자의 영점 운동을 강제로 억제하면 고체로 만들 수 있다.

지 정확히 파악하지 못했고, 그저 막연하게 상전이 온도 위의 액체를 헬륨 I, 그 아래 온도에 존재하는 액체를 헬륨 II라고 불렀다. 비열의 경우 상전이 온도 근방에서 거의 발산하다시피 급격히 증가하는 양상을 보이는데, x축을 온도, y축을 비열로 놓고 그린 그래프의 개형이 〈그림 7〉에서와 같이 그리스 문자 람다(λ)를 닮았다고 하여 액체 헬륨의 상전이 온도를 람다점λ point이라고도 한다.

그다음 질문이 무엇인지는 자명하다. 절대온도 2.2도에서는 과연 무슨 일이 벌어지는가? 이에 대한 정확한 해답을 주는 건 아니지만, 한 가지 단서를 주는 개념이 드브로이의 물질파matter wave 개념이다. 광전 효과를 통해 빛에 대한 입자-파동의 이중성이 증명된 이후에, 루이 드브로이는 빛만이 아니라 물질도 입자와 파동의 이중성을 띨 수 있다고 제안하였다. 그리고 온도가 낮아질수록 드브로이의 물질 파장은 길어진다. 액체 헬륨을 구성하는 헬륨 원자 사이의 평균 거리를 이 파장과 비교해볼 수 있다. 온도가 높으면 입자간 거리에 비해 드브로이 물질파가 짧기 때문에 물질의 파동성에 기반한 양자역학적 특성을 고려

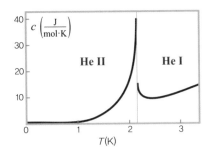

〈**그림 7**〉 람다 상전이 모습.

하지 않아도 된다. 하지만 온도가 낮아지면 드브로이 파장이 길어지면서 입자간 거리와 비슷해지거나 이보다 길어지게 되고 물질의 특성을 기술할 때 양자역학이 중요해진다.

글의 초반에 물질의 에너지 준위를 예로 들면서 온도가 낮을수록 물질의 양자역학적 특성이 중요해진다고 한 주장과도 일맥상통한다. 드브로이 물질 파장의 공식에 헬륨 원자의 질량값을 대입해보면 절대온도 약 3도 근방에서 드브로이 물질 파장이 액체 헬륨의 헬륨 원자간 거리와 비슷해진다. 이로부터 절대온도 2.2도에서 나타나는 액체 헬륨의 상전이는 액체 헬륨의 양자역학적 특성이 중요해지기 때문에 벌어지는 현상일 것이라고 짐작할 수 있다.

헬륨 II의 정체가 제대로 밝혀진 것은 1937년이다. 모스크바에 있는 물리문제연구소Institut Fizicheskikh Problem의 수장 표트르 카피차, 토론토대학교의 존 앨런과 도널드 마이스너가 독립적으로 좁은 틈을 통해 액체 헬륨을 통과시키는 실험을 했고 절대온도 2.2도 이하의 온도에서는 액체 헬륨의 점성이 사라진다는 사실을 알아냈다. 저항이 없이 흐를 수 있는 액체를 발견한 것이다!

저항이 없다는 점이 초전도체와 닮았다고 생각한 카피차는 이를 초유체superfluid라고 불렀다. 관점에 따라서는 오너스의 연구실에서 초전도체와 초유체를 모두 발견했다고 볼 수도 있지만, 역사는 오너스가 그 발견의 씨앗을 심은 것으로 간주하고 있을 뿐, 실제 발견의 공로는 카피차와 앨런, 마이스너의 몫으로 기록하고 있다. 다만 노벨위원회의 생각은 조금 달랐는지 1978년 카피차에게만 노벨상을 수여하였다. (카피차의 단독 수상은 아니었고, 다소 엉뚱하게도 우주배경복사를 발견한 아노 펜지어스, 로버트 윌슨과의 공동 수상이었다.)

카피차가 초유체를 발견하게 된 과정도 흥미롭다. 1921년 스페인 독감으로 아내와 두 아이를 잃은 카피차는 영국 케임브리지대학교로 건너가서 어니스트 러더퍼드와 일을 시작한다. 카피차는 케임브리지에서 세계 최초의 펄스 자석을 개발하는 등 실험에 남다른 재능을 보였다. 1934년 소련에 일시 귀국했던 카피차는 소련 정부의 출국 금지 명령에 따라 영국으로 돌아가지 못하고 소련에 남게 된다. 그의 출국을 금지시킨 소련 정부는 물리문제연구소를 설립하고 카피차를 소장으로 임명했으니 그의 능력을 조국이 충분히 알아본 셈이다. 다만 영국에서 하던 연구를 계속할 만한 시설이 없었기 때문에 연구 분야를 바꿔야만 했는데, 카피차는 액체 헬륨을 연구하는 저온 물리학을 선택했다. 그 결과 노벨상까지 받았으니 카피차로서는 인생사 새옹지마라 생각했을 듯하다.

초유체 현상은 왜 나타날까? 헬륨 원자를 찬찬히 뜯어보자. 일단 헬륨 원자 속에는 원자핵과 2개의 전자가 있다. 헬륨의 원자핵은 다시 양성자 2개, 중성자 2개로 구성된다. 전자와 양성자, 중성자는 스핀값이 $\frac{1}{2}$인 입자다. 6개의 스핀 $\frac{1}{2}$ 입자가 모여서 만들어진 헬륨 원자의 총 스핀은 0이다.* 입자의 스핀이 0, 1, 2 같은 정수로 주어지는 입자를 보스Bose 입자 또는 보손이라 하고, 입자의 스핀이 반정수($\frac{1}{2}$, $\frac{3}{2}$, $\frac{5}{2}$, …)

• 크기 $\frac{1}{2}$짜리 스핀을 일종의 막대기라고 생각해보자. 이런 막대기 6개를 같은 방향으로 이으면 길이 3짜리 막대기가 나오지만 서로 반대 방향으로 번갈아 이으면 길이 $\frac{1}{2} - \frac{1}{2} + \frac{1}{2} - \frac{1}{2} + \frac{1}{2} - \frac{1}{2}$ =0짜리 막대기가 된다. 비슷한 원리로 스핀 $\frac{1}{2}$짜리 입자 6개가 모이면 총 스핀은 0이 될 수 있다.

로 주어지는 입자를 페르미 입자 또는 페르미온이라고 한다. 페르미온은 파울리의 배타 원리를 따르는 반면 보손은 같은 양자 상태에 들어갈 수 있는 입자의 개수에 제한이 없다.

다수의 보손으로 구성된 물질의 온도를 서서히 낮추다보면 어떤 일이 벌어지는지 한번 생각해보자. 〈그림 8〉과 같이 무한히 많은 에너지 상태에 유한한 개수의 입자를 집어넣어보자. 아주 온도가 높아서 입자들이 충분한 열에너지를 가질 수 있다면, 입자들은 수많은 에너지 상태에 골고루 분포할 수 있다. 이때는 입자들이 점유할 수 있는 에너지 상태의 수가 입자의 수보다 많으므로 각 에너지 상태에는 평균적으로 1개 이하의 입자가 들어간다. 반면에 절대영도에서는 물질이 자신에게 허용된 가장 낮은 에너지 상태에 있어야 한다. 보손은 같은 에너지 상태에 들어갈 수 있는 입자 수의 제한이 없으므로 모든 입자들이 동일한 상태에 옹기종기 모여 있을 것이라 쉽게 상상할 수 있다.

신기한 일은 지금부터 벌어진다. 보손 입자는 온도를 낮출수록 차츰차츰 기저 상태로 내려오지 않는다. 일정 온도까지는 높은 에너지의 보손 입자들이 점진적으로 낮은 에너지 상태를 찾아가는 게 맞지만, 특정 온도 이하로 내려가는 순간 대부분의 보손 입자가 기저 상태로 급격하게 모여드는 현상이 벌어진다. 이는 〈그림 2〉에서 본 기체의 액화 현상과도 유사하다. 기체를 압축하다보면 특정 압력에서 기체 입자들이 갑자기 서로 뭉치기 시작하면서 액체로 바뀐다. 이를 기체-액체 상전이라고 했다. 물질의 밀도가 작은 상태(기체)에서 큰 상태(액체)로 불연속적으로 바뀌는 것처럼, 기저 에너지 상태를 차지하는 입자의 밀도가 작은 상태에서 큰 상태로 불연속적으로 변한다. 이런 변화 역

$$k_BT \gg E \qquad\qquad T=0$$

〈그림 8〉 보손이 에너지 준위를 채우는 방법. 아주 높은 온도(왼쪽)에서는 수많은 에너지 준위에 입자들
이 골고루 퍼져 있는 반면, 절대영도(오른쪽)에서는 모든 입자들이 가장 낮은 에너지 준위에 모
여 있다.

시 물질의 상전이 현상으로 이해할 수 있다. 이런 가능성을 이론적으
로 제안한 사람은 다름 아닌 사티엔드라 보스와 알베르트 아인슈타인
이고, 이들의 이름을 따서 이 현상을 보스-아인슈타인 응축Bose-Einstein
Condensation 현상이라고 한다. 초유체 현상이 보고된 지 얼마 지나지 않
아 프리츠 런던은 액체 헬륨이 보스-아인슈타인 응축을 거치며 나타
내는 한 가지 증상이 초유체 현상임을 알아냈다.

　점성이 없는 액체는 우리 주변에서 좀처럼 관찰할 수 없다는 점에
서 대단히 독특하고 신기하지만, 고전적인 유체 이론만 보더라도 점성
이 없는 액체는 얼마든지 기대할 수 있었다. 초유체가 보스-아인슈타
인 응축에 의한 양자 유체라는 보다 확실한 증거는 없을까? 물론 저온

에서는 거시적인 물질도 양자역학의 지배를 받을 수 있다거나, 드브로이 물질 파장이 원자 사이의 간격과 비슷해지는 온도가 하필 초유체 현상이 발현되는 온도와 비슷하다거나, 헬륨 원자는 보손이므로 보스-아인슈타인 응축 상전이 현상이 일어날 수도 있다는 등의 정황 증거는 많지만 초유체 헬륨이 보스-아인슈타인 응축에 의한 양자역학적 상전이라는 직접적인 증거라고 보기에는 무리일 수도 있다. 추후에 이에 대한 실험 증거들이 속속들이 모였지만, 여기서는 그중에서도 가장 중요한 특성 한 가지만 이야기하겠다.

초유체가 보스-아인슈타인 응축에 의한 현상이라면 초유체를 구성하는 입자인 헬륨 원자들은 모두 동일한 기저 상태에 모여 있을 것이다. 이 기저 상태를 기술하는 파동함수가 있다면, 이 1개의 파동함수로 시스템을 기술하는 것이 가능하다. 이렇게 파동함수 1개로 초유체를 표현할 때 나타나는 중요한 특징 중 하나는, 액체를 회전시킴에 따라 소용돌이가 점진적으로 커지는 대신에 용기의 크기와 모양에 따라 결정되는 특정 회전 속도의 정수배가 될 때마다 소용돌이의 회전량 역시 h/m의 정수배로 커진다는 것이다. 즉 액체의 회전이 양자화된다. 이 아이디어를 처음 제시한 사람은 라르스 온사게르였는데, 곧이어 리처드 파인먼은 초유체에서는 1개의 소용돌이가 h/m의 정수(n)배의 회전량을 갖는 대신에 정확히 h/m의 회전량을 갖는 n개의 단위 소용돌이로 조각날 것이라는 예측을 내놓았다. 이를 양자 소용돌이라고 한다. 양자 소용돌이는 1979년에 버클리대학교의 물리학자들에 의해 실험적으로 검증되었다. 거시적인 양자 파동함수 1개로 기술할 수 있는 물질 상태로서의 초유체가 실험적으로 명백하게 확인된 순간이었다.

　19세기 중반부터 수많은 과학자들이 지구상의 모든 기체를 액체로 만들기 위한 노력을 기울이기 시작했을 때, 인류는 헬륨의 존재를 알지도 못했다. 1895년 윌리엄 램지가 헬륨을 발견한 이후에 듀어나 오너스 같은 과학자들이 이를 액화하기 위한 노력을 기울이기는 했지만, 사실 헬륨이란 물질이 대단히 심심한 물질이고, 당시에는 인류가 액화하지 못한 마지막 기체 이상의 의미는 없었다. 주기율표의 최상단 최우측에 자리잡은 헬륨은 우주에서 가장 안정적인 원소로 화학자들이 가장 재미없어 하는 물질이다. 그렇지만 화학자들로 하여금 흥미를 잃게 만드는 그런 특성들이 지난 100년 이상 물리학자들에게는 끊임없이 새로운 발견의 여지를 주었다. 온도를 낮추다보면 '우리가 전혀 알지 못하는 새로운 액체'가 나타나리라 상상했던 라부아지에조차도 이런 액체를 상상하지는 못했을 것이다.

　헬륨을 제외하면, 단일 원소의 물질 중에서 양자역학적으로 대단히 다양하고 풍부한 물리학적 현상이 발현된 물질은 최근에 엄청나게 각광을 받고 있는 그래핀 정도만이 있을 뿐이다. 그래핀에 대해서도 우리가 감탄할 이유는 대단히 많지만, 이 글의 주제는 액체인 만큼 액체 헬륨의 중요성을 새삼 강조해보자면, 그래핀 연구의 대부분은 절대온도 4도 이하에서 행해지고 있고, 액체 헬륨이 있었기에 가능했다.

　액체 헬륨이 물리학 연구에 끼치는 영향력은 그래핀에서 멈추지 않는다. 최근 IBM, 구글 등이 경쟁적으로 달려들고 있는 초전도 소자를 이용한 양자 컴퓨터 연구, 위상물질을 비롯한 다양한 양자 물질을 발견하기 위한 노력의 배경에는 헬륨을 이용한 저온 냉각 기술이 자리잡고 있다. 놀라운 사실은 이런 기초 연구를 위한 사용량은 전체 헬륨 사용량의 20퍼센트 정도밖에 되지 않는다는 점이다. 헬륨의 가장 큰 소비자들은 놀랍게도 오늘날 우리 삶에 필수적인 의료 산업과 반도체 산업이다. 병원에서 진단 도구로 사용하는 자기공명영상Magnetic Resonance Imaging(MRI) 장치의 구동을 위해서는 강하고 안정적인 자기장 이 필요한데, 이를 위해 액체 헬륨 온도에서 동작하는 초전도체로 만 든 전자석이 사용되기 때문이다. 또한 반도체 공정 중 소자에 불필요 한 화학 반응이 일어나는 것을 막기 위해 가장 안정적인 물질인 헬륨 을 사용한다. 섭씨 영하 269도라는 온도는 쉽게 상상도 되지 않는 낮 은 온도이지만, 이 낮은 온도와 이 온도에서만 존재하는 엉뚱하다면 엉뚱한 액체가 우리 삶에 이렇게나 가까이 있다. 여기까지 읽은 독자 라면, 다음에 어디선가 헬륨을 품고 하늘로 둥실 떠올라가는 풍선을 보거든 그렇게 풍선과 함께 하늘로 떠나간 헬륨으로 또 무엇을 할 수 있을까 한번쯤 공상의 나래를 펼쳐보면 좋겠다.

6

기체의 재발견

: 아주 차가운
  양자 기체

신용일

서울대학교 물리천문학부 교수. 극저온 원자 기체를 이용하여 다체 양자 현상을 연구하는 실험물리학자다. 글재주가 없음에도 양자 기체의 오묘함과 양자 기체 연구의 매력을 독자들과 공유하고 싶은 욕심에 책 작업에 참여하게 되었다. 좁은 실험실에서 아주 작은 기체 시료의 양자 상태를 연구하지만 우주의 시작과 변화에 대한 이해를 동경한다.

인간은 빛과 물질을 통해 대자연을 인식한다. 인류가 자연과학을 발전시킨 역사는 새로운 물질이나 물질 현상을 발견하고 이를 이해하는 과정이었다고 압축하여 설명할 수 있다. 필자는 인류에게 대단히 친숙한 물질 상태인 기체에 관해 살펴보려고 한다. '기체' 하면 가장 먼저 떠오르는 것은 공기이다. 지구는 공기에 둘러싸여 있고, 우리는 태어난 순간부터 지금까지 쉬지 않고 공기를 호흡하며 살아왔다. 공기는 우리에게 가장 친숙한 물질 상태이고, 누구나 경험적으로 공기에 대해 많은 것을 안다. 공기는 차가울 수도 따뜻할 수도 있으며, 냄새를 품고 색깔을 띠기도 한다. 공기가 없으면 촛불이 꺼지는데, 이로써 공기 중에 연소에 꼭 필요한 무언가가 있다는 것을 알 수 있다. 공기는 소리를 전달하는 데 필요하고, 바람이 되어 위력을 발휘하기도 한다. 공기는 특정한 부피를 갖는 용기에 담을 수 있고, 압력을 행사할 수도 있다. 풍선과 진공청소기에서는 이러한 압력의 행사가 아주 가시적으로 나타난다. 건물만 한 비행기가 빠른 속도로 공기를 가를 때, 그 육중한 동체는 공기의 도움으로 공중에 뜬다.

진공청소기를 제작하고 비행기 동체를 디자인할 때 공기의 흐름에 대한 정교한 이해가 필요하고, 이런 이해는 비록 더디기는 하지만 지금도 꾸준히 진행되고 있다. 또한, 기체를 구성하는 원자나 분자의 종류를 바꿈으로써 엄청나게 다양한 기체를 만들 수 있다. 기체는 우리 일상에서 다양하고 중요한 역할을 하지만 동시에 너무나 친숙한 나머지 특별하고 새로울 것 없어 보인다는 착각을 주기도 한다. 이미 화학자들이 몇 세기에 걸쳐 다양한 기체를 모두 분류하고 그 특성을 이해했기 때문에 이제 와서 특별히 새로운 성질이 발견될 것 같지도 않다. 기체가 차가워지면 액체나 고체가 될 것이고, 아주 뜨거워지면 기체 분자를 구성하는 전자와 핵이 분리되어 플라스마가 될 것이라는 예상 정도는 충분히 할 수 있다. 그 이상 기체의 숨겨진 면모가 있을까?

최근 기체를 액화되지 않은 상태로 아주 낮은 온도로 냉각하여 독특한 양자 현상을 연구하는 과학자들이 생겼다. 물리학에는 이른바 '물질파'라는 개념이 있다. 입자들의 집합으로 여겨져왔던 물질이 때로는 파동적인 성질을 보일 때가 있다는 것인데, 이는 20세기 초 양자역학의 중심 개념으로 받아들여진 후부터 많은 물리 현상을 이해하는 데 길잡이가 되었다. 절대영도에 근접하는, 극도로 냉각된 기체는 입자의 집합체라기보다 거대한 물질파의 모습으로 변신한다. 양자역학의 거시적 표현으로서 이러한 기체를 요즘은 '양자 기체'라고 부른다.

기체의 고전적 이해

기체 상태는 친숙한 만큼 간단하고 이해하기 쉽다. 기체는 자유롭게 움직인다. 너무 자유로워서 특별한 용기에 담아두어야 하는데, 이 때문에 기체의 부피가 결정된다. 기체 상태를 설명하는 물리량은 밀도, 압력, 온도 등으로 다양하다. 밀도는 부피당 기체의 질량이고, 압력은 기체가 용기를 밀어내는 단위 면적당 힘, 온도는 기체의 따뜻하고 차가운 정도이다. 기체의 밀도, 압력, 온도 사이의 관계는 수백 년 전부터 연구됐다. 다양한 압력계와 온도계가 제작되었고, 이를 통해 경험 법칙들이 얻어졌다. 온도가 일정할 때, 부피가 줄어들면 압력이 증가하는 보일의 법칙, 압력이 일정할 때 기체의 온도를 올리면 부피가 증가하는 샤를의 법칙 등이 있다. 이런 물리량들 사이의 관계를 표현한 식을 기체 상태 방정식이라고 한다.

기체 상태 방정식에 대한 이해는 소위 기체 분자 운동론이 등장하면서 구체화되었다. 이 이론에서는 기체가 자유롭게 움직이는 분자들로 구성되어 있다고 보고, 압력은 이러한 구성 분자들이 벽에 부딪히고 튕겨 나올 때 벽에 주는 힘의 합으로 이해한다. 기체 속 분자 하나하나에 특별한 모양이나 구조가 없고 분자들끼리는 서로 충돌하는 일도 거의 일어나지 않은 채 존재하는 기체를 이상기체라고 한다. 이상기체에 대한 이론을 전개하면 이른바 이상기체 방정식이라는 것이 산출되는데, 놀랍게도 실재하는 대부분의 기체가 이상기체 방정식을 잘 따른다.

기체가 작은 입자들로 이루어졌다는 사실이 처음부터 자명하게 알려진 것은 아니었다. 기체의 구성 요소에 대한 본격적인 이해는 19세기에 화학의 비약적 발전과 함께 시작되었다. 모든 기체는 같은 온도, 같은 압력에서 같은 부피 속에 같은 개수의 입자를 포함한다는 아보가드로 법칙이 밝혀지면서 기체가 작은 분자들로 구성되어 있다는 게 명확해졌다. 물질이 원자들로 구성되어 있다는 사실을 알아낸 것은 인류가 자연을 탐구하면서 이뤄낸 엄청난 성과이다. 물질을 구성하는 입자들의 종류와 이들이 모여 조직되는 방식, 또 입자들 사이의 상호작용에 따라 다양한 모습으로 그 상태를 드러내는 게 바로 물질이다. 리처드 파인먼은 자신의 전설적인 강의를 모은 책《파인먼의 물리학 강의》 서두에서 "모든 과학 지식이 다 사라진다 해도 물질이 원자로 구성되어 있다는 사실만은 전수되어야 한다"고 강조했다.

기체 분자 운동론은 이상기체 방정식을 제시함으로써 기체의 부피와 압력, 온도 사이에 존재하는 실험적 관측 사실을 잘 설명함과 동시에 이를 넘어서는 특별한 물리학적 의미도 지닌다. 수많은 입자로 구성된 거시적인 물리계의 성질을 구성 입자들의 미시적인 움직임과 연결하는 데 성공한 것이다. 이전까지의 뉴턴역학이 한 입자의 움직임만을 기술하고 살피는 것이 주 임무였다면, 기체 분자 운동론은 수많은 입자로 구성된 물리계의 성질도 뉴턴역학을 이용해서 체계적으로 설명할 수 있었다. 이렇게 다수의 입자로 구성된 물질의 거동을 다루는 역학을 통계역학이라고 부른다. 기체 분자 운동론은 통계역학의 시작점이었다고 할 수 있다.

그저 따뜻하고 차가운 정도를 표현하는 것으로 이해했던 온도라는 개념에 대한 물리학적 이해도 기체 분자 운동론을 통해 확실해졌다. 온도라는 것은 본래 매우 주관적이고 상대적인 개념이었다. 한 손은 차가운 물에, 다른 손은 뜨거운 물에 넣었다가 두 손을 모두 미지근한 물에 담그면 차가운 물에 있었던 손은 따뜻하게, 뜨거운 물에 넣었던 손은 시원하게 느껴진다. 온도에 대한 우리의 판단은 이렇게 경험에 의존하는 경향이 있다. 그러나 기체 분자 운동론에 따르면 온도는 분자들의 평균 운동에너지와 연관되어 있다. 온도는 기체 속 분자들이 갖는 운동에너지의 평균값 그 자체다. 온도의 물리학적 의미가 드디어 드러났다. 켈빈(K)이라는 절대온도 단위를 사용하면(섭씨 0도는 절대온도 273.15도에 해당) 분자의 운동에너지가 절대온도에 정비례한다는 걸 증명할 수 있다. 방 안 공기가 섭씨 20도라고 할 때, 공기에 포함되어 있는 질소 분자들의 평균 속력은 대략 초속 500미터 정도 된다. 지금도 분자들은 이렇게 엄청난 속도로 움직이며 서로 충돌하고 있다.

물론 분자의 평균 빠르기가 초속 수백 미터라는 것일 뿐이고, 개별 분자는 제각각의 속도로 움직인다. 이런 상황에서는 분자의 운동 속도 분포라는 양이 궁금해진다. 어떤 분자는 평균 속력보다 빠르게, 어떤 분자는 그보다 느리게 움직일 텐데, 그 비율이 각각 어떻게 주어지는가를 설명하는 분포 함수가 무엇인지 궁금하다. 분자끼리 상호작용을 전혀 하지 않으면 분자의 운동 속도 분포는 애초에 기체가 만들어질 때의 값 그대로 유지될 것이다. 설령 기체가 벽에 부딪히더라도 운동하는 방향만 바뀔 뿐 빠르기는 달라지지 않는다. 실제 분자들은 아주 작지만 유한한 크기를 갖고 있고, 짧은 시간 동안이나마 서로 만나고 충돌하면서 에너지를 교환한다. 너무 빠른 분자들은 조금 느려지고, 너무 느리게 움직이던 분자는 충돌을 통해 에너지를 얻어 조금 빨라진다. 많은 시간이 지나고 분자 사이의 충돌이 충분히 많이 일어난 후에 분자들이 보여주는 속도 분포는 어떻게 될까? 이 흥미로운 문제에 대한 답은 19세기의 탁월한 물리학자 제임스 클러크 맥스웰이 처음 제안했고, 한 세대 후에는 볼츠만이 이런 속도 분포가 형성되는 과정을 더 상세히 설명했다. 이렇게 해서 얻어진 결과를 맥스웰-볼츠만 분포라고 한다. 즉 주어진 온도에서 기체가 갖는 엔트로피가 최대가 되게 만들어주는 속도 분포라고 이해할 수 있다. 엔트로피는 어떤 물리계의 복잡한 정도를 측정하는 양이다. 이렇게 이해하면 주어진 온도에서 기체에 허용된 가장 복잡한 상태가 실제 기체의 상태인 셈이다. 맥스웰-볼츠만의 분포 함수를 통해 기체 속에서 분자가 확산하거나 열을 전달하는 과정을 이해하는 길이 열렸다. 가령 어떤 냄새는 다른 냄새보다 빠르게 퍼지는데, 그 이유는 냄새를 전달하는 분자의 질량이 서로 다르기 때문이다. 가벼운 분자는 더 빨리, 무거운 분자는 더 느리게 확산한다.

온도가 기체를 구성하는 분자 움직임의 평균 속도와 관련된다고 한다면, 자연스럽게 절대영도에서는 모든 입자가 정지한 가장 조용한 상태가 될 것이라고 짐작할 수 있다. 이미 샤를의 법칙에서 기체의 부피가 0이 되는 온도로서 절대영도가 등장한 적이 있다. 기체의 부피가 음수 값을 갖지는 못할 테니 말이다. 입자의 움직임이 가장 적어진 상태, 궁극의 바닥 상태, 이것이 절대영도이다. 절대영도에 도달한 기체를 만들 수 있을까? 언뜻 생각하면 불가능해 보인다. 기체의 온도가 줄어들면 부피도 함께 줄어들어 기체의 밀도가 올라간다. 그러면 기체 속 입자들끼리 충돌하는 사건도 점점 더 자주 발생하고, 입자들 사이의 상호작용 효과가 그만큼 중요해진다. 판데르발스는 분자에 유한한 부피가 있다는 점, 그리고 분자 사이에는 서로 당기는 힘도 작용하기 때문에 압력이 변할 수 있다는 점 등을 고려해서 이상기체 방정식을 변형한 새로운 기체 상태 방정식을 제안했다. 이를 통해 기체가 액체로 변하는 상전이 현상을 자세히 연구할 수 있었고, 상전이 과정에서 발생하는 잠열이란 것도 설명할 수 있었다. 기체를 액화할 때 발생하는 잠열에 대한 이해를 통해 비로소 냉장 기술의 발전이 가능했다. 그는 이런 업적 덕분에 1910년 노벨 물리학상을 받았다. 냉장 기술의 발전은 액체 헬륨을 실험실에서 얻을 수 있는 길을 열어주었는데, 이 책의 5장 '액체의 재발견'에는 흥미진진한 액화 실험의 역사가 자세히 서술되어 있다.

대부분의 기체는 온도를 내리면 액체로 변한다. 그렇다면 절대영도의 기체를 만들기란 불가능할까? 이미 몇십 년 전부터 극도로 낮은 밀도의 기체가 액체로 변하지 않은 채 절대영도에서 불과 수십 나노켈빈 정도 떨어진 아주 낮은 온도까지 냉각되는 일이 실험실에서 벌어지고 있다. 이런 극저온 기체를 만드는 방법을 이해하려면 우선 레이저 냉각법이라는 기술에 대해 조금 알아야 한다.

원자 기체의 레이저 냉각

원자는 음전하를 띠는 전자와 양전하를 띠는 핵이 뭉쳐서 만들어졌다. 전하는 빛을 흡수하거나 방출할 수 있다. 전하로 구성된 원자도 물론 빛을 흡수하거나 방출하고, 이때마다 원자는 에너지를 (빛으로부터) 얻거나 (빛에게) 잃는다. 에너지 변화뿐 아니라 원자의 내부 상태 변화도 동시에 일어난다. 그래서 원자에 흡수 또는 방출되는 빛의 에너지 분포를 잘 분석하면 원자 내부의 상태를 간접적으로 들여다볼 수 있다. 이런 방식의 연구를 분광학이라고 한다.

원자의 분광학적 연구가 계속되면서 차츰 물리학자들은 빛을 이용하여 원자를 제어하는 방법을 고안하게 된다. 원자의 운동 속도가 맥스웰-볼츠만 속도 분포를 따르듯, 원자의 내부 상태도 어떤 확률 분포를 따른다. 같은 기체 속의 원자라도 어떤 원자는 A 상태, 다른 원자는 B 상태로 있다는 뜻이다. 원자의 상태가 다르다보니 원자 기체에서 나오는 분광 신호도 각각의 원자 상태로부터 나오는 신호의 합으로 주어진다. 원자의 상태 분포가 복잡하면 할수록 신호도 복잡해지고, 명확한 분석이 어려워진다. 그런데 만일 빛을 이용하여 모든 원자를 같은 상태로 정렬할 수 있다면 좋을 것 같다. 이런 기술을 광학펌핑optical pumping이라고 부른다. 광학펌핑 기술을 개발한 알프레드 카스틀레르는 1966년 노벨 물리학상을 받았다.

광학펌핑으로 정렬된 원자들은 모두 동일한 빛을 낼 것이다. 이 원리를 바탕으로 만들어졌고, 지금은 우리 생활과 산업 곳곳에서 사용되는 물건이 레이저다. 레이저의 개발 덕분에 분광학 연구의 정밀도는 한층 높아져서 원자의 운동이 분광 신호에 미치는 영향까지 측정할 수 있는 수준에 이르렀다. 소방차가 우리를 향하여 올 때와 우리에게서 멀어질 때 들리는 소리의 높이는 서로 다르다. 이를 도플러 효과라고 하는데 소방차의 운동 방향에 따라 우리 귀에 전달되는 소리의 파장이 달라지기 때문에 일어나는 현상이다. 원자에서 나오는 빛도 도플러 효과를 보인다. 원자가 어느 속도로 움직이는지에 따라 원자가 방출하는 빛의 색깔이 달라진다. 대략 초속 수백 미터로 움직이는 원자가 방출하는 가시광선은 원자의 움직임 때문에 몇 기가헤르츠(GHz, 1기가헤르츠는 10억 헤르츠) 정도의 주파수 변화가 발생한다. 이런 주파수 변화는 원자의 상태를 정확하게 알고자 하는 물리학자의 끝없는 도전에 장벽이 된다. 원자는 절대온도에 비례하는 운동에너지를 갖고 계속 움직이고 있는데 이를 흔히 열적 요동이라고 부른다. 그리고 원자의 열적 요동으로 인해 분광 신호가 넓어지는 현상을 도플러 퍼짐Doppler broadening이라고 한다. 분광학 연구가 발전하면서 도플러 퍼짐을 교묘하게 피하는 다양한 방법들이 등장했다. 한편으로는 이것을 넘어서는 새로운 시도도 등장했다. 원자의 열적 요동마저 제어할 수는 없을까? 이런 호기심과 자연을 제어하고픈 욕구가 등장한 것이다.

원자는 빛으로부터 에너지만 얻거나 잃는 게 아니라 힘도 받는다. 20세기 초반 플랑크와 아인슈타인의 업적을 통해 순수한 전자기 파동인 줄 알았던 빛이 알고 보니 빛 알갱이, 즉 광자photon였다는 깨달음이 양자역학의 서막이었다. 원자가 움직이는 방향과 반대 방향으로 레이저를 쏘아주면 이 빛 알갱이를 흡수할 때마다 운동을 저지하는 힘을 받는 원자는 그 속도가 조금씩 느려지다가 결국 완전히 운동을 멈출 수도 있다. 마치 날아가는 야구공에 수만 개의 탁구공을 반대 방향으로 충돌시켜 야구공의 움직임이 느려지도록 하는 것과 같다. 원자가 광자를 흡수하고 방출하는 데 걸리는 시간은 대략 수백 나노초(1나노초는 10억분의 1초)로 아주 짧으니, 비록 광자 하나가 전달하는 힘은 지극히 미약해도 수없이 많은 광자가 원자와 충돌하면서 빠른 시간 안에 원자를 감속시킬 수 있다.

이번에는 원자의 움직임을 전후좌우, 그리고 위아래 모든 방향으로 멈추게 하는 방법을 생각해보자. 일단 원자를 한가운데 놓고 전후좌우와 위아래, 이렇게 여섯 방향에서 레이저를 쏴주면 될 것이다. 여기에 물리학자들이 개발한 기발한 방법 하나를 추가한다. 원자마다 좋아하는(흡수를 잘하는) 빛의 색깔이 있다. 가령 빨간색을 아주 잘 흡수하는 원자가 있다고 하면 이것보다 약간 더 빨간색, 즉 주파수가 조금 낮은 빛을 내는 레이저를 사용한다. 이런 상황에서 원자는 6개의 레이저 중 어느 쪽의 광자를 더 잘 흡수할까?

도플러 효과 때문에 원자가 움직이는 방향에서 오는 레이저의 빨간 빛은 살짝 파란색 쪽으로 주파수가 이동한 것처럼 보인다. 본래 흡수하기 가장 좋은 주파수보다 살짝 낮은 주파수였던 레이저 광선이 이제는 딱 흡수하기 좋은 파장의 빛으로 바뀐 것이다! 결과적으로 원자는 움직이는 방향에서 오는 레이저의 빛을 잘 흡수해서 감속하게 된다. 원자가 어느 방향으로 움직이든 똑같은 일이 벌어진다. 결국 원자의 속도는 점차 줄어들게 된다. 이런 기술을 레이저 냉각이라고 한다. 실험 장치의 조건을 최적화하면 원자의 속력을 불과 초속 몇 센티미터까지 줄일 수 있는데, 이 정도의 운동에너지를 온도로 환산하면 불과 수백 마이크로켈빈이다. 상온에서 수백 켈빈에 해당하는 에너지로 운동하던 원자가 수백 마이크로켈빈까지 냉각된 것이다. 기왕이면 절대영도까지 원자 기체를 냉각할 수는 없을까? 이제 냉각의 한계는 원자가 아니라 원자와 충돌하는 광자가 갖는 운동량으로부터 오기 시작한다. 정지한 원자가 광자 하나와 충돌할 때마다 얻는 운동에너지가 대략 수 마이크로켈빈에 해당한다. 원자의 운동이 마이크로켈빈 정도로 줄어들면 광자 하나랑 충돌하는 것이 아주 거칠게 느껴지고 더 이상 조용해지고 싶어도 광자의 방해로 그렇게 할 수가 없다.

또 하나 중요한 질문이 있다. 수백 마이크로켈빈까지 냉각되었는데, 왜 기체가 액체 혹은 고체로 변하지 않는 걸까? 이렇게 낮은 온도에 존재하는 원자들이라면 고체 상태를 이루는 게 훨씬 안정적이다. 수증기를 유리 상자 안에 담고 냉각시키면 특정 온도부터 상자의 한쪽 구석에서는 응결이 일어나고, 더 낮은 온도에서는 얼음이 만들어진다. 응결이 일어나려면 우선 원자가 조밀하게 한 곳에 모여야 한다. 그러려면 적어도 3개의 원자가 동시에 충돌하는 사건이 자주 일어나야만 한다. 왜 그럴까? 2개의 원자끼리 충돌하면 두 원자는 서로 운동량과 에너지만 교환한 뒤 다시 멀어지게 마련이다. 물리학의 기본 법칙인 에너지 보존과 운동량 보존 법칙 때문이다. 그런데 3개의 원자가 동시에 충돌하면 충돌 직후 2개의 원자는 서로 달라붙고 나머지 1개의 원자가 잉여 운동에너지를 모두 갖고 달아나는 것이 가능해진다. 응결이 진행될 수 있는 것이다.

이런 응결 씨앗이 한번 만들어지면 다른 원자들이 와서 달라붙는 게 더 쉬워진다. 레이저 냉각으로 준비된 저온 원자 기체는 그 밀도가 대략 10^{10}~10^{13}세제곱센티미터이고, 이는 방 안 공기의 밀도보다 1000만 배 이상 낮은 정도다. 극도로 희박하다. 그래서 응결이 일어나는 데 꼭 필요한 세 원자 충돌 사건이 매우 드물게 일어나고, 원자들은 수백 마이크로켈빈의 온도에서 기체 상태를 계속 '준안정적'으로 유지하게 된다. 액체나 고체로 변하는 데 걸리는 시간을 굳이 추정하자면 우주 나이 정도가 될 것이다. 엄밀히 말하면 가장 안정적인 상태는 아니지만 '사실상' 안정적인 상태나 마찬가지라는 의미에서 '준안정적' 이란 말을 물리학에서 사용한다. 첨언하자면 극저온 원자 기체 실험은 고진공의 실험 챔버 안에서 진행되고, 기체 시료는 레이저 이외의 다른 물질과 전혀 접촉하지 않는다.

보스-아인슈타인 응축

기체 냉각을 수백 마이크로켈빈보다 한 단계 더 진행해볼 수는 없을까? 기체를 낮은 온도로 계속 냉각하다보면 뭔가 새롭고 극적인 일이 벌어질 것만 같다. 이 기대에 부응하고도 남는 현상이 바로 보스-아인슈타인 응축이다.

자연계의 모든 입자들은 그 고유한 특성인 스핀의 크기에 따라 두 종류, 즉 보손과 페르미온으로 구별된다. 0, 1, 2 같은 정수의 스핀값을 갖는 입자를 보손, $\frac{1}{2}$, $\frac{3}{2}$ 같은 반정수의 스핀값을 갖는 입자를 페르미온이라고 하는데, 페르미온은 파울리 배타 원리의 지배를 받아 동일한 에너지 상태에 2개 이상의 동일한 입자가 존재할 수 없는 반면, 보손은 동일한 에너지 상태에 여러 동일한 입자가 함께 존재할 수 있는 큰 차이가 있다. 그 이유에 대해서는 매우 비밀스러운 설명이 있지만 우리는 자연의 대원칙으로 받아들이도록 하자.

페르미온이든 보손이든 상관없이 동일한 입자는 서로 구별할 수 없다는 대원칙도 있다. 가령 전자 10개가 있으면 그중 어떤 전자를 다른 전자와 맞바꾸어도 전혀 티가 나지 않는다. 보손도 마찬가지이다. 이런 이유 때문에 보손의 경우에는 흥미로운 경우의 수 문제가 발생한다. 예를 들어 살펴보자. 스키장에 슬로프가 3개 있고 3명의 보더가 슬로프를 타고 있다고 하자. 이 보더들이 모두 같은 슬로프에 있을 확률은 어떻게 될까? 우선 보더들이 3개의 슬로프에 분포하는 경우의 수를 다 따져보면 3×3×3, 총 27이다. 이 중 모든 보더가 같은 슬로프에 있는 경우는 세 가지이니, 확률로 따지면 9분의 1이 된다. 이번엔 보더들을 인간이 아닌 보손으로 대치한다. 자연의 대원칙에 따라 보더들은 서로 구별이 안 된다. 확률을 따지는 방법도 바뀐다. 가능한 경우의 수가 27 대신 10으로 바뀐다. 한 슬로프에 3명 모두가 있는 경우가 세 가지, 한 슬로프에 2명, 다른 슬로프에 1명이 있는 경우가 여섯 가지, 그리고 각 슬로프에 1명씩 있는 경우가 한 가지, 이렇게 총 열 가지 경우만 있다. 이 중에서 한 슬로프에 모든 보더가 있는 경우는 세 가지이니 확률로 보면 10분의 3이 된다. 즉 보더가 서로 구분 가능하다고 했을 때와 비교하면 확률이 무려 3배 정도 증가했다. 놀랍지 않은가? 이런 셈법을 일반화하면 보손은 한 곳에 함께 모이려는(한 슬로프를 타려는) 경향이 서로 구분 가능한 입자에 비해 더 강하다고 주장할 수 있다. 파울리의 배타 원리는 페르미온이 한 곳에 함께 있을 수 없다고 이야기하는데, 보손은 이와 반대다. 만일 보더들이 보손이라면 사고 위험이 더 높을 테니 보험료도 더 높게 책정해야 하겠다.

수학적인 사고를 즐기는 독자를 위해 조금 더 난해한 경우를 살펴보자. N개의 입자가 2개의 서로 다른 에너지 준위, a와 b에 분포하는 경우이다. 어떤 입자는 a라는 상태, 또 어떤 입자는 b라는 상태에 있을 수 있는 상황이다. 자연의 원리에 따르면 에너지가 낮은 상태를 입자가 취할 확률이 더 높다. 만약 a와 b의 에너지가 같다면 입자들은 양쪽 상태를 골고루 취할 것이다. 각 에너지 준위에 입자가 있을 확률은 2분의 1씩이다. 이번엔 a의 에너지가 b보다 높다고 해보자. 그럼 입자가 a 상태에 있을 확률이 좀더 낮아진다. 어떤 입자가 a에 있을 확률은 $\frac{p}{1+p}$, b에 있을 확률은 $\frac{1}{1+p}$, 이렇게 생각할 수 있다. (p는 0과 1사이의 어떤 숫자다.) 높은 에너지 상태 a에 입자가 있을 확률이 b에 비해 p배만큼 줄어든 셈이다. 여기 N개의 구별 가능한 입자가 있고, 제각각 a 또는 b 상태를 차지한다면 각 입자가 가질 수 있는 상태는 2개, 그러니까 총 2^N개의 서로 다른 방식으로 N개의 입자를 배치할 수 있다. 그리고 모든 입자가 독립적으로 자신이 들어갈 상태를 선택한다고 치면 에너지 준위 a에 들어 있는 평균 입자 개수는 $\frac{Np}{1+p}$가 될 것이다.

이번에는 입자가 서로 구별되지 않는 경우를 살펴보자. 가능한 입자 배치 경우의 수가 고작 N+1개로 줄어든다. 가능한 상태는 a에 입자가 0, 1, ···, N개 있는 경우뿐이기 때문이다. 이번엔 a에 들어 있는 입자의 평균 개수를 계산해보겠다. 조금 복잡하기는 하지만 고등학교 수학 실력만 발휘해도 알아낼 수 있다. 답은 $\frac{p}{1-p} - (N+1)\frac{p^{N+1}}{1-p^{N+1}}$이다. 구분 가능한 입자를 가정했던 앞의 경우와는 많이 다르다. 총 입자 개수 N이 무한대로 커지는 경우를 따져보면 그 차이가 극적으로 드러난다. 입자를 구별할 수 있는 경우에는 높은 에너지 상태 a에 들어 있는 평균 입자의 개수도 함께 무한대로 커진다. 반면 입자를 구별할 수 없는 경우에는 평균 입자의 개수가 $\frac{p}{1-p}$로 제한된다. 높은 에너지 상태에 들어갈 수 있는 입자의 개수가 유한하게 제한된다는 뜻이다.

1920년대 후반, 아인슈타인이 입자의 구별 불가능성을 고려하면서 이론적으로 관측한 사실이 정확히 이런 것이었다. 동일한 입자라면 근본적으로 구별할 수 없어야 한다는 점을 고려하면 (에너지가 높은) 들뜬 상태에 존재하는 입자의 개수는 제한된다는 것, 즉 들뜬 상태의 포화가 이루어진다는 것, 그리고 들뜬 상태에 들어가지 못한 잉여 입자들은 모두 (에너지가 낮은) 바닥 상태를 차지하게 된다는 것이다. 이것이 보스-아인슈타인 응축 현상이다. 보손들이 잔뜩 모여 있는 물리계에서 입자의 밀도가 충분히 커지거나 온도가 충분히 낮아질 때 발생한다. 이런 응축이 일단 일어나면 이 물리계는 엄청난 수의 입자가 들어찬 바다 상태와 약간의 입자들로 포화된 들뜬 상태의 합으로 이해할 수 있다. 동일한 바다 상태를 공유하는 입자들의 집합체를 보스-아인슈타인 응축체Bose-Einstein condensate(BEC)라고 부른다.

아인슈타인이 이런 이론적 예측에 도달했던 과정도 흥미롭다. 우선 보스-아인슈타인 응축이라는 이름에서 알 수 있듯이 사티엔드라 보스의 연구가 이 이론의 시작이었다. 1924년, 보스는 흑체복사를 설명하기 위한 새로운 시도로 광자들을 서로 구별할 수 없는 입자로 취급하고는, 앞서 소개한 경우의 수 문제 풀이와 비슷한 방식으로 광자 분포에 대한 경우의 수를 따져서 흑체복사 스펙트럼을 설명하는 이론을 만들었다. 보스는 이 결과를 정리한 논문을 여러 학술지에 보냈지만 모두 게재를 거부당했다. 그 대신 편지를 써서 자신의 논문을 아인슈타인에게 소개했다. 아인슈타인은 보스의 이론이 갖고 있던 새로움을 바로 인식했고, 그의 논문을 독일어로 직접 번역해 논문이 독일 학술지에 출판될 수 있게 추천하고 도와주었다. 아인슈타인은 여기서 한발 더 나아가 질량이 없는 광자뿐 아니라 질량이 있는 일반적인 입자에도 동일한 논리를 적용했다. 질량이 유한한 보손 입자들이 모인 집단에서는 어떤 임계밀도 이상이 되는 순간 보스-아인슈타인 응축 현상이 일어난다는 예측은 이렇게 만들어졌다. 질량이 0인 광자의 집단에서는 보스-아인슈타인 응축이 일어나지 않는다. 정말로 '아인슈타인다운' 생각의 전개가 아닐 수 없다. 이 당시 아인슈타인은 드브로이의 물질파 이론에 대해 이미 알고 있었다고 한다. 물질파 이론이라는 것은 우리가 입자라고 생각하던 것들을 파동으로 생각할 수도 있고, 입자의 속성인 운동량이나 에너지를 파동의 속성인 파장이나 주파수로 해석할 수도 있다는 주장이다. 보스는 자신의 논문에서 파동으로 알고 있던 빛을 구별 불가능한 입자들로 보고 이론을 만들었다. 아인슈타인은 드브로이를 본받아, 흔히 입자라고 생각하던 물질계를 물질파, 즉 일종의 파동계로 바라보는 시도를 했다고 생각할 수도 있다. 보스-아인슈타인 응축이 발생하기 위한 조건을 따져보면 어떤 입자가 갖고 있는 물질파 파장이 입자 사이의 간격과 비슷해지는 바로 그 시점이다. 온도가 낮아질수록 입자의 드브로이 물질파의 크기는 차츰 커지고, 어느 순간 입자 하나의 물질파가 주변의 다른 입자가 갖는 물질파와 겹치기 시작한다. 바로 그 순간 보스-아인슈타인 응축 현상이 발생한다.

바닥 상태에 응축된 보손 입자들은 단순히 같은 상태에 함께 있을 뿐 아니라 외부 자극에 대해서 집단적인 반응을 보인다. 이런 집단 반응 능력이 저온 액체 헬륨이나 초전도체의 초유체성superfluidity의 바탕 원리다. 초유체성이란 유체가 마찰 없이 흐르는 독특한 양자 현상이다. 1930년대에 액체 헬륨이 보이는 초유체 상에 대한 초기 연구 결과가 알려지면서 헬륨 초유체의 본질이 보스-아인슈타인 응축 상태일 것이라는 제안이 나왔고, 그 이후 많은 물리학자들 사이에 갑론을박이 이어졌다. 아인슈타인 본인도 이러한 논의를 접한 후에 자신의 예측이 갖는 중요성을 진지하게 다시 생각하기 시작했다고 한다. 아쉽게도 액체 헬륨 속 헬륨 원자들 사이의 상호작용은 너무 강해서 보손 사이의 상호작용을 고려하지 않은 보스-아인슈타인 응축 이론을 바로 적용하는 게 불가능했다. 그래서인지 물리학자들은 헬륨 액체 대신 상호작용이 매우 약한 이상기체 상태에서 보스-아인슈타인 응축을 관측할 수 있기를 오랫동안 열망했다.

　다시 기체 냉각 이야기로 돌아가자. 여러 개의 전자들과 핵으로 구성된 원자도 스핀의 크기에 따라 보손과 페르미온으로 분류된다. 간단히 말하면 원자를 구성하는 전자의 스핀과 원자핵의 스핀값을 모두 더한 것이 원자의 총 스핀값이다. 총 스핀값이 정수인 보손 원자를 기체 상태로 포집하여 이를 극도로 낮은 온도로 냉각할 수만 있다면 보스-아인슈타인 응축 현상을 관측할 수 있지 않을까? 그렇다면 원자 기체의 온도를 어느 정도로 내려야 하는 걸까? 레이저 냉각된 원자 기체가 보스-아인슈타인 응축을 하려면 기체의 온도를 나노켈빈 정도로 내려야 한다는 결론을 쉽게 얻을 수 있다. 현실적으로 마이크로켈빈에서 나노켈빈으로 기체를 1000배나 더 냉각하는 게 과연 가능할까? 원자의 평균 속도를 초속 수 센티미터에서 수 밀리미터로 낮추어야 하는데, 끔찍할 정도로 어려워 보인다. 그렇지만 물리학자들은 이 놀라운 자연 현상을 관측하겠다는 열망으로 이 일에 도전하고 또 도전했다. 마치 19세기 중반부터 20세기 초까지 기체의 액화 실험에 뛰어든 수많은 과학자들처럼 말이다.

도전과 경쟁, 그리고 새로운 발견

이상적인 이론에 따르면 보스-아인슈타인 응축 현상이 어느 임계온도에서 반드시 발생해야 하는 게 당연했지만, 실제 기체 실험에서 이 현상을 관측할 수 있을지는 미지수였다. 일단 이렇게 낮은 온도에서 원자의 충돌 성질이 어떻게 변모할지 아무도 몰랐다. 가장 걱정스러운 문제는 삼체 결합 현상이었다. 극도로 낮은 온도에서 기체 상태가 준안정적으로 유지되려면 원자들끼리 뭉치는 반응이 철저히 배제되어야 한다. 그러려면 기체 밀도를 극히 낮게 유지해서 원자 3개가 충돌할 확률을 원천적으로 줄여 액화의 길을 차단해야 한다. 삼체 충돌 확률은 원자 밀도의 제곱에 비례하고, 기체의 밀도를 낮추면 낮출수록 일어날 가능성이 희박해진다. 그렇지만 밀도를 너무 낮추면 원자 2개의 충돌 횟수마저 줄어들게 되고, 기체가 열평형 상태를 이루는데도 많은 시간이 필요하다.

열평형이란 에너지가 많은 원자가 적은 원자에게 에너지를 조금씩 덜어준다는 의미인데, 두 입자 사이의 충돌이 없으면 이런 에너지 재분배도 일어나지 않는다. 설령 극저온 기체를 잘 만든다 해도 그 수명은 유한하다. 고진공 챔버에서 실험을 한다고는 하지만 실험 장비 자체는 상온에 있고, 따라서 상온에 해당하는 운동에너지를 갖는 배경 기체가 매우 적은 양이나마 챔버 속에 공존한다. 만약 극저온 기체 원자가 이런 상온 원자와 충돌하면 순식간에 높은 속도를 얻어 튕겨져 '날아가'버린다. 조용하게 살고 싶은 원자에게 난데없이 총알과 대포알이 날아오는 꼴이다. 이 때문에 애써 만든 극저온 기체 시료가 시간이 흐르면 서서히 사라져버린다. 뿐만 아니라 기체의 밀도를 낮추면 보스-아인슈타인 응축 현상이 발생하는 임계온도도 함께 낮아진다. 골을 넣어야 하는데 골대의 크기가 점점 줄어드는 셈이다. 아무도 가보지 않은 전인미답의 영역을 개척하는 실험물리학자의 마음은 좀 복잡해진다.

어떤 원자를 사용하는 것이 가장 좋을까? 1970년대 중반, 스핀이 한 방향으로 편극된 수소 원자는 다른 수소 원자와 결합할 수 없고, 따라서 절대영도에서도 기체 상태로 남아 있을 것이란 주장이 제기되었다. 이 주장을 바탕으로 수소 기체 응축 실험이 추진되었다. 전통적인 냉각 방식을 사용해 초유체 헬륨 막으로 덮인 셀cell 안에 수소 기체를 압축하는 방식으로 진행된 이 실험은 보스-아인슈타인 응축 조건에 근접하는 듯했지만 결국 응축 현상을 보이는 데는 실패했다. 셀이 차가워지면서 수소가 헬륨 막에 붙어버리는 일이 발생했고, 수소 밀도가 응축에 필요한 밀도 임계 조건에 도달하지 못한 게 그 이유였다. 셀의 온도를 조금 올려 수소가 표면에 붙는 현상을 저지하려고 하면 대신 응축에 필요한 임계밀도 값이 커져버리고, 그런 밀도 값을 유지하려면 이번엔 삼체 결합을 통한 수소 분자 형성을 무시할 수 없게 됐다. 사방이 꽉 막힌 진퇴양난의 형국이었다.

1980년대 후반, 수소 기체 냉각 실험에서 아주 중요한 2개의 아이디어가 제안되었다. 첫째는 스핀 편극된 수소 기체를 외부 자석이 만드는 자기장 속에 가둠으로써 냉각기 표면과의 접촉을 차단하는 방안이었다. 둘째는 이렇게 자기장에 포획된 기체에 증발 냉각 기법을 적용하는 것이었다. 편극된 수소 원자는 마치 작은 나침반 같은 성질을 갖고 있어 자기장을 통해 그 운동을 제어할 수 있다. 챔버 한가운데 수소 원자가 갇힌 채 헬륨 벽에 닿지 않도록 할 수 있다는 의미다. 증발 냉각 기법은 원자 기체 속 원자 중에 특별히 빠르게 움직이는 원자들을 선택적으로 제거함으로써 남아 있는 원자들의 평균 운동에너지를 낮추는 방법이다. 마치 어떤 동호회에서 회원을 잔뜩 모집한 뒤 흥미를 느끼지 못하는 회원은 언제든 탈퇴하도록 내버려두면 결국 골수

회원만 남게 되는 현상과 비슷하다. 게다가 이 두 아이디어는 서로 관련되어 있다. 자기장 트랩에 갇혀 있는 수소 기체에서는 증발 냉각도 자연스럽게 발생한다. 수소 원자가 자기장 트랩을 벗어나려면 일정 수준 이상의 에너지가 필요한데, 결국 이 트랩을 벗어나 소실되는 수소는 운동에너지가 충분히 크고, 벗어나지 못하는 수소는 에너지가 그만큼 작다는 뜻이다. 뜨거운 커피를 빨리 식히기 위해 컵 뚜껑을 열어놓는 것과 정확히 같은 이유이다. 이런 실험 기술의 도입 덕분에 수소 기체 냉각 연구는 새로운 국면을 맞이했다. 1990년대 초, 100마이크로켈빈의 온도에서 임계밀도의 20퍼센트까지 수소 기체의 밀도를 높이는 데 성공한 것이다. 그러나 아쉽게도 증발 냉각을 거치면서 자기장 트랩에 남아 있는 수소 기체 시료의 양 자체가 줄어들었고, 남은 수소 시료의 상태를 확인하는 데 필수적인 측정 신호의 세기도 함께 작아지는 어려움이 생겼다.

1980년대 후반부터는 헬륨 환경에서 냉각된 수소 원자 대신 레이저 냉각된 원자 기체를 사용하는 실험이 발전하면서 보스-아인슈타인 응축의 새로운 경쟁 시스템으로 급부상했다. 수소 기체 실험에서 사용된 자기장 트랩과 증발 냉각의 아이디어가 레이저 냉각된 기체 시료에 그대로 적용되었다. 레이저 냉각 실험은 전통적인 극저온 헬륨 냉각기를 이용한 실험에 비해 상대적으로 편했다. 물론 레이저 냉각 실험도 쉽지 않았지만 극저온 냉각기 실험과 비교하면 불평할 수준은 아니었다. 자기장 트랩의 구조를 바꾸고 싶으면 진공 챔버 주변으로 설치된 전류 도선을 새로운 구조로 만들어 교체하면 그만이었다. (전류가 흐르는 도선은 주변에 자기장을 만든다. 전자석의 원리다.) 게다가 기체 시료의 모습을 사진으로 찍는 것도 가능해진 덕분에 증발 냉각으로 작아진 시료 크기는 카메라의 배율을 높여 측정하는 방식으로 보상할 수 있었다. 그렇지만 여전히 극저온 원자들 사이의 충돌 성질이 어떤지 완벽하게 알려지지 않은 상황에서 레이저 냉각이라는 새로운 시도의 성공 여부는 장담할 수 없었다. 레이저 냉각이 잘된다고 알려진 알칼리 원자인 소듐, 루비듐, 리튬 등이 사용되었고, 세계 유수 대학의 연구실이 본격적으로 실험 경쟁에 돌입했다.

다행히도 기체 시료의 밀도가 응축 임계점에 차츰 접근하는 결과가 해마다 보고되었다. 1995년 무렵에는 언제 어느 연구팀이 최초로 양자 기체의 보스-아인슈타인 응축을 최초로 관측하는 데 성공했다고 선언할지 모르는 상황이었다. 기체 밀도를 두세 배만 더 올리면 응축 임계점에 도달하는 지경에 이르렀을 때는 매 학술행사가 긴장과 기대의 연속이었다고 한다. 드디어 1995년 7월 14일, 〈사이언스〉에 논문 한 편이 발표된다. 이 논문의 제목은 〈희박한 원자 기체의 보스-아인슈타인 응축 관찰〉이었고, 논문의 주저자는 미국 콜로라도대학교의 칼 와이먼과 에릭 코넬이었다. 논문에 등장하는 그림 중에는 온도를 내리면서 측정한 루비듐 기체 원자의 운동량 분포도가 있다. 〈그림 1〉에 보이는 봉우리는 온도가 어느 임계온도 이하로 내려갈 때 기체 시료의 중앙부에 수많은 원자들이 몰리며 응축체를 형성하는 모습이다. 이것이 바로 보스-아인슈타인 응축 사진이다. 1925년 아인슈타인이 예측했던 물리 현상이 70년 만에 드디어 '사진 찍힌' 것이다. 이 논문이 〈사이언스〉에 제출된 날짜는 6월 26일, 게재가 확정된 날은 6월 29일이다. 단 사흘 만에 게재가 결정된 것이다. 전해지는 이야기에 따

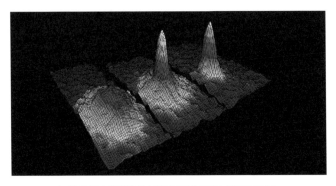
〈그림 1〉 온도 변화에 따른 루비듐 기체 원자의 운동량 분포도.

르면, 그 당시 학술지 편집장이 논문 심사자들에게 이 논문을 보내면서 요구한 심사평은 오직 'Yes/No' 둘 중 하나였다고 한다.

이로부터 약 두 달 뒤 미국 MIT의 볼프강 케테를레 교수 연구실에서도 루비듐 대신 소듐 원자 기체를 응축하는 데 성공했다. 〈사이언스〉에 논문을 투고하기 직전 코넬 교수는 자신의 결과를 그해 6월 이탈리아의 카프리섬에서 열린 학회에서 처음 공개했다. 학회 첫날 아침 첫 시간에 코넬의 초청 강연이 있었고, 이어서 경쟁자인 케테를레 교수의 발표가 예정되었는데, 정작 케테를레 교수는 나타나지 않았다고 한다. 학술 행사에서 예고 없이 연사가 나타나지 않는 것은 매우 드문 일이라 학회에 참석한 많은 학자들 사이에 설왕설래가 있었는데, 케테를레 교수는 그 시간 자기 연구실에서 밤을 새워가며 실험하고 있었던 것이다. 공동 1등이 되느냐 영원한 2등이 되느냐의 순간이었다. 또 다른 유력한 경쟁 그룹으로 미국 라이스대학교의 랜들 휼렛 교수 팀이 있었다. 이들은 앞선 두 팀과 달리 리튬 원자에 주목했는데, 아쉽게

도 리튬 원자는 극저온에서 서로 잡아당기는 상호작용을 하는 바람에 안정적으로 응축 현상을 보기 어렵다는 게 나중에야 알려졌다. 그렇지만 휼렛 연구진 역시 각고의 노력으로 1997년에는 리튬 원자 기체의 응축을 관측하는 데 성공했다. 레이저 냉각 기체 실험의 성공 소식이 연이어 전해지는 가운데 수소 기체의 응축 또한 1998년 MIT의 토머스 그레이택과 대니얼 클레프너 교수 연구팀이 드디어 성공했다. 비록 첫 번째 보스-아인슈타인 응축을 관측하는 영예는 레이저 냉각 기체가 가져갔지만, 20년간 이어진 수소 기체 응축이란 경주를 성공적으로 마치는 순간이었고, 많은 연구자의 마음을 흡족하게 하였다.

2001년 노벨 물리학상은 이 새로운 물질 상태를 실험실에서 구현한 세 물리학자, 에릭 코넬과 칼 와이먼, 그리고 볼프강 케테를레에게 돌아갔다. 보통 노벨상은 업적이 나오고 수십 년이 지난 후 받는다고 해서 우스갯소리로 오래 살아야 받을 수 있다고도 한다. 6년 만에 노벨상이 주어졌다는 것은 기체 상태의 보스-아인슈타인 응축 현상 관측이 그만큼 오랫동안 기다려온 결과라는 것을 보여준다.

한 가지 궁금한 점이 생긴다. 케테를레 교수는 비록 두 달 차이이긴 하지만 엄연히 최초를 놓치고 두 번째로 응축을 관측하는 데 성공했는데 어떻게 최초 발견자들과 함께 노벨상을 받을 수 있었던 것일까? 수상자 3인에 대한 노벨상 수여 업적은 "보스-아인슈타인 응축을 알칼리 원자 기체에서 구현하고 그 기본 성질을 연구함"이었다. 응축 상태를 구현한 것뿐만 아니라 그 성질을 연구한 것도 노벨상 수여의 이유 중 하나라는 의미인데, 케테를레 교수는 바로 이 후자에서 최고의 업적을 남겼다. 응축된 물질이 하나의 거대한 물질파라는 사실을 실험

으로 보인 것이다. 케테를레 교수 연구팀은 1997년, 2개의 독립적인
응축체를 만든 뒤 이들을 한 공간에서 겹쳐보는 실험을 최초로 성공
했다. 우선 자기장 트랩 한가운데 레이저 빔으로 장벽을 설치한 뒤
2개의 분리된 공간에 각각 응축체를 만들었다. 그 후에는 자기장 트랩
과 레이저 장벽을 동시에 제거했다. 장벽이 사라진 두 응축체는 자유
팽창을 하다가 서로 겹치게 된다. 케테를레 연구팀은 이 겹치는 영역
에서 원자 구름이 간섭무늬를 형성하는 것을 관측했다. 수많은 보스
원자가 동일한 양자 상태를 공유하면서 거대한 물질파 덩어리를 형성
하고 있다는 증거였다. 간섭 효과는 파동의 대표적인 성질이다. 예를
들어 레이저 빔 2개를 벽면의 한 지점에 쏘면 겹친 지점에는 간섭무늬
가 생긴다. 이런 의미에서 보스-아인슈타인 응축체를 '원자 레이저'라
고도 부른다.

　필자는 학부생 시절, 어느 과학 월간지의 최신 연구 소식란에서 이
응축체의 간섭 사진을 처음 보았다. 그때의 묘한 감동을 잊을 수가 없

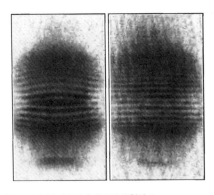

〈그림 2〉 보스-아인슈타인 응축체의 간섭 현상. (M. R. Andrews et al.(1997))

다. 이미 대학교 양자역학 수업에서 양자역학적인 입자는 파동성을 가진다는 것은 배웠지만 그건 어디까지나 교과서적인 지식이었다. 막상 수백만 개의 원자가 마치 하나의 파동처럼 움직이며 간섭무늬를 만들어내는 장면을 사진으로 대면하고 보니 완전히 새로운 전율이 느껴졌다. 양손에 모래를 한 주먹씩 쥐고 책상 위에 뿌리면 절대로 물결무늬가 생기지 않는다. 그런데 원자가 응축하면 이런 물결무늬가 생긴다. 게다가 응축체의 크기가 몇 밀리미터나 된다는데, 이건 결국 파동함수가 눈에 보인다는 의미였다. 눈에 보이는 파동함수란 것을 누가 상상이나 해보았겠는가? 이 사진 덕분에 필자는 극저온 원자 기체 실험에 매료되었고, 케테를레 교수 연구실에서 박사학위 연구를 시작하게 되었다. 필자가 유학 생활을 시작한 것은 2001년 8월이었고, 지도교수가 노벨상을 받은 것은 그해 11월이었다. 만일 한 해 늦게 유학을 떠났더라면 그 연구실에 들어가지 못했을 것이다. 운 좋게 막차에 올라탄 행운아가 된 느낌이었다.

극저온 원자 기체 연구와 그 쓸모

지난 25년간 극저온 원자 기체 실험 기술은 레이저 기술과 더불어 급격하게 발전했다. 연구 초창기 때보다 훨씬 쉽게 그리고 다양한 원자를 대상으로 극저온 기체 시료를 만들 수 있다. 이제는 두 종류의 원자기체를 섞은 극저온 분자 기체 시료를 만들려는 노력도 한창이다. 마치 원자를 레고 블록처럼 갖고 놀고 싶어하는 것 같다.

새로운 원자 제어 기술이 개발되면서 극저온 원자 기체 시료를 이용한 연구의 범위도 확장되고 있다. 대표적인 예로 광격자optical lattices 기술이 있다. 여러 개의 레이저 빔이 교차하면서 간섭무늬를 만든 곳에 원자를 두면 원자 또한 레이저의 간섭무늬에 맞춰 주기적으로 배열하게 된다. 격자 모양으로 배열된 원자는 고체 결정 속에서 전자가 느끼는 것과 매우 비슷한 환경을 경험하게 된다. 레이저 빔의 배열과 세기를 조절하면서 다양한 격자 구조를 만들 수 있고, 새로운 물질 상태도 만들어낼 수 있다. 광격자 실험을 통해 원자 기체 시스템이 초유체에서 절연체로 변하는 이른바 모트Mott 상전이 현상을 관측한 것이 대표적인 사례다.

또 다른 발전 사례로는 외부 자기장을 이용해 원자 간 상호작용의 세기를 조절하는 기술을 들 수 있다. 이 조작을 통해 금속에서만 존재하던 초전도체와 유사한 상태가 페르미온 원자 기체에서 만들어지기도 한다. 이 밖에 고체나 액체의 물성으로만 믿었던 스핀-궤도 결합 효과나 초고체성supersolidity, 또 전하가 있는 입자만 느낀다고 생각했던 자기장 효과 등도 레이저 빔을 잘 조작해서 인공적으로 만들어내는 기술 역시 개발되었다. 다양한 방식으로 제어가 가능한 극저온 원자 기체 연구는 앞으로 양자 흉내내기quantum simulation라는 큰 틀 안에서 지속적으로 발전할 것 같다. 우리가 그 비밀을 풀고 싶어하는 물질이 있다고 치자. 막상 그 물질 자체를 연구하기에는 물질이 너무 복잡하거나, 그 물질을 서술하는 수학적 모델이 너무 풀기 어려운 경우가 허다하다. 이럴 때 양자 기체를 이용해 매우 비슷한 모델 물질계를 만들 수 있으면, 양자 기체 실험을 통해 본래 이해하려는 물질계의 비밀을 체계적으로 밝힐 수 있을 것만 같다. 이런 시도를 양자 흉내내기라고 부르고, 양자 기체는 이런 연구를 하기에 가장 적당한 환경을 제공한다.

끝으로, 나노켈빈보다 더 낮은 온도로 원자 기체를 더 강력하게 냉각하는 새로운 방법은 없을지 질문해본다. 레이저 냉각 기술이 발명되면서 원자 분광학이 비약적으로 발전하였고, 증발 냉각 기술이 도입되면서 비로소 나노켈빈의 양자 기체가 구현됐다. 한층 더 강력한 냉각 기술의 도입은 현재 양자 기체 학계의 공통된 기대이며 요구이다. 절대영도에 가까워지려는 과학자들의 노력에 획기적인 진보가 있을 때마다 물리학 역사에 큰 이정표가 세워졌다. 레이저 냉각이나 증발 냉각 방식처럼 의외로 간단한 착상에서 새로운 냉각 방식이 발견될 수도 있을 것이다.

3부 **일상 속 물질**

빛의 재발견

: 우리 빛이 달라졌어요

김튼튼

울산대학교 물리학과 교수. 빛에는 본래 없던 띠틈을 인공적으로 구현할 수 있는 광결정의 매력에 빠져 자연에 존재하는 물질을 뛰어넘거나 존재하지 않는 물성을 구현할 수 있는 메타물질까지 연구하고 있는 물리학자다. 학창 시절에는 물리를 제일 못했지만 물리학을 좋아하고 물리학자들을 동경해서 아직까지 물리학을 계속하고 있다. 물리를 쉽고 재미있게 설명하는 데 관심이 많아 대중 강연이나 팟캐스트 출연에도 적극적으로 참여한다. 필자처럼 한글 이름을 가진 두 아이의 아빠이며 진심으로 맥주를 사랑하는 동네 아저씨기도 하다.

빛이 없는 세상을 상상할 수 있을까? 빛은 사물을 보게 할 뿐 아니라 휴대전화, 텔레비전, 모니터, 인터넷, 그리고 각종 의료기기 등에서 다양하게 활용되고 있다. "백 번 듣는 것보다 한 번 보는 것이 낫다" 또는 "보는 것이 믿는 것"이라는 동서양 속담만 봐도 빛이 얼마나 우리 생활에 중요한 역할을 하는지 알 수 있다. 필자가 어린 시절 아버지를 도와 저녁에 일을 할 때면 "전등 좀 제대로 비춰봐, 뭐가 보여야 일을 하지" 하던 아버지 말씀이 떠오른다. 성경에도 태초에 하나님이 천지를 창조하자마자 빛부터 만들었다고 하는 걸 보면 전지전능한 창조주마저 일단 전등부터 켜고 일을 시작했나 싶다. 인류는 자연으로부터 주어지는 빛만으로 만족할 수 없었다. 당장 추위에 맞서 싸워야 했고, 어둠을 극복하여 천적들로부터 살아남아야 했다. 장작을 태우거나, 전기를 이용해 필라멘트를 달궈 빛을 내는 백열등 또는 형광 물질을 통해 자외선을 가시광선으로 만드는 형광등을 만들어서, 그리고 최근에는 반도체를 이용한 발광다이오드(LED) 등 다양한 방식을 통해 인공적으로 빛을 얻어냈다. 인류의 역사는 빛 정복의 역사와 그 보폭을 같이 했다고 해도 과언이 아니다. 만약 우리가 태양으로부터 얻는 빛에 만족하고 살았다면 여전히 원시시대의 삶에서 벗어나지 못했을 것이다.

빛을 잘 발생시키는 것 못지않게 그 빛을 자유자재로 조작하는 것도 중요하다. 빛은 세상에서, 아니 온 우주에서 가장 빠르게 움직이는 물질이며 따라서 정보를 빨리 전달하는 데도 뛰어날 수밖에 없다. 그렇다면 왜 우리는 여전히 '광자 제품'이 아닌 '전자 제품'을 사용하는 것일까? 좀더 구체적인 예를 들자면 왜 휴대전화에 달린 유일한 광학 장치인 카메라는 보기 싫게 툭 튀어나와 있는 것일까? "우리 애는 머리는 좋은데 노력을 안 해." 주변에서 한 번쯤 들어봤을 이야기다. 빛을 오랫동안 다뤄온 필자에게는 빛이 딱 그렇게 느껴진다. 빛은 길들여지지 않은 야생마에 비유된다. 말 잘 듣는 전자는 전선에 전압만 걸어주면 그 전선이 제아무리 휘거나 꺾여 있어도 딴 길로 가지 않고 잘만 따라가는데 빛은 (우리가 경험적으로 잘 알 듯) 사방으로 흩어지거나 반사해버린다. 광학이라고 불리는 과학은 결국 이런 야생마 같은 빛을 길들여 제어하는 과학이라 할 수 있다. "우리 아이가 달라졌어요!" 필자 같은 나노광학자들이 어떤 식으로 정교하게 빛을 조작하려고 노력하는지 소개한다.

빛의 반사와 굴절

빛을 조작하는 방법은 다양하다. 사방으로 퍼지는 빛에 처음으로 방향성을 효과적으로 준 도구는 두말할 나위 없이 거울이다. 연못에 반사된 모습을 사랑한 나머지 입맞춤을 하려다 그것이 자신의 모습인 줄 알고 연못에 몸을 던졌다는 나르키소스 이야기는 자연이 주는 거울의 예시다. 인간이 만든 거울 중 가장 오래된 것은 현재 튀르키예 영토인 아나톨리아 지역의 고대 무덤에서 발견되었는데 기원전 약 6000년경에 만들어졌다. 거울의 역할은 자신의 모습을 볼 수 있게 해주는 데 그치지 않는다. 형광등의 빛이 다른 곳으로 퍼지지 않고 한쪽 방향으로 진행하도록 하는 반사판이나 외부에서 들어오는 전파를 한곳으로 모아주는 위성 안테나도 알고 보면 일종의 거울이다. 빛의 반사를 잘 활용한 발명품이 바로 광섬유다. 빛을 한 곳에서 다른 곳으로 전달하는 것은 여간 어려운 일이 아니다. 그러나 인류는 전반사라는 물리적 현상을 적절히 활용해 이 난제를 극복했다. 1842년 프랑스의 물리학자 장다니엘 콜라동은 곡선을 그리며 바닥으로 떨어지는 물줄기 안에 빛이 갇힌 채 퍼지지 않고 물줄기와 함께 진행하는 현상을 관측했는데, 그 원인은 물줄기 속의 빛이 물의 경계면에서 계속 반사되어 물속으로만 진행하기 때문이라는 것을 알아냈다. 이런 현상을 내부 전반사 total internal reflection라고 한다.

전반사를 이해하기 위해서는 빛의 굴절과 물질의 굴절률에 대해 알아야 한다. 가장 쉬운 사례로 공기 중의 빛이 물을 통과할 때를 생각해 보자. 공기와 물의 경계면에서 빛의 일부는 공기 중으로 반사되고 나머지는 투과하여 물속을 지나간다. 물을 투과한 빛의 진로는 경계면에

〈그림 1〉 콜라동의 전반사를 이용한 빛 도파 실험.

서 꺾이는데 이를 굴절이라 한다. 이때 물 내부를 지나가는 빛의 속력은 공기 중의 빛보다 약 1.3배 정도 느려지는데, 이 느려지는 비율을 굴절률이라고 한다(따라서 물의 굴절률은 1.3이다). 흔히 빛의 속력은 불변이라고 말하지만 그것은 진공 속을 달리는 빛의 속력이 일정하다는 의미이다. 왜 물속에 들어가면 빛이 느려질까? 물을 구성하는 각종 원자들이 빛을 흡수하기 때문이다. 물은 다양한 종류의 원자로 구성되어 있고 각 원자에는 제각각 그 원자핵에 구속된 전자가 있는데 물속을 지나는 빛은 이런 전자를 만날 때마다 그 전자에게 흡수되었다가 다시 방출된다. 이런 흡수와 방출 과정이 반복되면서 빛의 진행 속력이 느려진다.

빛이 공기보다 물에서 다소 느리게 움직인다고 치자. 그렇다고 해서 빛이 공기 중에서 물속으로 들어갈 때 굴절되어야 할까? 수학의 '페르마 정리'로 유명한 피에르 드 페르마는 1658년 빛이 굴절하는 이유에 대한 혁신적인 생각을 제시했다. 우선 페르마는 빛이 한 점에서 다른 점까지 여러 개의 직선 경로를 만들면서 움직인다고 가정했다(〈그림 2〉 가운데). 시작점과 끝점을 직선으로 이으면 두 점을 잇는 '최단 경로'가 만들어진다. 그런데 빛은 이 최단 경로를 따라가지 않고 '최소 시간' 경로를 따라간다는 것이다. 물에서는 빛이 좀 느릿느릿 움직이기 때문에 빛이 물속에서 이동하는 시간을 가급적 줄여야만 전체적으로 빛이 물 밖의 한 점에서 물속의 다른 한 점으로 이동하는 시간을 최소화할 수 있다. 빛에 눈이 달린 것도 아니고 전자 계산기를 들고 다니는 것도 아닌데 어떻게 이렇게 최소 시간 경로를 찾아 움직일 수 있을까? 쉽사리 통제가 안 돼서 그렇지 제법 똑똑한 빛의 매력에 빠지지 않을 수 없다. 최소 시간의 원리를 좀더 직관적으로 이해하고 싶다면 도로에서 구르던 드럼통이 모래밭에 다다를 때를 생각해보자. 구르던 통의 한쪽 끝이 모래밭에 먼저 다다르면 그때부터 움직이는 속력이 느려지는 사이 다른 쪽이 더 빠르게 움직이면서 자연스럽게 드럼통의 진행 방향이 〈그림 2〉의 오른쪽처럼 바뀌게 된다.

이렇게 페르마의 원리에 따른 빛의 굴절을 이해했다면 이번엔 거꾸로 물속에서 출발한 빛이 물 밖으로 진행하는 과정을 그려보자. 〈그림 2〉의 가운데 그림에서 화살표의 방향을 바꿔보면 된다. 이번엔 빛이 물 밖으로 나올 때의 방향이 물 표면(수면) 쪽으로 휘어진다. 빛이 수면에 비스듬하게 닿을수록 굴절된 빛은 표면에 더 나란하게 된다. 여기서 빛이 물속에서 진행하는 방향을 한층 더 기울이면 아예 빛이 공기 중으로 나오지 못하는 상황도 벌어진다. 전반사는 (물처럼) 굴절률이 큰 물질에서 (공기처럼) 작은 물질로 빛이 진행할 때 경계면에 비스듬하게 진행하는 빛이 표면을 투과하지 못한 채 온전히 반사되는 현상이다. 앞서 말한 콜라동의 실험에서 빛이 물줄기 바깥으로 퍼지지 않는 이유이기도 하다.

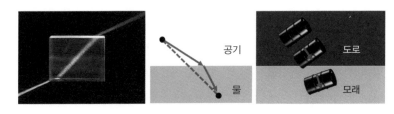

〈그림 2〉 빛의 굴절.

이런 원리에 따라 굴절률이 큰 물질(코어core)을 굴절률이 작은 물질(클래딩cladding)로 감싸 인공적으로 빛이 전반사를 계속하며 움직일 수 있는 길을 만들고, 아주 먼 곳까지 빛을 전달해주는 물질이 바로 〈그림 3〉과 같은 광섬유다. 말하자면 어디로 튈지 모르는 야생마 같은 빛에 눈가리개를 씌워 앞만 보고 달리도록 해준 셈이다. 광섬유 연구 초기에 과학자들은 광섬유를 활용하여 빛을 전송하는 게 가능한지 연구했는데, 문제는 광섬유를 따라 몇백 미터만 가면 빛이 다 사라져버린다는 것이었다. 마침 1960년대 초반 레이저가 발명됐고, 중국계 영국인 찰스 가오 박사는 1966년 광섬유를 통해 레이저 광선을 전송할 수 있다는 연구 결과를 발표했다. 이후 유리 제조사 코닝Corning의 과학자들이 한 줄의 길이가 1킬로미터에 달하는 광섬유를 만들었고, 그 후로도 끊임없이 품질을 개선한 덕분에 지금은 1킬로미터당 빛의 손실률이 5퍼센트 미만에 불과한 수준으로 좋아졌다. 본래 광섬유 유리에는 불순물이 많아 그다지 투명하지 않았다(즉 빛이 먼 거리를 이동하지 못했다). 가오 박사는 빛이 잘 진행하지 못하고 사라지는 이유가 광섬유 속에 포함된 불순물 때문이라는 사실을 밝혀냈고, 이 불순물을 제거하면 빛이 전달되는 거리가 늘어날 것이라고 예측했다. 그는 이런 공로를 인정받아 2009년 노벨 물리학상을 공동 수상했다. 노벨상은 새로운 아이디어나 발명품의 기초 원리를 최초로 도출한 사람이 받는 게 일반적인데, 가오 박사는 광섬유 자체를 개발하는 대신 그 속에서 빛이 전파하는 원리를 규명한 공로가 수상 이유였다는 측면에서 그 당시 논쟁이 되기도 했다.

광섬유를 통해 빛을 운반하면 구리선에서 전자를 운반하는 것보다

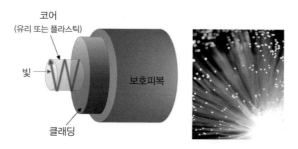

코어
(유리 또는 플라스틱)

빛

보호피복

클래딩

〈**그림 3**〉 광섬유의 구조. 빛이 굴절률이 큰 코어와 굴절률이 작은 클래딩의 경계에서 전반사하여 진행
한다.

훨씬 많은 양의 정보를 빠르게 보낼 수 있다. 우리가 빛을 길들여서 얻는 큰 혜택이다. 전반사는 광섬유 외에도 다양하게 활용되고 있다. 자동차에서 비가 오는 정도에 따라 와이퍼의 속도를 자동으로 조절해주는 레인 센서가 대표적 예다. 차량 안쪽에 달린 LED가 눈에 보이지 않는 적외선을 차량 앞유리 표면으로 발사한다. 차 외부 공기에 비해 유리의 굴절률이 높기 때문에 적외선의 전반사가 생겨 빛이 밖으로 나가지 못한다. 그런데 비가 와서 물방울이 맺히면 이번엔 (유리와 공기가 아닌) 유리와 물방울 사이의 굴절률 차이가 전반사 여부를 결정하게 된다. 적외선의 진행 각도를 잘 조절해놓으면 공기에 대해서는 전반사가 일어나지만 물에 대해서는 전반사가 일어나지 않게 만들 수 있다. 그러면 적외선 빛이 유리창 밖으로 새 나가는 일이 벌어지면서 센서에 들어오는 적외선의 양은 줄어든다. 줄어든 적외선의 양을 바탕으로 와이퍼가 동작하는 정도를 조절해준다.

군이 광섬유가 아니어도 빛의 기본 성질만 잘 이용하면 마법처럼 재미있는 현상을 만들어낼 수 있다. 예를 들어 간단히 네 장의 거울만으로 《해리 포터》의 '비밀의 방'과 같은 광학 위장을 구현할 수 있다. 〈그림 4〉의 왼쪽 두 그림처럼 빛이 4개의 거울에 차례차례 직각으로 반사하게끔 거울을 배치해보자. 이렇게 되면 거울 1과 4 사이의 '투명한 영역'에 있는 아이의 몸은 (거울 4에 가려) 보이지 않는 대신 거울 1 뒤편에 서 있는 사람의 모습이 보이게 된다. 또 다른 광학적 마법은 '굴절률 일치'를 이용한다. 〈그림 4〉의 오른쪽 그림처럼 비커에 담긴 물속에 유리 막대를 넣으면 물과 유리의 서로 다른 굴절률 덕분에 우리 눈은 물과 그 물속에 있는 유리 막대를 구분할 수 있다. 하지만 물과 굴절률이 똑같은 유리 막대를 만들어 집어넣으면 빛의 반사나 굴절이 일어나지 않고, 물속에 들어 있는 유리 막대를 눈이 인식하지 못하는 일이 생긴다. 한마디로 그 물질은 '투명하게' 된다. 이러한 굴절률 일치를 이용하면 물 위를 걷는 사람의 마법도 구현할 수 있다. 물과 굴절률이 같은 어떤 물질을 이용해 물속에 미리 길을 만들어놓고는 그 위를 태연하게 걸으면 된다. 사람은 인조 건축물 위를 걷고 있지만 다

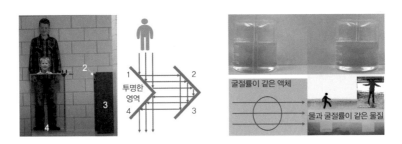

〈**그림 4**〉 반사와 굴절의 원리를 이용한 광학 위장.

른 사람들은 물속에 들어 있는 구조물의 존재를 미처 눈치채지 못한 채 마법이라고 믿게 된다. 만약 우리 몸의 굴절률이 1이었다면 공기 중을 지나는 빛이 반사 없이 그대로 몸을 투과하기 때문에 말 그대로 우리는 투명 인간이 된다. 투명 인간이 되면 재미있을까? 아쉽지만 투명 인간은 앞을 보지 못한다. 빛이 망막에 맺히지 않고 그대로 투과해 버리기 때문이다. 투명 인간이 되면 내가 남에게 안 보일 뿐 아니라 나 역시 아무것도 보지 못하게 되니 썩 좋을 게 없다.

메타물질

지금까지의 이야기는 아주 오래전부터 알려진 빛의 성질이다. 2000년 대로 접어들면서 메타물질이란 것이 초미의 관심사로 떠올랐다. 해리 포터의 투명 망토를 구현할 수 있는 메타물질! 이제는 누구나 한 번쯤 들어봤을 단어다. 영국 임페리얼대학교의 존 펜드리 교수가 자연계에는 존재하지 않는 음수 값의 굴절률을 갖는 물질의 가능성을 제안한 이후 《해리 포터》 시리즈의 폭발적인 인기에 힘입어 메타물질도 주목을 받았다. 메타μετά는 그리스어로 '넘어서'라는 의미이니, 메타물질이란 자연계에 존재하지 않는, 또는 그보다 훨씬 뛰어난 물리적 성질을 갖도록 인공적으로 설계된 물질을 말한다. 최근 주목받고 있는, 가상 세계를 뜻하는 '메타버스'도 '세계'를 의미하는 Universe와 '메타'의 합성어이다. 투명 망토의 원리를 간단히 살펴보자. 만약 공간이 휘어져 있다면 빛은 어떻게 움직일까? 〈그림 5〉처럼 모눈종이 위에 직진하는 빛을 빨간색 화살표로 그려보자. 모눈종이를 비틀면 빨간 선도 함께 휘어진다. 일반상대성이론에서 말하는 휘어진 공간에서 빛이 진행하는 모습이다. 그런데 굴절률을 잘 활용하면 모눈종이를 물리적으로 비틀지 않고도 마치 비틀어진 것처럼 만들 수 있다. 예를 들어 〈그림 5〉의 오른쪽 그림처럼 굴절률 분포를 잘 조절해서 빛이 어떤 특정한 지역을 돌아서 가도록 만들 수도 있다. 그럼 이 공간에 물건을 놓아두어도 주변 사람이 볼 수 없게 된다.

자연계에 존재하는 물질만으로는 이런 굴절률 분포를 얻기 힘들지만 메타물질로는 가능하다. 보통 물질이 원자로 구성되어 있다면 메타물질은 일종의 인공 원자인 메타원자로 만들어졌다고 할 수 있다. 메타원자란 말 그대로 메타물질을 이루는 가장 기본이 되는 단위 구조를 말하며, 그 메타물질이 상호작용하는 빛의 파장에 비해 훨씬 작은 크기로 설계된다. 앞서 빛이 느려지는 이유는 원자가 빛을 흡수하고 재방출하기 때문이라고 설명했다. 메타원자도 마찬가지로 빛이 매우 느려지게끔 설계되는데 메타원자를 구성하는 물질과 모양에 따라 이 느려지는 정도를 달라지게 할 수 있다. 반면 물질을 구성하는 원자가 빛을 느려지게 하는 정도, 즉 굴절률은 이미 정해져 있다. 자연에 존재

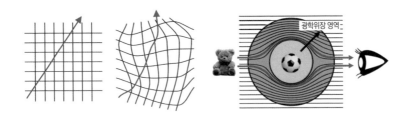

〈그림 5〉 투명 망토의 원리.

하는 물질만으로 투명 망토를 구현하는 게 어려운 이유다.

글을 쓰기 시작하면서 초등학생 아들에게 빛이 없으면 세상이 어떻게 될 것 같냐는 질문을 해보았다. 아들은 최근 과학 유튜브에 푹 빠져 있는데, 문득 생각나는 것이 있는지 적외선 안경을 쓰면 보인다고 했다. 적외선을 생각해낸 아들이 대견하긴 했지만 적외선도 눈에 보이지 않을 뿐 여전히 빛의 일종이라고 설명해주었다. 빛은 우리가 볼 수 있는 400나노미터에서 700나노미터 사이의 파장을 갖는 전자기파뿐 아니라 수 센티미터 정도 파장인 마이크로파에서 수십 나노미터짜리 자외선까지 모든 종류의 전자기파를 지칭한다. (빛의 파장이란 〈그림 6〉에서 보듯 파동의 성질을 갖는 빛의 최고점에서 다음 최고점까지의 거리를 말한다.) 메타원자는 상호작용하는 빛의 파장에 따라 그 크기가 달라진다. 마이크로파와 상호작용하게끔 설계된 메타원자의 크기는 밀리미터 정도, 가시광선인 경우는 수십 나노미터 정도의 크기다. 예를 들어 파장이 긴 마이크로파를 가시광선 영역에서 작동하는 메타물질에 쏘아줄 경우 마이크로파는 크기가 너무 작은 메타원자를 느끼지 못하고 그냥 통과해버린다.

10억분의 1미터인 나노미터가 얼마나 작은 크기인지 비교하기 위해 축구공과 지구를 비교하곤 한다. 미터 크기의 인간이 나노미터를 다룬다는 것은 지구 정도 크기의 인간이 축구공을 다루는 것과 같다. 초창기의 메타물질이 비교적 구현이 쉬운 마이크로파 영역에서 구현된 이유이기도 하다. 아쉽게도 마이크로파 영역에서 구현된 투명 망토는 우리 눈에 아주 잘 보인다. 마이크로파만 그 메타물질을 느끼지 못하고 투과하기 때문이다. 눈에 안 보이는 투명 메타물질을 구현하기

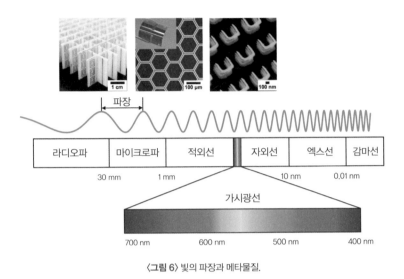

파장

| 라디오파 | 마이크로파 | 적외선 | 자외선 | 엑스선 | 감마선 |

30 mm   1 mm   10 nm   0.01 nm

가시광선

700 nm   600 nm   500 nm   400 nm

〈그림 6〉 빛의 파장과 메타물질.

위해서는 모든 가시광선 영역에서 그 효과를 발휘해야 하고 메타원자의 크기도 수십에서 수백 나노미터 크기로 그만큼 작아야 한다. 투명 망토를 우리 몸이나 전투기, 탱크를 덮을 만큼 크게 만들기엔 기술적인 한계도 있고, 만든다고 해도 너무 비싸다. 그런 어려움 때문인지 메타물질을 이용한 투명 망토 연구는 '구현이 불가능하지 않다'라는 수준에서 멈췄고 최근에는 거의 진행되고 있지 않다.

최근에는 급격히 발달하는 3차원 영상 기술을 적용한 증강현실 투명 망토 기술이 활발히 개발되고 있다. 2003년 일본 도쿄대학교의 다치 스스무 교수 팀은 재미있는 실험 결과를 보여주었다. 먼저 몸 뒤쪽 배경을 카메라로 촬영한 뒤 그 영상을 컴퓨터로 처리하여 투영기를 통해 다시 몸 앞면의 망토에 비춰준 것이다(〈그림 7〉). 증강현실 기업의

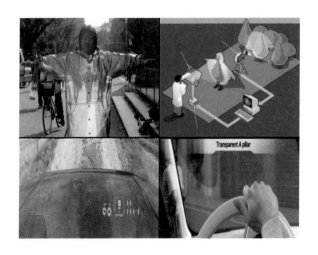

〈그림 7〉 증강현실 기법을 이용한 투명 망토 기술과 그 응용.

눈속임이긴 하지만 지난 15년 사이 이 기술을 응용한 사례들이 개발되어 등장하고 있다. 영국의 자동차 회사인 랜드로버는 2014년 뉴욕모터쇼에서 투명 보닛을 최초로 선보였다. 범퍼 아래에 장착된 레이저센서와 카메라가 노면의 지형을 분석하고 그 영상을 앞 유리에 투영한다. 일종의 헤드업 디스플레이가 되는 것이다. 반사된 레이저는 경사도와 물웅덩이의 수심까지 알아낸다. A필러는 자동차의 앞 유리와옆 유리를 구분하는 기둥을 말하는데, 종종 운전자의 시야를 방해하여자전거나 사람이 갑자기 튀어나오는 것을 보지 못하게 해 교통사고가나는 원인이 된다. 기아자동차는 2018년 국제전자제품박람회(CES)에서 차량 외부를 카메라로 찍어 스크린이 내장된 A필러에 투영하여 운전자에게 외부 시야를 제공하는 차를 소개했다. 모두 영화적 상상력이 구체화된 걸작들이다.

메타렌즈

빛의 굴절 현상을 잘 이용한 인류의 위대한 발명품이 바로 렌즈다. 초창기의 렌즈는 고대 로마의 역사학자 가이우스 플리니우스 세쿤두스가 언급한 것처럼 태양빛을 모아 불을 피우기 위해 사용되었다. 광학의 아버지라 불리는 아랍의 이븐 알하이삼이 쓴 《광학의 서》가 1270년경 라틴어로 번역되면서 서양의 많은 과학자들에게 영감을 주었다. 영국의 철학자이자 과학자인 로저 베이컨은 시력 교정용 렌즈의 개념을 도입하였고, 렌즈를 결합해서 망원경을 만들 수 있다는 점을 암시했다. 네덜란드의 한스 리퍼세이는 우연히 볼록렌즈와 오목렌즈 둘을 겹쳐서 먼 곳의 물체를 보았을 때 물체가 무척 가깝게 보인다는 사실을 발견하고는 1608년 굴절 망원경에 대한 특허를 최초로 신청했다. 비슷한 시기에 네덜란드의 자카리아스 얀센은 2개의 렌즈를 결합한 현미경을 최초로 만들었다.

굴절에 대한 연구와 렌즈의 발전은 인류의 시야를 그동안 보지 못했던 미시의 세계로, 우주로 확장해주었다. 그럼에도 불구하고 스마트폰의 뒷면을 보면 카메라가 보기 싫게 툭 튀어나와 있다. 요샛말로 "카툭튀"라고 하는데 영어로도 "camera bump"라는 말이 있을 정도로 중요한 문제다. 왜 카메라가 툭 튀어나와 있을까? 전자 소자들의 크기는 기하급수적으로 줄어들었고 회로 설계 최적화를 통해 핸드폰의 두께 또한 혁신적으로 얇아졌지만 빛의 굴절을 이용하는 렌즈는 그 두께를 줄이는 데 한계가 있다. 또한 카메라의 화소 수를 늘려 성능을 올리고 싶으면 센서의 크기를 키워야 하는데 이것도 쉽지 않다보니 대신 렌즈의 수를 늘리게 됐고, 결과적으로 카메라의 성능은 향상됐지만 '카툭튀' 현상을 초래하게 된 것이다.

이런 문제점을 해결할 수 있는 대안으로 주목받고 있는 것이 메타표면을 이용하여 제작한 메타렌즈다. 메타표면은 전파의 방향을 조절하는 위상배열 레이더와 그 원리가 매우 흡사하다. 위상배열 레이더는 전파를 영상으로 바꾸는 브라운관으로 유명한 1909년 노벨 물리학상 수상자 카를 브라운이 최초로 고안했다. 송수신 안테나를 〈그림 8〉처럼 여러 개 붙여서 배열한 후 각각의 안테나가 송수신하는 전파의 위상을 잘 제어하면 전파가 특정한 방향으로만 진행하도록 할 수 있다. 이렇게 전파가 지향성을 갖도록 조절할 수 있는 레이더를 위상배열 레이더라고 부른다.

위상배열 레이더의 원리는 이런 식이다. 본래 안테나 하나에서 나오

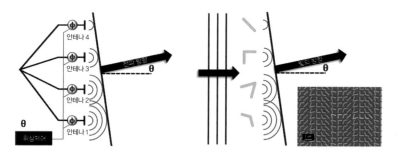

〈그림 8〉 위상배열 레이더와 메타표면. (N. Yu et al.(2011))

는 전파는 동심원 모양을 그리며 사방으로 퍼진다. 그런데 위상배열 레이더에서는 〈그림 8〉처럼 전기신호를 아래쪽에 있는 안테나 1에 가장 먼저 보내 전파를 발생하고 그다음 전기신호를 안테나 2, 3, 4에 순차적으로 보내 전파를 발생시킨다. 그럼 각 안테나에서 발생하는 전파 사이에는 '위상 지연 효과'라는 게 발생하게 된다. 그 결과로 배열된 안테나에서 나오는 전파가 사방으로 퍼지는 대신 한 방향으로만 진행하게 된다. 다른 방향으로 진행하는 전파들은 파동의 간섭 효과 때문에 다 사라져버리기 때문이다. 전기신호를 각 안테나에 보내는 시간 간격을 조절하면 진행하는 전파의 방향을 자유자재로 바꿀 수 있다. 영화에서 흔히 보는 안테나 하나짜리 레이더는 기계적으로 안테나를 회전시키면서 전파의 방향을 바꾸지만, 위상배열 레이더는 그럴 필요 없이 전기신호 조작만으로 전파 방향이 바뀌기 때문에 이보다 훨씬 빠르게 주변을 탐색할 수 있다.

메타표면은 위상배열 레이더의 축소판이다. 전기적 신호를 주는 대신 굴절률이 다른 마이크로나 나노 크기의 메타원자를 배열하기만 해도 위상 지연 효과를 만들어낼 수 있다. 2011년 미국 하버드대학교의 페데리코 카파소 교수 연구팀은 〈그림 8〉의 오른쪽처럼 I 형태와 V 형태의 마이크로미터 크기 금속 메타원자 배열을 만들고, 이렇게 만들어진 메타표면에서 적외선이 굴절하는 방향을 마음대로 조절할 수 있다는 점을 증명해 보였다. 여기서 한걸음 더 나아가 가시광선의 굴절마저 마음대로 조절하는 메타물질을 만들 수 있다면 지금보다 훨씬 얇은 렌즈를 만들 수 있다.

보통 렌즈가 두꺼운 이유는 렌즈 두께의 변화를 통해 빛이 굴절되

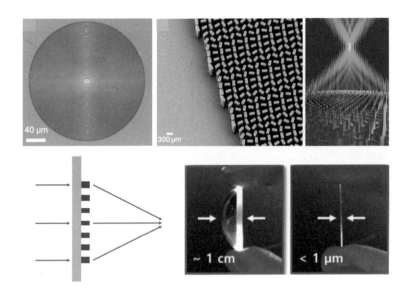

〈그림 9〉 메타렌즈. (M. Khorasaninejad et al.(2016), G. Yoon et al.(2021))

는 정도를 조절하기 때문이다. 카파소 교수 연구팀은 2016년 투명하
면서도 굴절률이 상대적으로 높은 유전체인 이산화티타늄을 수백 나
노미터 크기의 직사각형 구조로 제작하여 가시광선에서 동작하는 메
타렌즈(〈그림 9〉)를 개발했다. 금속이 아닌 유전체로 바꿔주기만 해도
가시광선의 위상 차이를 얻을 수 있다는 점 때문에 주목을 받았다.*
최근 국내 연구진도 이 분야에서 주목할 만한 결과를 보여주고 있다.

● 금속 메타원자는 전기신호를 통해 제어할 수 있지만 유전체는 전기를 통하지 않는 부도체이
다. 그럼에도 위상 제어가 가능하다는 게 신기한 점이다.

포항공과대학교와 삼성전자는 공동연구를 통해 나노미터 크기의 틀을 제작하고 특수한 나노 입자를 섞어 원하는 패턴대로 얇게 찍어낼 수 있는 '원스텝 프린팅 기술'을 개발하여 그 두께가 기존 렌즈의 1만 분의 1 수준인 메타렌즈를 구현했다. 아직 적외선 영역에서만 작동하긴 하지만 앞으로 구조의 크기를 줄이고 색깔별로 초점 거리가 달라지는 색수차chromatic aberration 문제 등을 보완해서 가시광선에서 동작하는 렌즈를 개발하기 위해 노력 중이다. 불가능하다고 여겨졌던 '카툭튀' 문제를 해결할 날이 언젠가 올 수도 있다.

그래핀과 메타물질

앞서 설명한 메타표면, 메타렌즈는 한번 제작하면 더 이상 그 특성을 조절하기가 쉽지 않다. 그렇지만 여기에 굴절률이 잘 변하는 다른 물질을 접목하면 메타물질의 독특한 광학적 특성을 능동적으로 조절할 수 있다. 마치 야생마 같은 빛에 마구를 씌워 말의 움직임을 통제하는

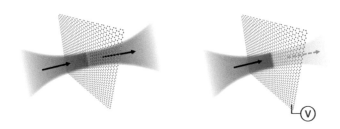

〈그림 10〉 그래핀의 전압에 따른 원적외선의 흡수도 변화. 전압을 걸어주지 않을 때(왼쪽) 투명하다가 전압을 걸어주면(오른쪽) 불투명해진다.

것과 같다.

2010년 노벨 물리학상은 탄소 원자 한 층으로만 구성된 2차원 물질인 그래핀을 흑연으로부터 분리해내고 그 물성을 밝히는 데 기여한 안드레 가임과 콘스탄틴 노보셀로프에게 돌아갔다. 그래핀은 전자들의 속도가 매우 빨라 전도도가 좋고 원자 한 층 구조이기 때문에 가시광선이 거의 투과되며, 유연한 기판 위에 놓고 구부려도 전기적 특성이 변하지 않아 차세대 웨어러블 디스플레이의 투명 전극 소재로 주목받고 있다. 그러나 가시광선보다 파장이 긴 원적외선 영역에서는 이야기가 다르다. 그래핀이 빛을 흡수하는 정도가 그래핀에 걸어주는 전압에 따라 달라지기 시작한다. 쉽게 말해서 투명하던 그래핀이 전압을 가하면 불투명해진다(〈그림 10〉). 이런 그래핀의 성질을 메타물질에 덧붙여서 혁신적인 능동형 광소자를 만들기 위한 연구가 지난 10년간 활발히 진행되어왔다.

그래핀을 메타물질 위에 입히면 빛의 굴절률을 조절하여 빛을 느리게 했다가 다시 빨라지게 할 수 있다(〈그림 11〉). 굴절률이 큰 메타물질

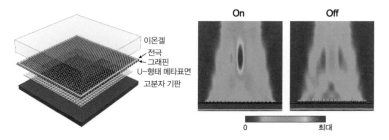

〈그림 11〉 그래핀 메타렌즈. 집속된 빛의 양을 조절할 수 있다.

속을 통과하는 빛은 진행 속도가 진공에 비해 느리다. 메타물질 위에 덮힌 그래핀에 전기신호를 주면 메타물질이 빛을 흡수하는 것을 방해해서 결과적으로 메타물질의 굴절률은 낮아지고 빛의 속도는 다시 빨라진다. 한번 제작되면 굴절률이 정해져버리는 기존 메타물질과 비교했을 때 훨씬 능동적으로 굴절률을(즉 빛의 속도를) 조절할 수 있다. 그래핀을 메타렌즈에 응용할 수도 있다. 일반적으로 빛의 양은 조리개를 통해 조절한다. 직접 손으로 돌려주거나 기계적으로 조리개를 돌려서 통과하는 빛의 양을 조절한다. 그러나 그래핀을 메타렌즈에 접목하면 전기 신호 조작만으로 메타렌즈에 집속되는 빛의 양을 조절할 수 있다. 원자 한 층 두께에 불과한 그래핀이 빛의 성질을 이렇게 자유자재로 조절할 수 있다는 것이 놀랍다. "백지장도 맞들면 낫다"는 정도의 뜻을 가진 외국 속담 "Many hands make light work"가 빛light을 다루는 일work에서도 딱 맞아떨어지는 것이다!

무궁무진한 빛

지금까지 빛을 정복하기 위한 인류의 여정을 간략하게 살펴보았다. 여기서는 소개하지 않았지만 자연의 빛에는 존재하지 않는 인공적인 띠틈을 만들어내는 광결정, 빛을 파장보다 극도로 좁은 영역에 집속시킬 수 있는 플라즈모닉 구조 등 인공 구조를 이용한 빛에 대한 연구는 무궁무진하며 빛 정복의 역사는 아직도 진행 중이다. 우리가 아침에 눈 뜰 때부터 잠자리에 들 때까지 접하는 가장 익숙한 것들 중 하나가 빛이지만, 빛은 이렇게 여전히 신비롭고 탐구할 구석이 많은 대상이다.

빛을 이용한 광학 소자는 전자 소자에 비하여 훨씬 빠른 동작 속도를 갖지만, 전자 소자의 근간을 이루는 다이오드, 트랜지스터, 메모리 등에 상응하는 광학 소자의 부재로 인해 아직 그 무궁무진한 가능성이 실생활에서 더디게 구현되고 있다. 나노광학자로서 다양한 물리적 원리를 적용한 빛의 정복을 통해 광학 소자가 전자 소자를 대체하는 날을 꿈꿔본다.

8

유리의 재발견

**: 천의 얼굴을 지닌
유리의 대모험**

고
재
현

한림대학교 나노융합스쿨 교수. 20세기 후반 서울과 대전에서 물리학을 공부한 후 21세기 들어서 일본과 국내 기업 등에서 응집물질 분광학 및 광원 관련 연구를 했다. 우연히 일간지에 과학 칼럼을 쓰기 시작하면서 과학 대중화에 관심을 갖게 되었고, 《빛의 핵심》《빛 쫌 아는 10대》《전자기 쫌 아는 10대》 등을 썼다. 빛의 다양한 현상들에 관심이 커서, 언젠가 일상생활에서 보고 느낄 수 있는 아름답고 재미있는 빛 이야기를 써보려고 한다. 안락의자에 푹 파묻혀 책만 읽다가 밤에는 SF 영화를 보는 게 취미라면 취미다.

유리 아트 서바이벌 프로그램 〈블로잉Blown Away〉에선 유리 공예 장인들이 불을 이용해 유리를 가공하며 아름다운 작품들을 만들어 실력을 겨룬다. 핵심 작업은 속이 빈 긴 막대로 유리를 불어 원하는 부피로 팽창시키는 과정이다. 참가자들이 유리 성형에 사용한 대롱 불기blowing 기법은 이미 기원전 중동이나 인도 지역에서 사용될 정도로 오래되었다. 로마 시대에도 유리 작업장 여러 곳을 운영했던 흔적이 남아 있다. 시대를 더 거슬러 올라가 이집트의 피라미드 매장품에서도 유리 제품이 발견되곤 한다. 자연적으로 형성된 흑요석과 같은 유리가 무기나 도구 등으로 사용된 흔적은 적어도 수만 년 전 석기시대까지 거슬러 올라간다. 유리는 기록된 역사를 넘어 인류의 먼 조상이 도구를 다루던 시기부터 함께해온 물질이다.

유리 공예품이 만들어지는 과정은 정말 신기하다. 대롱 불기로 유리를 다루는 과정에서 적당히 가열된 유리는 액체도 아니고 딱딱한 고체도 아닌 것이, 흡사 젤리처럼 행동하면서 형상이 자유롭게 만들어진다. 하지만 온도를 낮추면 손으로 단단히 쥘 수 있는 딱딱한 고체로 서서히 굳어간다. 자유롭게 흐르는 액체인 물이 어는점에서 순식간에 고체인 얼음으로 바뀌는 것과는 사뭇 다르다. 게다가 투명한 얼음과 투명한 유리는 겉보기엔 비슷해도 내부의 미시적 구조는 근본적으로 다르다. 물 분자들이 일정한 간격을 맞춰 규칙적으로 배열해 있는 얼음과는 달리, 유리를 이루는 원자들의 배열은 불규칙하고 무질서하다. 유리 공예가들이 불을 이용해 자유자재로 다루는 유리, 원자들이 혼란

스럽게 흩어져 있는 이 독특한 '젤리'의 정체는 뭘까? 과학자들은 이를 어떻게 이해하고 어떤 방식으로 활용하고 있을까?

현재 과학자들이 유리를 이해하는 정도는 기체나 액체, 고체를 이해하는 수준에 한참 못 미친다. 1977년 노벨 물리학상 수상자인 필립 앤더슨은 1995년 〈사이언스〉에서 "고체 상태 이론에서 가장 심오하고 흥미로운 미해결 문제는 아마도 유리와 유리 상전이의 본성에 관한 이론일 것"이라고 말했다. 그는 "이 문제가 향후 10년 동안 (과학에서) 새로운 돌파구가 될 수 있을 것"이라 덧붙였다. 필자는 여기서 유리에 대한 일반적 이해를 바탕으로 유리라는 물질이 무엇이며, 현대 문명에서 어떤 기술적 혁신을 이끌고 있는지 이야기하고자 한다.

유리를 만드는 방법

유리 여행의 출발점은 유리가 다른 물질들과 어떤 면에서 근본적으로 다른지 살펴보는 데 있을 것이다. 유리는 어떻게 만들어질까? 그 출발점은 액체다. 액체를 이루는 원자나 분자들은 끊임없이 위치와 방향을 자유롭게 바꾸며 액체에 유동성을 부여한다. 액체를 냉각시키면 고체로 상전이를 한다. 고온에서 기체 상태인 수증기의 온도를 섭씨 100도 이하로 낮추면 액체인 물이 되고, 이 물의 온도를 더 낮춰 섭씨 0도 이하로 내리면 고체인 얼음이 된다. 얼음 속을 확대해서 본다면 규칙적으로 배열되어 서로를 붙들고 있는 물 분자들을 확인할 수 있을 것이다. 물론 열에너지가 있기 때문에 분자들은 제자리에서 살짝 떨고 있을 것이다. 이처럼 원자나 분자가 일정한 간격을 유지하며 규칙적으로 결합 및 배열되어 만드는 고체 물질을 결정이라 부른다.*

그런데 어떤 액체는 냉각시키면 어느 점에서 결정으로 변하는 대신 유리가 된다. 뿐만 아니라 상당히 많은 물질은 액체 상태에서 냉각 속도를 충분히 높이기만 해도 저온에서 액체의 무질서도가 그대로 동결되면서 결정 대신 유리로 변한다. 이렇게 고온에서 용융된 물질을 급랭해서 유리를 만드는 방법을 '고온 용융법'이라 부른다. 급랭에 의해 액체가 유리로 바뀌는 과정은 액체 속 원자나 분자들의 불규칙한 운동을 느린 영상으로 보다가 결국 정지 사진으로 박제화하면서 그 자리에 고정시켜버리는 과정과 비슷하다. 마치 얼음땡 놀이에서 "얼음!"을 외쳐 액체 속 분자의 운동을 정지시킨 것처럼 말이다. 유리의 가장 큰 특징은 무질서다. 정확히 말하면 정지된 무질서다. 유리를 구성하는 분자들은 무작위적으로 어지럽게 배열되어 있지만 액체 속 분자처럼 자리를 바꾸거나 흘러 다니지는 않는다. 유리의 강도는 결정과 비슷한 수준이고 형상도 고정되어 있다. 액체의 무질서한 분자 분포 구조와 고체의 단단함을 동시에 갖는, 액체와 고체라는 두 상태 사이에 어정쩡하게 갇혀버린 물질이 유리다.

유리의 미세 구조 들여다보기

액체와 이를 냉각해 얻은 유리의 사진을 각각 찍어 순간의 모습을 기록한 후 원자 수준으로 확대할 수 있다면 둘 사이의 차이를 구분할 수

---

* 고체 결정에 대한 이야기는 1장 '금속의 재발견'에도 등장한다.

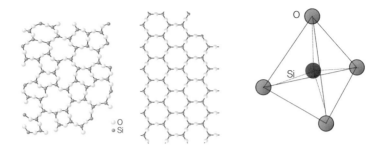

〈그림 1〉 석영 유리와 석영 결정의 2차원 모식도(왼쪽 및 가운데). 석영 결정 구성의 기본 단위인 SiO_4 사면체(오른쪽).

있을까? 아마 쉽지 않을 것이다. 양쪽 모두 구성 원자나 분자의 위치가 무질서하기 때문이다. (유리의 경우 액체에 비해 밀도가 조금 더 높다.) 그렇다면 유리의 구조는 완전히 무질서한가? 〈그림 1〉에서 2차원 단면 모양으로 그린 석영 유리(왼쪽)와 석영 결정(가운데)을 살펴보자. 두 석영 물질 모두 실리콘과 산소로만 구성되어 있지만 배열 방식에는 상당한 차이가 보인다.* 석영 결정은 실리콘 원자를 4개의 산소가 정사면체 구조로 둘러싼 형태가 규칙적으로 반복되어 만들어진다. 석영 유리에서도 실리콘 원자를 산소가 둘러싼 구조가 서로 연결되어 있긴 하지만 규칙적인 연결 대신 불규칙한 그물망 구조를 보인다. 석영을 구성하는 기본 단위인 사면체 배열의 규칙성이 존재하는가에 따라 석영 결정과 석영 유리로 나뉘는 것이다.

* 실리콘은 원자번호 14번의 원소이고, 규소라고 부른다. 실리콘 결정은 가장 잘 알려진 반도체 물질이다.

과학자들은 이 두 구조를 어떤 실험을 통해 구분할 수 있을까? 우리 몸속을 보는 엑스선 촬영처럼 결정이나 유리 속을 들여다볼 때도 엑스선이 사용된다. 〈그림 2〉의 왼쪽에는 동그란 구로 표현된 원자들이 규칙적으로 배열된 결정 속 모습이 보인다. 여기에 엑스선을 쪼이면 파동의 간섭 효과 때문에 그림 속 각 결정면에서 반사된 엑스선이 특정 방향으로만 강한 신호를 준다. 엑스선 신호가 어떤 각도에서 잘 보이는가를 측정하면 결정의 원자 배치 구조를 알아낼 수 있다. 〈그림 2〉의 오른쪽 아래 그림은 결정에 대한 엑스선 산란 실험을 했을 때 특정 각도에서 날카로운 반사 신호가 형성되는 모습이다. 반면에 원자들이 불규칙하게 퍼져 있어 결정면이 존재하지 않는 유리와 같은 비정질 고체에서 반사되는 엑스선은 어떤 방향에서도 특별히 강한 신호를 주지 않는다. (유리처럼 고체이긴 하지만 원자 구조가 규칙적이지 않은 물질을 비정질 물질이라고 한다.) 〈그림 2〉의 오른쪽 위 그림은 비정질 물질에 대한 엑스선 산란 실험의 전형적인 결과로서 모든 각도에 걸쳐 넓게 퍼져 있는 엑스선 신호를 보여준다. 엑스선 산란 실험은 겉보기엔 비슷해도 내부의 원자 배열 구조는 사뭇 다른 물질을 서로 구분해주는 강력한 도구다. 그렇다고 유리의 구조가 완벽히 무질서한 것도 아니다. 석영 유리 속에 들어가 어떤 실리콘 원자 위에 서서 주위를 둘러보면 그 주변의 풍경은 대략 다 비슷비슷하다. 결정이 보이는 주기적인 구조나 질서는 없지만 짧은 거리에서만 보면 '단거리 질서' 정도는 갖는 게 유리다.

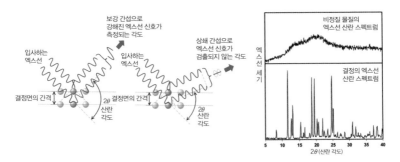

〈그림 2〉 원자들이 규칙적으로 배열된 결정에 엑스선을 입사한 후 산란된 엑스선을 측정하는 실험의 개략도. 결정면 사이의 간격에 따라 특정 각도로 엑스선이 보강간섭을 일으키며 강하게 반사 되거나(왼쪽) 상쇄간섭으로 반사되지 않는다(가운데). (Cdang, CC BY-SA 3.0) 유리와 같은 비정 질 물질과 결정에 대한 엑스선 산란 실험의 전형적인 결과(오른쪽).

인류의 유리 사용법

유리의 구조적 무질서는 유리를 매우 매력적인 물질로 만들기도 한다. 결정은 다이아몬드나 수정처럼 커다란 결정 덩어리 자체를 적당히 가 공해 이용하기도 하지만 많은 경우에는 세라믹 형태로 활용한다. 세라 믹이란 일종의 다결정 상태로서 작은 결정 덩어리들이 치밀하게 모인 집합체라 할 수 있다. 세라믹을 이루는 작은 결정 덩어리를 미세영역 이라 부르는데 이들 내에서는 원자들이 주기적으로 배열되어 있다. 각 미세영역 사이의 접합면을 미세영역 경계라고 부른다.* 〈그림 3〉은 결 정과 세라믹, 유리의 미세구조를 비교해 보여주고 있다.

세라믹을 구성하는 미세영역들은 제각기 다른 방향으로 정렬되어

• 1장 '금속의 재발견'에도 미세영역과 미세영역 경계에 대해 설명되어 있다.

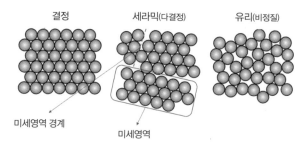

있다. 한 미세영역에서 다른 미세영역으로 옮겨가면 원자들이 배열한 방향이 달라진다는 뜻이다. 게다가 미세영역 자체는 투명할 수 있으나 빛이 미세영역 경계에서 산란되어 퍼지기 때문에 미세영역들의 집합체인 세라믹은 보통 불투명하다. 금속이나 반도체처럼 전류를 흘려보내야 하는 경우 미세영역 경계는 전류의 흐름을 방해한다. 반면 유리는 구조적 무질서로 인해 미세영역이나 미세영역 경계 자체가 존재하지 않아 방향이나 위치가 바뀌더라도 특성이 똑같다. 미세영역 경계에 의한 빛의 산란이 없으므로 빛은 유리를 통과할 수 있고, 그 덕분에 유리는 투명하게 보인다. 결정 상태의 고체가 갖고 있는 단단함도 유리에 있다. 이런 장점 덕분에 유리는 광학 기기를 포함한 다양한 분야에서 사용되고 있다. 또 다른 장점은 유리를 구성하는 조성의 변경이 비교적 자유롭다는 것이다. 결정은 구조적 규칙성으로 인해 특정 위치에 특정 원자가 반드시 자리를 잡아야 하고, 원자들이 놓이는 순서도 정해져 있고 결정을 이루는 원자들 간의 비율도 일정해야 한다. (가령 석영 결정은 실리콘 원자 1개당 산소 원자 2개로 만들어진다.) 유리는

구조적 무질서 덕분에 구성 원자의 비율, 즉 조성을 비교적 자유롭게 바꿀 수 있는데, 이를 통해 그 성질을 광범위하게 조정할 수 있다. 석영 유리에 다른 산화물 유리를 적절히 첨가할 경우 무질서도를 유지하면서도 굴절률, 팽창률, 강도 등을 연속적으로 바꿀 수 있다. 유리는 마모와 부식에 대해서도 다른 물질들에 비해 상대적으로 강한 내성을 가지고 있다. 금속 표면은 대기 중 산소와 결합되면서 녹이 슬지만 유리는 그 자체로 산소를 함유한 산화물이라 대기 중에서 매우 안정적이다.

오래전부터 인류 생활 곳곳에서 다양한 용도로 유리가 사용된 것도 이런 특성 덕분이다. 화산 폭발이나 번개, 운석 충돌 등 고온을 동반하는 활동으로 바위가 녹은 후 급랭하면 자연적으로 흑요석이나 섬전암Fulgurite 같은 유리가 만들어진다. 석기시대의 유물로 흑요석을 가공해 만든 다양한 도구나 화살촉 등이 남아 있지만 인류가 유리를 언제, 어디에서, 어떤 방법으로 가공하기 시작했는지는 확실하지 않다. 기원전 3500년경의 이집트의 피라미드 내 부장품에서 유리 공예품이 발견되었고, 그리스-로마 시대에 제작된 유리 제품들을 박물관에서 볼 수 있다. 역사학자들은 인류가 기원전 5000년경 시리아 지역에서 유리를 가공해 사용하기 시작했을 것이라고 추정한다. 이집트에는 기원전 1500년경 사용되었던 유리 작업장이 남아 있고, 유리 제작법에 대한 기록이 기원전 650년경 제작된 아시리아 도서관의 점토판에 남아 있다. 유리 제작 초기에는 금속 봉 등의 심 주변에 유리를 감는 코어 성형 기법core-formed glass이나 성형용 틀 속에 고온의 유리 물을 넣고 굳히는 주조cast 기법이 주로 사용되었다. 초기 유리는 오늘날 유리처럼 투명하지는 않았고, 주로 도자기에 광택을 낼 때 쓰거나 목걸이 등의 보석, 액체를 담는 용기 등으로 활용되었다. 창유리의 사용에 대한 최초의 흔적은 기원후 79년 폼페이에 남아 있다고 한다.

유리 기술의 일대 전환점이라 할 수 있는 대롱 불기 기법은 기원전 50년경 시리아 지역에서 발명된 것으로 추정된다. 당시 대롱 불기에 사용된 파이프는 약 1.5미터 길이의 유리 혹은 쇠 파이프로, 파이프 끝에 녹은 유리 덩어리를 효율적으로 감아올리기 위해 대롱 끝의 직경이 나팔꽃 모양으로 커졌다고 한다. 작업자는 이 끝을 예열한 후 유리 용융물 속에 넣고 돌리면서 유리 덩어리를 대칭 모양으로 붙여 꺼낸 후 입으로 불어 커다란 유리 버블을 만들었다. 대롱 불기 기법은 유리 제품의 대중화를 촉진하며 상류 지배층의 전유물이었던 유리 용기가 서민층으로 확산되는 계기가 됐다. 로마 시대에는 미리 성형해놓은 틀속에서 유리를 불어 매우 다양한 형상의 제품을 다량으로 제작할 수 있는 공법이 활용되었다. 이미 만들어진 유리 성형물을 재가열해 형태를 변형하는 방법도 새로운 형상의 유리 제품을 만드는 방법으로 자리잡았다. 가령 대롱 불기를 통해 실린더 형태의 유리를 가공한 다음 적당한 온도에서 실린더의 축을 따라 자르고 펴면 평평한 유리가 만들어진다. 이 방법은 지금도 스테인드글라스를 만드는 데 사용되고 있다.

실크로드를 통해 다양한 유리 제품이 중앙아시아와 중국, 한국, 일본으로도 전달되었다. 중국에서는 춘추전국시대 후기부터 유리가 출현했고, 그 이후에도 서쪽에서 전래된 다양한 유리 제품이 발견되곤 했다. 한국에서도 다양한 유리 구슬이나 실린더 모양의 유리 관옥 등이 출토된 바 있고, 신라의 대형 무덤에서 대롱 불기 기법으로 제작된 다수의 유리 그릇과 유리 공예품이 발견되었다. 이 중에는 외부로부터 소량 수입된 공예품뿐 아니라 신라에서 자체적으로 제작된 유리 구슬도 있다. 특히 로마 및 페르시아 사산 왕조의 유리도 발견되어 실크로드를 통한 물품 교역의 명확한 증거로 제시되고 있다. 21세기 초 전북의 왕궁리와 미륵사지 터에서 다수의 유리 구슬과 조각, 그리고 유리를 녹이는 데 사용된 도가니 등이 발견되면서 백제 시대 유리 제조 기술의 일단을 볼 수 있었는데, 이 기술은 일본으로 전수된 것으로 추정된다.

역사적으로 사용된 몇 가지 유형의 무기질* 유리는 대부분 석영 유리의 주성분인 이산화규소(SiO_2)를 주성분으로 한다. 모래의 주성분인 이산화규소는 지각의 60퍼센트, 맨틀의 44퍼센트 정도를 차지할 정도로 지표 근처에선 풍부한 재료다. 그러나 가루화된 석영 결정이라 할 수 있는 모래의 녹는점은 무려 섭씨 1700도에 달하기 때문에 이를 녹여 석영 유리를 만드는 과정은 매우 높은 온도와 다량의 에너지를 요구한다. 그래서 소다라고도 불리는 탄산나트륨(Na_2CO_3)이나 탄산칼륨(K_2CO_3), 탄산칼슘($CaCO_3$) 등을 넣어서 녹는점을 낮추어 유리의 가공성을 높일 수 있었다. 순수한 석영 유리에서는 Si-O-Si처럼 하나의 산소 원자가 2개의 실리콘 원자와 단단히 결합해 있다. 두 실리콘 원

- 오늘날에는 유기 분자들에 기반한 유리도 많이 사용되고 있으나 역사적으로 사용된 유리는 모두 무기질 유리라고 보면 된다. 탄소 화합물 포함 여부를 두고 어떤 물질이 무기질이냐 유기질이냐를 구분하는 것이 보편적이다.

자를 이어주는 이 산소를 가교 산소bridged oxygen라 부른다. 그러나 나트륨(Na) 등의 알칼리 원소가 들어가면 실리콘 원자 간의 결합이 끊어지며 Si-O-Na와 같이 산소 하나에 실리콘과 알칼리 원소가 하나씩 결합하는 구조가 대신 만들어지는데, 이런 산소를 비가교 산소unbridged oxygen라 부른다. 가장 보편적으로 사용되는 소다 석회 유리sodalime glass는 이산화규소(SiO_2) 73퍼센트, 산화나트륨(Na_2O) 17퍼센트, 산화칼슘(CaO) 5퍼센트, 기타 성분 5퍼센트 정도의 조성을 가진다. 산화나트륨(Na_2O)은 주로 유리 상전이 온도를 낮추고 산화칼슘(CaO)은 유리의 화학적 내구성을 높인다. 이 조성의 유리는 오늘날에도 창유리와 병유리의 대부분을 구성하고 있다.

중세 시대에 사용되었던 유리는 당시 유리 제조 기술의 한계상 불순물을 충분히 제거할 수 없어서 어두운 연두색이나 갈색을 띠고 있었다. 어느 정도 투명성을 보이는 광학 유리가 본격적으로 제작된 것은 17세기에 들어서였다. 이것은 납유리flint glass라 불리는 종류로, 고순도 석영에 산화납을 포함해 가공 온도를 낮춘 것이었다. 납유리는 굴절률이 높고 연마나 절단 등의 가공성이 좋아 다양한 그릇이나 술잔을 제작하는 데 활용되었다. 이와 더불어 새로운 유리 가공 기술의 개발로 소다 석회 유리의 투명도도 향상되었다. 광학적 특성이 뛰어난 유리가 초기 망원경과 현미경의 제작에 활용되면서 갈릴레오와 케플러 등 17세기 과학자들이 거둔 천문학적 발견에 기여했다. 물론 오늘날의 유리 기술에 비교하면 당시 유리의 질은 조악했고, 광학 장치는 빛이 유리를 통과하면서 굴절하는 정도가 색깔에 따라 변하는 색수차라는 문제를 피할 수 없었다. 이를 개선하기 위해 빛의 굴절 대신 반사를 이용하는 망원경이 평평한 유리를 이용해 개발되었고, 그후 볼록렌즈와 오목렌즈를 조합해 색수차를 개선한 혁신적 디자인의 렌즈도 발명되었다. 원래 투명하고 빛나는 물질을 지칭하던 '글래슘glaesum'이란 라틴어 단어의 의미 그대로 유리는 시간이 지나면서 투명성이 증가되는 방향으로 발전해온 것이다.

유리 상전이의 신비

유리를 기술적으로 다뤄왔던 역사는 수천 년이나 되었으나 유리에 대한 학문적 연구의 역사는 지난 한두 세기 정도에 불과하다. 그 까닭은 유리를 실용적으로 다루고 응용하는 것이 학문적 연구와 직접적으로 연관되어 있지 않기 때문이기도 하다. 유리의 본성을 미시적인 관점에서 제대로 이해하려는 과학자들의 분투는 매우 치열하게 진행되어왔지만 아직까지 명확한 승리를 거두지 못했고, 현재진행형으로 남아 있다. 액체가 급랭되어 유리로 변하는 과정을 보면 흡사 물질의 상phase이 변하는 것처럼 보인다. 자유롭게 흘러다니는 액체가 고체처럼 딱딱한 물질인 유리로 변하는 것이니 이를 상의 변화라 생각해도 큰 무리가 없을 것 같다. 그러나 유리의 내부를 잘 들여다보면 문제가 그렇게 간단하지 않다. 보통 물질의 상태를 기체, 액체, 고체로 나눈 후 온도를 올리면 고체에서 액체, 액체에서 기체로 물질의 상태가 변하고, 온도를 다시 낮추면 이 과정이 가역적으로, 즉 기체→액체→고체의 순서로 상전이가 일어난다. 〈그림 4〉는 온도 변화에 따른 물질의 부피 변화를 보여준다. 고온에서 액체인 물질을 냉각시키면 부피는 점차 줄어든

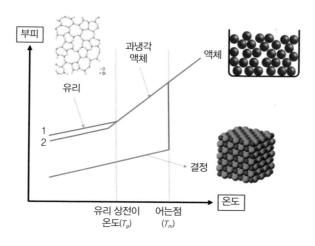

〈그림 4〉 온도 변화에 따른 액체, 유리 상전이 물질, 결정의 부피 의존성.

다. 온도가 더 낮아져 해당 물질의 어는점에 도달하면 액체에서 고체 결정으로 상전이를 하며 〈그림 4〉의 그래프처럼 부피가 갑자기 줄어든다. 밀도만 잘 측정해도 기체에서 액체, 혹은 액체에서 고체로 상이 변했는지 알 수 있다. 이처럼 물질의 상이 바뀔 때 함께 변하는 물리적 성질을 질서 변수order parameter라 부른다.

액체가 유리로 변하는 과정을 흔히 유리 상전이라고 부른다. 액체의 온도를 내리면 냉각 속도에 따라 어는점에서 결정으로 상전이가 일어날 수도 있지만 '과냉각 액체supercooled liquid'라 불리는 상태로 바뀔 수도 있다. 결정으로 성장할 수 있는 씨앗인 결정핵nucleus이 형성될 틈을 주지 않을 정도로 액체를 빨리 식힐 때 물질은 결정으로 상전이하지 못하고 액체와 비슷한 상태에 머물게 된다는 의미다. 과냉각 액체는 구조적으로는 액체와 거의 동일하나 밀도와 점성이 더 높다. 과냉각 액체 상태에 놓인 물질의 온도를 더 낮추면 어떻게 될까? 〈그림 4〉에 보이는 것처럼 과냉각 액체의 부피가 감소하다가 유리 상전이 온도 (T_g)라 부르는 온도에서 온도-부피 기울기가 크게 변하며 유리상으로 넘어간다. 이 유리 상전이 온도는 일정하지 않고 냉각 속도에 따라 달라지는데, 냉각 속도가 느릴수록 더 낮은 온도에서 나타난다. 〈그림 4〉에 표시된 1번과 2번 그래프로 설명한다면 1번은 과냉각 액체의 온도를 다소 급하게 내린 경우, 2번은 천천히 냉각시킨 경우의 부피 변화다. 유리 상전이 온도에서 부피에 큰 변화가 나타나는 것은 유리 상전이 온도 이하의 유리상에서는 액체로서의 유동성이 거의 사라지기 때문이다. 유리 상전이 온도보다 낮은 온도에서 유리는 고체라 불러도 무방할 정도의 강도를 보인다. 그럼에도 불구하고 유리 상전이 과정을 앞서 설명한 다른 상전이의 예와 똑같이 생각하기는 어렵다. 일반적인 상전이는 상이 변하는 고유한 온도, 즉 상전이 온도를 특정할 수 있으나(가령 물은 섭씨 0도에서 얼음으로 변한다), 유리 상전이 온도는 냉각 속도에 따라 달라진다. 고체 결정은 원자들의 배치가 규칙적이고 단일한 구조를 갖지만 무질서한 유리가 취할 수 있는 구조는 무작위적이다. 유리 상전이 과정에서 유리를 액체와 구분할 수 있는 질서 변수가 무엇인지도 확실치 않다. 유리는 과냉각 액체나 액체와 비교했을 때 거의 구조가 같기 때문이다. 유리 상전이를 진정한 의미의 상전이라고 부를 수는 있는지 생각해볼 필요가 있다.

에너지 산봉우리 속에서 헤매기

온도나 압력 등의 외부 조건에 따라 물질이 상태를 바꾸는 것은 좀더 안정적인 상태를 취하려고 하기 때문이다. 수소 원자 2개가 붙어 하나의 수소 분자를 형성하는 것은 독립적인 수소 원자 2개가 갖는 에너지의 합에 비해 수소 분자 하나의 에너지가 더 낮기 때문이다. 물질의 상전이도 비슷하다. 액체가 결정이 될 때 원자나 분자들이 취할 만한 안정적이고 주기적인 구조는 보통 하나밖에 없다. 냉각되는 액체가 갈 수 있는 선택지는 딱 하나뿐이고 온도를 낮추면 액체는 별 고민 없이 이 선택지, 즉 안정적인 결정 구조로 상전이한다.

이런 접근법이 유리 상전이 과정에도 적용될까? 액체가 과냉각 액체를 거쳐 유리상으로 변할 때 원자나 분자들이 배치되는 구조는 무작위적이고 무질서하기 때문에 가능한 구조의 가짓수가 천문학적으로 많다. 운동장에서 마구잡이로 뛰어다니는 초등학생들의 무작위적 배열 상태는 엄청나게 많다. 뿐만 아니라 오랜 시간 관찰하다보면 아이들은 결국 모든 가능한 배열 상태를 눈앞에서 순차적으로 펼쳐 보일 것이다. 액체의 경우도 마찬가지다. 액체 속 분자들은 오랜 시간에 걸쳐 구현 가능한 모든 무작위적인 구성을 펼쳐 보일 것이다. 반면에 급랭시킨 액체가 과냉각 액체로 변할 경우에는 점성이 커지면서 한 원자/분자의 움직임이 주변의 원자/분자의 흐름에 방해를 받으면서 동적인 활력이 떨어진다. 그러다가 유리 상전이 온도를 지나면 무수히 많은 가능한 배열 중 하나로 상태가 고정되고 그 상태에 갇혀 버린다. 비록 그 상태가 가장 안정한 상태가 아니어도 말이다. 이런 유리의 상태를 열역학적으로 준안정적인 상태라고 부른다. 냉각을 통해 도달하

는 유리상의 무질서한 구조는 냉각 속도나 열적 처리 방법에 따라서
도 달라진다. 〈그림 4〉를 보면 더 천천히 냉각시킨 과냉각 액체의 유리
상전이 온도가 더 낮고 부피도 더 작은 것을 알 수 있다. 과냉각 액체
를 더 천천히 냉각하면 가능한 다양한 배열 중 더 치밀한 구조의 유리
상으로 변하면서 밀도도 좀더 커진다.

  이처럼 액체가 과냉각 액체에서 유리로 도달하는 과정을 〈그림 5〉
와 같은 에너지 전경energy landscape 도표로 설명할 수 있다. 이 그림의
가로축은 물질 속 원자들이 취할 수 있는 모든 가능한 구조를 나타낸
다. 물질 속 모든 원자들의 배열이 결정되면 그 물질이 갖는 에너지를
세로값으로 표현한다. 이 그림은 허용되는 모든 원자 배열이 가지는
에너지를 평가한 일종의 채점표다. 에너지가 낮을수록 해당 배열을 가

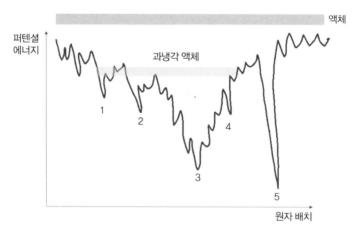

〈그림 5〉 유리 상전이 과정을 설명할 때 흔히 사용되는 에너지 전경, 즉 가능한 원자 배열에 따른 퍼텐
셜에너지. 1~4는 유리상, 5는 결정상을 의미한다.

진 물질이 더 안정적인 상태다. 액체는 그림에 표시한 것처럼 에너지가 높을 뿐 아니라 허용되는 배열들 사이를 끊임없이 왔다갔다할 수 있다. 액체가 냉각되어 과냉각 액체 상태가 되면, 계는 그보다 높은 에너지 상태에 해당하는 배열을 더 이상 취할 수 없게 된다.

결정은 가장 안정적인, 에너지가 가장 낮은 상태니까 그림에서 5번 위치에 해당된다. 그러나 유리 상전이를 하는 물질은 5번 위치를 찾아가지 못한 채 1, 2, 3, 4번 같은 극소점에 자리를 잡고 말 가능성이 높다. (극소점은 그 가까운 이웃만 보면 가장 에너지가 낮은 점이지만 에너지 전경 전체로 보면 최솟값이 아닌 점이다.) 이 다양한 극소점 하나하나가 모두 유리가 취할 수 있는 구조(배열)를 표현한다. 한 극소점과 다른 극소점 사이에는 크고 작은 에너지 장벽이 버티고 있고, 유리가 한 배열에서 다른 배열로 바뀌기 위해서는 이 에너지 장벽을 넘어가야 한다. 에너지 장벽이 높을수록 이런 일은 드물게 일어나고, 열적 에너지가 높을수록 더 쉽게 일어난다. 과냉각 액체 상태에서 온도를 고정한 채 한참 기다리면 결정 상태로 바뀌는 물질도 존재하지만, 일반적으로는 열적 에너지가 충분하지 않아 유리가 열역학적으로 더 안정한 결정의 상태로 변화되지 못한다.

유리 상전이 과정을 첩첩산중을 헤매는 등산으로 비유해보자. 정상을 정복한 뒤 하산을 시작하려다 둘러보니 사방이 첩첩산중이다. 하산이란 중력 퍼텐셜에너지를 낮추며 안정적인 곳을 찾아가는 과정이다. 복잡한 산악 지형을 헤치며 오르내리는 과정에서 우연히 어느 골짜기에서 평지를 찾았다고 하자. 한 평지와 다른 평지를 가로막고 있는 산봉우리는 〈그림 5〉의 에너지 장벽에 해당한다. 언덕을 몇 개 더 넘어가면 지금보다 더 낮은 평지에 도달할 수 있지만 등산가는 그 사실을 모른다. 이 등산가의 현재 위치는 준안정적인 평지일 뿐이다. 좀더 낮은 평지를 찾아가려면 봉우리를 다시 넘어야 하고, 넘는 데 필요한 에너지를 보충하려면 에너지바를 섭취해야 한다. 열에너지는 유리 상전이 과정을 설명하는 에너지 전경에서 봉우리를 넘을 기운을 보충해주는 에너지바 역할을 한다. 절대온도 0도가 아닌 다음에는 조금씩이나마 열에너지가 있기 마련이고, 조금이라도 더 낮은 에너지 상태를 찾아가는 유리의 탐험은 느리게나마 계속된다. 이 탐험의 결과로 유리 상태에서 측정한 어떤 특성이 시간에 따라 천천히 변하는 경우가 실제로 있는데 이를 에이징aging이라고 한다.

유리 연구의 확장

다시 한번 유리의 '상전이'가 진짜 상전이일까 질문해본다. 지난 반세기 동안 유리를 연구하는 과학자들을 괴롭혀온 핵심적인 질문이기도 하다. 과냉각 액체 상태에 놓인 물질의 특성을 측정해보면 액체 분자의 움직임이 온도가 낮아질수록 느려지는 것을 알 수 있다. 예를 들어 액체에서 과냉각 액체를 거쳐 유리 상전이 온도에 도달하는 동안 점도는 수천 조(수천이 아니라 수천'조') 배 정도 증가한다. 이로 인해 유리 속 분자의 모든 동적 움직임이 완벽히 동결되는 것처럼 보인다. 이런 급격한 동적 변화를 상전이로 해석할 수 있을까? 이 현상에 대한 한 가지 이론적 해석은 마치 영화의 상영 속도를 1배, 0.1배, 0.01배, 0.001배로 한없이 느리게 만드는 과정에 비유하는 것이다. 이런 해석에 따르면 유리 상전이는 똑같은 영화를 서로 다른 속도로 재생하는 과정에 해당할 뿐, 새로운 물리 현상은 일어나지 않는다. 다른 관점에서는 유리 상전이 역시 액체가 결정으로 변하는 상전이처럼 본질적으로 상이 바뀌는 것이지만 우리가 아직 명료하게 이해하지 못할 뿐이라고 한다. 아직 정답을 찾지 못한 물리학의 난제다. 설령 유리 상전이를 이론적으로 깔끔하게 이해한다고 해도 결정상에 버금갈 정도로 에너지가 낮은 이상적인 유리를 얻으려면 〈그림 4〉에서 설명한 대로 냉각하는 시간을 무한히 길게 만들어야 할 것이다.

　유리의 구조적 무질서, 느린 동역학적 거동, 시간에 따라 변하는 에이징 현상 등의 복잡성은 유리에 대한 완벽한 이해를 어렵게 한다. 최근 과학자들이 개발한 돌파구 하나는 컴퓨터 시뮬레이션이다. 계산 알고리즘의 개선으로, 매우 느리게 냉각된 유리를 컴퓨터상에서 구현하는 게 가능해졌다. 다른 돌파구는 초에이징superaging된 유리, 즉 수천만 년 동안 방치된 유리에 대한 연구이다. 유리는 끊임없이 가장 안정적인 상태를 향해 나아가려는 경향이 있다. 수천만 년에 걸쳐 에이징된 호박amber 유리를 조사하면 이상적인 유리에 대한 정보를 간접적으로나마 얻을 수 있다. 이상적인 유리 상태를 인공적으로 구현해보려는 노력도 있다. 2007년 〈사이언스〉에 발표된 연구는 물리기상증착법 physical vapor deposition(PVD)이라는 방법을 통해 고밀도 박막 유리의 구현이 가능하다고 전했다. 이 실험에서는 우선 기판의 온도를 유리 상전이 온도보다 50도 낮게 유지한다. 이 상태에서 유리가 될 원소를 이 기판 위에 조금씩 뿌린다(증착한다). 표면 근처에 놓인 분자들은 물질 내부의 분자보다 이동속도가 훨씬 높기 때문에 빠른 속도로 이동하면서 위치를 바꾸고 같은 재료로 만든 일반 유리에 비해 15퍼센트나 조밀한 유리를 만든다. 이런 방법으로 이상적 유리에 근접하는 상태를 만들고 그 성질을 탐색하면서 유리에 대한 이해를 심화시킬 수 있다.

유리가 이끈 기술 혁신과 미래

산업혁명 이후 현대 문명에 이르기까지 유리가 이끈 기술 혁신의 사례는 셀 수 없이 많다. 1903년 미국의 마이클 오언스가 발명한 유리병 제조 기계는 수작업으로 제조하던 유리병의 제작 속도를 여섯 배 이상 높이면서 유리 용기의 대량생산 시대를 열었다. 판유리 역시 제조 공정 및 연마 과정의 자동화로 인해 생산 효율이 크게 증가했다. 자동화 덕분에 유리 제품은 사치품에서 생필품으로 차츰 탈바꿈했다. 20세기 초반 발명된 접합 유리laminated glass 및 강화 유리tempered glass는 유리의 안정성 개선에 큰 도움이 되었다. 접합 유리는 두 장의 유리 사이에 유연한 고분자 필름을 끼워 접착시킨 것으로 주로 자동차의 앞유리로 사용된다. 사고로 앞유리가 깨지더라도 접착된 고분자 필름의 유연성 덕분에 유리가 분리되지 않아 추가적인 부상을 줄일 수 있다. 세계적으로 유행한 드라마 〈오징어 게임〉에도 등장한 강화 유리는 일반 유리를 고온으로 가열해 부드럽게 만든 후 유리 양면에 차가운 공기를 불어서 표면이 내부보다 빨리 수축하도록 만든 것이다. 단단하게 압축된 유리 표면은 일반 유리보다 4~5배 이상 강한 충격도 견딜 수 있다. 그 대신 수축 과정에서 쌓인 스트레스로 인해 유리가 파괴될 때는 아주 작은 조각으로 폭발하듯 쪼개진다. 자동차의 앞유리에는 접합 유리가 사용되는 반면 측면과 후면에는 잘게 부서지며 큰 피해를 입히지 않는 강화 유리를 사용한다. 스마트폰의 얼굴인 스크린의 유리, 특히 최근 인기를 끌고 있는 폴더블폰의 화면 역시 이런 강화유리를 활용해 접힐 때의 충격을 감당한다.

1959년 개발된 플로트float 공법은 판유리 생산에 획기적 전기를 마련했다. 유리보다 밀도가 높은 주석의 용융된 표면에 녹은 상태의 유리를 부으면 매우 평탄하고 균일한 두께로 퍼진다. 이를 적절히 식혀 판유리를 얻는 게 플로트 공법의 핵심이다. 이 방법은 유리 표면 연마라는 귀찮고 비싼 공정 없이 훨씬 우수한 평탄도를 가진 유리를 얻을 수 있다는 장점 때문에 오늘날 판유리의 주된 생산 공정으로 자리잡았다. 그런데 이런 플로트 공법조차 오늘날 특정 분야에서 요구하는 두께와 평탄도를 만족하지는 못한다. 대표적인 분야가 바로 디스플레이다. 오늘날 가장 많이 사용되는 디스플레이인 LCD를 보면 표면 처리가 된 두 장의 유리 기판 사이에 수 마이크로미터에서 수십 마이크로미터 두께의 액정을 주입해 액정 패널을 만든다. 디스플레이용 기판 유리에 요구되는 평탄도는 수십 밀리미터 길이에 대해 30나노미터의 오차를 넘으면 안 된다. 이 정도의 요구 조건은 플로트 공법으로는 달성할 수 없다.

오늘날 디스플레이용 유리 기판 제조에 사용되는 가장 감탄을 자아내는 방법은 퓨전 공법이다. 흡사 도끼날처럼 아래로 갈수록 뾰족해지는 틀의 외벽을 따라 흘러내리는 유리가 중력으로 인해 틀의 아래로 늘어지면서 굳는 방식으로 생산되는 퓨전 유리는 평탄도와 정밀도 면에서 다른 제조 방법보다 월등히 뛰어나다. 이를 통해 두께는 기껏

0.5~0.7밀리미터 정도에 가로와 세로 길이가 어른 키보다 훨씬 큰 평판디스플레이용 유리 기판이 만들어지고, 이 기판은 거대한 로봇들이 적절한 크기로 잘라 디스플레이로 재탄생된다. 〈그림 6〉은 디스플레이 공정에 투입되는 유리 기판의 크기를 1세대(1G)부터 10세대(10G)까지 보여주고 있다. 1세대는 불과 40×30센티미터 크기에 불과했지만 10세대 기판은 가로 3.13미터, 세로 2.88미터 정도여서 65인치 텔레비전용 패널을 무려 여덟 장이나 얻을 수 있다. 같은 크기의 패널을 겨우 세 장 얻을 수 있던 8세대 유리 기판과 비교하면 생산성 증가가 어느 정도인지 실감할 수 있다.

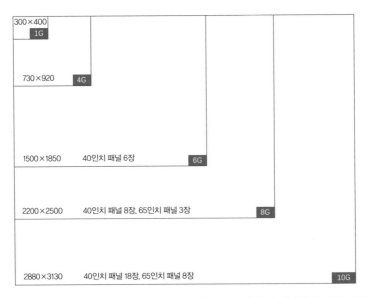

〈그림 6〉 디스플레이 공정에 투입되는 유리 기판의 크기(단위: mm). 쉽게 비교하기 위해 1세대(1G)부터 10세대(10G)까지의 유리 기판 중 일부만 그림에 포함시켰다.

디스플레이가 정보를 스크린에 보여주는 도구라면 그런 정보를 실어나르는 네트워크의 일등공신은 광통신이다. 적외선 펄스를 이용해 디지털 신호를 전달하는 광통신은 오늘날 정보 네트워크의 기본으로, 남극 대륙을 제외한 전 세계가 엄청난 길이의 광통신망으로 연결되어 있다. 광통신용 케이블에서 적외선 펄스 정보는 내부 전반사라는 원리를 통해서 광섬유 내부에 갇혀 전달된다.* 유리를 섬유 형태로 뽑아내는 기술은 1930년대에 개발되었다. 용융된 유리를 금속에 나 있는 홈을 통해 뽑아내고 후처리를 함으로써 파이버글라스Fiberglas라는 상표명으로 처음 세상에 선보인 유리 섬유는 강화 플라스틱, 단열재 등 다양한 분야에서 광범위하게 사용되고 있다. 그러나 이런 유리 섬유는 광통신에 사용할 수 없다. 빛이 조금만 진행해도 금방 유리 매질에 흡수되어버리기 때문이다. 1960년대 찰스 가오 박사는 광섬유 내 빛의 손실에 대한 정교한 이론적 탐색을 수행하며 빛의 손실이 유리에 포함된 불순물 때문임을 밝혀냈다. 이에 기반해 그는 광통신이 가능한 광 손실의 한계를 정립했고, 손실이 적은 후보 물질로 순도가 높은 석영 유리를 제시했다. 이를 통해 장거리 정보 전송이 가능한 광섬유가 1970년대에 개발될 수 있었다.

유리 응용의 재발견

최근 30~40년 동안 새로운 조성의 유리가 개발되면서 그 종류가 급

• 　내부 전반사에 대한 자세한 소개는 7장 '빛의 재발견'에 등장한다.

증하고 있다. 현재 시판되고 있는 유리의 종류는 대략 1000종 이상이라고 한다. 또 유리를 손쉽게 사용할 수 있는 제조 공정에 대한 연구도 활발하다. 가령 녹는점이 높아 가공하기가 매우 까다로운 용융 실리카 유리를 손쉽게 가공해 3차원 프린팅의 재료로 활용하는 기법 등이 최근 발표된 것처럼 말이다. 최근 폴더블 스마트폰이 등장하면서 구부러지는 유리에 대한 연구나 수요도 많아지고 있다. 두꺼운 유리를 휘면 가장 바깥에 위치한 원자들에 미치는 응력이 강해져 쉽게 깨지지만 유리를 수십 마이크로미터 정도로 얇게 가공하면 바깥층 원자에 가해지는 응력이 약해지면서 높은 곡률로 유리를 휠 수 있다.

유리가 보이는 안정성은 놀랄 정도로 높다. 자연에서 발견되는 천연 유리 중에는 수백만 혹은 수천만 년 된 것들도 있고, 아폴로 15호를 타고 달에 간 우주인들이 가져온 유리 샘플은 무려 30억 년 된 것이지만 지금도 안정적인 상태를 유지하고 있다. 내열성, 내화학성, 내부식성에 더해 장기 안정성을 가진 유리는 음식 용기 등 오랜 기간 동안 다양한 물질의 저장 용기로 활용되어왔다. 유리의 안정성을 이용하면 핵폐기물을 가두는 용기로도 활용할 수 있다. 특히 재처리 과정에서 나오는 고준위 방사능 쓰레기를 실리카 기반 유리와 함께 고형화하는 기술에 대한 연구가 활발하다.

활발히 연구되고 있는 또 다른 분야는 금속 유리다. 금속 원자는 자유전자가 매개하는 금속 결합을 통해 결정을 만든다. 금속의 자유전자가 움직이는 속도가 매우 빠르기 때문에 금속 유리를 만들려면 자유전자의 움직임보다 빠르게 금속 액체를 냉각시킬 수 있어야 한다. 1950년대에 이미 초당 1조 도의 냉각 속도로 비정질 금속을 만드는 데 성공한 이래 요즘은 적절한 조성의 금속 합금에 대해 초당 100만 도 혹은 1000도 정도의 낮은 냉각 속도로도 금속 유리를 만들 수 있게 되었다. 금속 유리는 금속 결정에 존재하는 결함들도 없기 때문에 * 매우 강한 재료로 활용될 수 있다.

유리는 의외의 분야에서도 중요한 역할을 한다. 유기발광다이오드 (OLED)라 부르는 디스플레이에서 발광층의 역할을 하는 박막 속 유기 분자들은 유리에서처럼 무질서하게 배치되어 있다. 최근 이들 유기 분자의 무질서한 방향을 한쪽으로 나란하게 배치함으로써 OLED의 발광 효율을 크게 개선한 연구 결과들이 발표되고 있다. 아스피린과 같은 약제 물질은 체내에 들어갔을 때 빨리 흡수되는 게 중요하다. 약제 물질을 결정으로 제조하지 않고 유리 상태로 제조할 경우 체내 흡수율이 증가한다는 결과들이 보고되면서 약제 물질의 유리 상전이에 대한 연구가 이루어지고 있다. 지질학에서는 화산의 화구 내 마그마의 상태를 유리 상전이 관점에서 연구함으로써 화산 분출의 원리를 이해하려고 노력 중이다.

수동적으로 다른 물체를 보호하거나 빛의 투과를 담당하는 전통적 역할에서 벗어난 스마트 유리도 등장하고 있다. 적당한 전압을 가해주면 색이나 투과도가 변하는 유리, 기능성 코팅을 통해 스스로 표면을 청소할 수 있는 유리 등이 대표적인 예다. 미래의 스마트 유리는 낮에는 투명 태양전지판이 되어 에너지를 모으고 이를 투명 배터리에 저장한 후 밤에는 디스플레이나 조명으로 변하는 만능 유리가 될 것이

• 금속 결정에 존재하는 결함에 대한 설명은 1장 '금속의 재발견'에 나온다.

다. 반세기 전에 유리 과학자들이 꿈꾸었던 신기술의 상당수가 이미 현실화되었으니 이런 스마트 유리가 가까운 미래에는 일상 속 모습이 될지도 모른다.

끝나지 않은 여행

역사적으로 새로운 과학적 발견과 기술적 혁신의 배후에는 유리라는 물질이 있었다. 유리로 만든 프리즘이 뉴턴의 실험을 통해 빛에 대한 과학적 이해를 깊게 만들었고, 갈릴레오 시대의 천문학자들이 유리 렌즈를 끼워넣은 망원경으로 천상의 모습을 기록하기 시작하면서 아리스토텔레스의 우주관이 무너져내렸다. 근대 화학의 아버지로 불리는 라부아지에의 손에도, 독일 유리 산업을 이끌며 태양 스펙트럼의 흡수선을 발견한 프라운호퍼의 손에도 유리로 만든 도구들이 들려 있었다. 현대로 눈을 돌려보면 광섬유 기술을 이용해 정보를 실어나르는 광통신망, 그리고 전송된 정보를 가시광선의 영상 정보로 표현하는 디스플레이 등 정보통신 문명을 이루는 기술도 유리 공학에 의존하는 모양새다. 최근 부각되는 태양전지 기술에서도 투과도가 높고 반도체를 잘 보호할 수 있는 유리 기판이 필수적이다. 20세기를 전자의 시대라 부른다면 21세기는 빛의 시대라 부를 만하고, 빛의 시대를 뒷받침하는 것은 유리다. 현대 기술 문명에서 유리가 차지하는 중요성을 기념해서 국제연합은 2022년을 '국제 유리의 해'로 선포하기도 했다.

인간은 유리를 자유자재로 활용하고 있지만 막상 유리가 왜 유리인지, 그 정체가 무엇인지에 대한 합의된 이론은 아직 만들지 못하고 있다. 1995년 앤더슨이 유리 상전이 문제의 중요성을 제기했던 〈사이언스〉는 2005년, 창간 125주년 기념호에서 우리가 아직 이해하지 못하는 과학의 문제들을 보도했다. 그중 하나가 '유리상의 본질은 무엇인가?'이다. 어쩌면 우리는 21세기가 끝나는 시점에 똑같은 질문을 다시 던져야 할 수도 있다. 일반 유리에서 보이는 구조적, 동적 특성들은 유리와 직접 관련이 없는 상황에서도 발견된다. 콜로이드 유리, 박테리아나 개미 군집과 같은 생물학적 집단에서 발생하는 유리 현상이 그런 예다. 유리 연구의 종착점은 유리와 유사한 동역학적 거동을 보이는 천태만상의 자연계에 적용할 보편적 이론을 확립하는 것이다. 유리로 대표되는 이른바 복잡계 이론을 개척한 조르조 파리시가 2021년 노벨 물리학상을 수상한 것은 유리와 같은 무질서계, 복잡계에 대한 이해가 얼마나 중요한지 극적으로 보여준 사건이다.

자석의 재발견

: 물질문명의 축

한정훈

성균관대학교 물리학과 교수. 응집물질 이론, 그중에서도 자석, 양자 자석, 위상물질에 대해 고민하는 이론물리학자다. 양자자석에 발현되는 스커미온 구조에 대한 연구서적《Skyrmions in Condensed Matter》를 2017년 출판했다. 2020년에는 양자 물질을 소개하는 대중서《물질의 물리학》을 써서 그해 한국출판문화상을 받았고, 2021년에는 한국물리학회 학술상을 수상했다.

좋은 과학적 탐구는 좋은 과학적 질문에서 출발한다. '우주는 무엇인가?', '물질은 무엇인가?' 등의 질문은 자명하지만 대중과 과학자의 호기심을 끊임없이 자극한 좋은 과학적 질문이다. 우주나 물질은 우리 주변에 늘 있고 잠시도 떼어낼 수 없는 존재다. 가장 흔한 것에 대한 질문은 대개 좋은 과학적 질문으로 연결된다. '자석은 왜 자석인가?'라는 질문도 그만큼 흥미로운 과학적 질문일까? 일상에서 흔히 볼 수 있는 신기한 물건, 나침반이나 장난감의 부품으로 쓰이는 요긴한 물건이긴 하지만 자석은 공장에서 만든 공산품일 뿐 심오한 진리를 담고 있는 탐구 대상이란 느낌을 주지 않는다. 자석이 주는 힘은 너무 크지도, 작지도 않아 일상생활에서 쉽게 드러난다.

행성이나 은하계의 거대 구조를 결정하는 가장 중요한 힘은 중력이지만 인간에 비해 너무 규모가 큰 구조라 그 강력함을 체감하기가 쉽지 않다. 일상생활에서 작동하는 중력의 효과는 너무 미미하다. 거대한 산을 깎아서 평지를 만들어 산의 질량 덩어리가 주는 중력을 제거해도 산자락에 사는 사람들은 줄어든 중력의 효과를 조금도 느끼지 못한다.

전기력은 전하를 띤 입자 사이에 작용하는 힘이다. 중력과 반대로 이 힘은 너무 강하기 때문에 그 모습을 잘 드러내지 않는다. 원자를 예로 들어보자. 원자는 양성자와 중성자라는 기본 입자elementary particle가 뭉쳐 만들어진 원자핵과 그 주변에 분포한 전자가 모여 만들어진 물질의 기본 구성 요소다. 어느 원자든 양성자의 개수와 전자의 개수는 정확히 같다. 왜 그럴까? 양성자는 양의 전하를, 전자는 음의 전하를 띠고 있기 때문이다. 양성자가 만들어내는 강력한 전기적 힘은 전자가 만들어내는 똑같이 강력한, 그러나 양성자와는 반대 방향으로 작용하는 전기적 힘에 의해 거의 완벽히 차단된다. 그래서 원자는 전기적으로 중성이다. 원자를 구성하는 전자가 전기력을 행사하고 있다는 것을 확인하려면 원자에 바싹 다가가야 하지만 원자의 크기가 워낙 작다보니 일상생활에서 이런 일이 잘 안 일어나고, 그 덕분에 원자로 만들어진 우리 몸은 '안전하다'. 양성자와 중성자가 한군데 묶여 만들어진 원자핵은 원자 하나의 크기보다 10만 배쯤 작다. 중성자엔 전하가 없으니 양성자와 중성자를 서로 묶어주는 힘은 전기력일 리 없다. 강한 상호작용, 또는 강력이라고 부르는 전기력보다 훨씬 강한 힘은 아주 작은 크기의 원자핵을 만들어주는 것으로 자신의 '임무'를 다할 뿐 원자핵 너머에서 벌어지는 일에는 영향력을 거의 미치지 않는다. 힘이 강할수록 그 힘이 미치는 범위는 작아지고, 약한 힘일수록 그 효과는 아주 큰 거리까지 미친다. 권불십년權不十年, 화무십일홍花無十日紅, 상선약수上善若水의 원리가 중력과 전기력에 흐른다.

자기적 힘, 즉 자석과 자석 사이에 존재하는 힘은 두 자석을 서로 가까이했을 때 우리 몸이 충분히 느낄 만한 힘을 발휘한다. 그러나 그것 때문에 번개 맞은 것처럼 놀라지는 않는다. 나침반의 바늘이 지구 북극을 자발적으로 향하는 것도 비슷한 맥락으로 이해할 수 있다. 지구 자기장의 세기는 가벼운 자석 바늘을 돌릴 만큼 강력하지만 바늘을 구부러뜨리거나 부수지는 못한다. 자석의 힘은 적당히 세고 적당히 약하기 때문에 자연에 존재하는 힘 가운데 가장 조작하기 쉬운 힘이 됐다.

자석이 만드는 힘, 흔히 자기장이라고 부르는 힘의 중요성은 나침반 같은 실용적인 도구를 만드는 데 쓰인다는 수준을 훨씬 넘어선다. 어떤 이유로든 전기를 띠게 된 쇠공을 들고 흔들어주면 공에 있는 전하도 함께 흔들린다. 전하가 만들어내는 전기적인 힘, 전기장도 흔들린다. 쇠공 주변에는 시간에 따라 규칙적으로 흔들리는 전기장이 형성된다. 19세기 물리학의 가장 큰 발견 중 하나는 흔들리는 전기장 주변에 자기장도 저절로 생긴다는 사실이었다. 자석을 잡고 흔들면 자석 주변의 공간에 진동하는 자기장이 형성되고, 떨리는 자기장은 본래 그 자리에 없던 전기장을 유도한다. 이렇게 서로 형님 먼저, 아우 먼저 식으로 만들고 만들어지기를 반복하는 전기장과 자기장의 복합체를 전자기파라고 부른다. 전자기파의 길이는 다양하다. 바다에 이는 파도를 하늘에서 내려다보면 수십 미터 또는 수백 미터 간격으로 일정하게 줄을 지어 해변으로 진행한다. 파도의 간격을 파장이라고 부른다. 호수에 조약돌을 던졌을 때 생기는 물결파는 파장이 조금 더 짧다. 파장에는 정해진 값이 없어 아주 짧은 파장부터 아주 긴 파장까지 모두 가능하다. 전자기파에는 파장 수백 미터짜리도, 수억분의 1미터짜리도 있다. 그중에서 1마이크로미터보다 몇 배 작은 크기의 파장을 갖는 전자기파를 우리는 특별히 가시광선 또는 빛이라고 부른다. 태초에 "빛이 있으라"는 말씀이 만약 물리 법칙대로 이루어졌다면 분명 전자기파가 만들어졌을 것이고, 전자기파의 절반은 자기장이니 자기장도 태초부터 만들어진 셈이다. 빛을 숭배하는 종교나 사상을 믿는 사람이라면 빛의 절반을 차지하는 자기장에 대해서도 똑같은 경외심을 가져야 한다.

양을 치던 목동이 쥐고 있던 쇠지팡이가 어느 돌덩이(자철석)에 끌리는 현상 덕분에 처음 알려졌다는 자기적 현상이 자석에 대한 최초의 발견이었다고 하면, 자석이 만드는 자기장이 빛의 아주 중요한 구성 요소라는 발견은 자석에 대한 중대한 '재발견'에 해당하는 사건이었다. 19세기에 벌어진 이 사건 덕분에 인위적으로 전기를 만들어내는 발전 방법도 찾아냈고, 20세기부터 전기 문명이 시작되었다. 발전의 원리는 참 간단하지만 중요하기 때문에 알아둘 필요가 있다. 일단 자석에 전선을 둘둘 감는다. 그다음 자석을 뱅뱅 돌린다. 그럼 자석 주변의 자기장이 시간에 따라 흔들리게 되고, 흔들리는 자기장은 자연법칙에 따라 전기장을 유도한다. 전기장은 도선 속에 있는 전자를 밀어주는 힘이다. 자석에 감긴 도선에서 시작된 전자의 힘찬 행진은 가가호호 계속되어 가정과 사무실과 공장의 전기 기구를 작동하는 동력이 된다. 원자력 발전이나 수력 발전이나, 결국 자석을 돌리는 힘을 어떻게 구하느냐의 차이일 뿐 발전 원리는 동일하다.

입자라는 이름의 자석

"자연을 구성하는 물질은 무엇으로 만들어졌을까?" 그리스의 자연철학자들은 이 질문의 답을 찾아 철학적 사유를 계속했고 데모크리토스는 '원자'로 구성되어 있다는 가설을 내놓았다. 원자의 정체를 밝히기 위해 과학자들은 끈기 있게 노력해 원자의 출석부 주기율표를 만들었다. 우주에 존재하는 모든 원자의 이름은 주기율표에 다 적혀 있다. 주기율표에 이름을 올린 원자는 현재까지 118개가 있지만, 그중 자연적으로 합성되고 자연에서 관측할 수 있는 원소는 94번 플루토늄까지다. 플루토늄보다 번호가 높은 원자는 실험실에서 겨우 합성되었다가 곧 소멸되는 매우 불안정한 원자다. 광대한 우주를 채우는 재료치고는 가짓수가 그다지 많지 않다.

20세기 초반은 원자가 그리스인이 생각했던 '쪼갤 수 없는' 존재가 결코 아니라는 것을 알아가는 시대이기도 했다. 원자는 전자, 양성자, 중성자가 모여 만든 일종의 복합체다. 빛도 광자라는 이름의 입자이다. 자연을 구성하는 더 이상 쪼갤 수 없는 입자가 존재하긴 하지만 그 이름은 원자가 아니라 기본 입자였다. 20세기 초반부터 시작된 물리학자들의 집중적인 노력 덕분에 기본 입자의 출석부도 거의 완벽히 알게 됐다. '거의'인 이유는 기본 입자의 목록이 여전히 완벽하지 않고 아직 발견되지 않은 미지의 입자가 존재한다는 믿음에 따른 노력이 계속되고 있기 때문이다. 원자의 출석부는 주기율표, 기본 입자의 출석부는 표준모형이라고 부른다. 표준모형을 만들고 확인하는 작업은 이미 마무리되었다. 새로운 입자가 더 이상 발견되지 않고 있다.

앞으로 어떤 놀라운 발견이 이어질지 모르지만 일단 지금까지 발견되어 표준모형에 그 이름을 올린 입자들의 공통점과 차이점을 살펴보면 우리가 사는 우주에 대한 유익한 통찰을 얻을 수 있을 게 분명하다. 우선 여섯 종류의 쿼크가 보인다. 쿼크의 중요성을 실감하는 가장 빠른 길은 원자핵을 구성하는 두 원소인 양성자와 중성자가 좀더 기본적인 입자 쿼크의 복합체라는 사실에 있다. 우리에게 이미 친숙한 전자, 광자 등의 입자를 빼면 몇 종류의 중성미자, 글루온, W보손, Z보손, 그리고 마지막으로 힉스 입자가 보인다. 원자의 출석부보다는 단출하

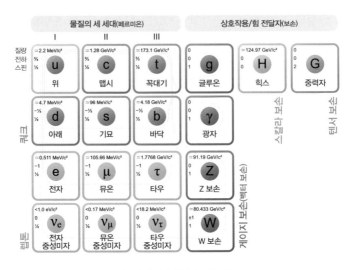

〈그림 1〉 기본 입자의 표준모형.

지만 여전히 꽤 많은 종류의 기본 입자가 있다. 이런 입자들의 공통점
은 무엇이고 차이점은 뭘까?

입자는 보손 아니면 페르미온 둘 중 하나다. 보손과 페르미온의 차
이가 뭔지 알고 싶다면 페르미온이 여러 개 있을 때, 혹은 보손이 여러
개 있을 때 거동하는 모습을 보면 된다. 마치 사람의 성격을 제대로 알
고 싶으면 그 사람이 혼자 있을 때가 아니라 다른 사람과 함께 있을 때
어떻게 행동하는지를 잘 관찰해야 하는 것과 비슷하다. MBTI의 I형처
럼 페르미온은 각자 독방에 들어가 생활하며 사생활을 매우 중요하게
여긴다. 자기 방에 다른 페르미온이 들어오는 걸 절대 허락하지 않는
다. 반면 보손은 커다란 텐트를 치고 그 속에 옹기종기 모여 사는 부족
구성원과 비슷하다. 2층에 독방이 있어도 굳이 아래층 한 방에 모이려

고 한다. 페르미온은 서로 갈라지는 걸 좋아하고 보손은 서로 뭉치는 걸 좋아한다. 제3의 입자 종족도 있을 것 같지만 없다. 원자를 구성하는 기본 입자인 전자와 쿼크는 모두 페르미온이다. 페르미온의 개인주의 덕분에 한 원자가 다른 원자와 뭉쳐버리지 않고 각자 독립적인 정체성을 유지한다. 원자가 한번 만들어지면 그 정체성을 꾸준히 유지하는 덕분에 원자가 뭉쳐 만들어진 물질도 안정적인 상태를 유지할 수 있다. 페르미온의 개인주의는 물질이란 이름의 거대한 사회를 유지하는 밑거름이다.

입자가 페르미온과 보손으로 구분된다는 특성만큼이나 중요한 또 다른 특징은 (힉스 입자를 제외한) 모든 입자가 스핀이란 성질을 갖고 있다는 점이다. 스핀은 영어로 뱅뱅 돈다는 뜻이다. 스핀이란 개념을 최초로 제안한 20세기 초반의 물리학자들이 지구가 자전하듯 입자도 일종의 자전 운동을 한다고 생각하여 이런 이름을 지었다. 물론 이런 개념은 조금만 생각해보면 문제가 있다. 입자의 거동을 다루는 기본 원리는 양자역학이고, 양자역학에서 입자의 세계를 기술할 때는 입자를 하나의 점으로 취급한다. 점이 회전할 수 있을까? 지구는 점이 아니라 부피가 있고, 둘레가 있는 구형의 존재다. 지구에는 외연이 있기 때문에 자전 운동도 할 수 있다. 회전하는 물체의 왼쪽은 다음 순간 오른쪽으로 변해 있어야 하지만, 진정한 점 입자라면 아예 외연이란 게 없다. 왼쪽, 오른쪽도 구분하지 못할 것이다. 점 입자가 회전한다는 말은 형용모순이다. 그럼에도 불구하고 자연을 구성하는 기본 입자라고 하는 쿼크, 전자, 광자, 중성미자 등이 한결같이 스핀이란 이름의 회전 운동 비슷한 걸 하고 있다는 게 이미 20세기 초반 밝혀졌다. 돌 수 없는 점 입자가 돌고 있다고 하니 여전히 어색함이 남는다. 스핀을 직관적으로 이해하는 좋은 방법은 입자의 회전 대신 자석이란 관점을 동원하는 것이다. 대부분의 입자는 자석이다. 전자도 양성자도 중성자도 모두 자석이다.

나침반이라는 자석을 생각해보자. 보기 좋게 빨간색과 파란색으로 양 끝을 칠한 덕분에 누구나 어려움 없이 빨간 쪽은 북극, 파란 쪽은 남극을 가리킨다는 것을 안다. 나침반 주변에 큰 자석을 갖다 대면 그 자석 방향에 맞춰 나침반 바늘이 회전한다. 어떤 물질이 자석인지 아닌지 알고 싶으면 그 주변에 큰 자석을 갖다 대고 반응 여부를 확인해보면 된다. 물리학자들이 입자의 스핀을 처음 발견한 방식도 정확히 이랬다. 네덜란드의 피터르 제이만이란 물리학자가 원자 기체를 담은 용기에 커다란 자석을 대보았더니 원자에서 나오는 빛의 파장이 2개로 갈라지는 것이었다. 본래 초록색 빛을 내던 원자에 강한 자석을 갖다댔더니 파란색과 노란색의 빛을 내기 시작했다. 제이만은 이 현상을 발견한 공로로 엑스선을 발견한 뢴트겐에 이어 1902년 제2회 노벨 물리학상을 수상했다.* 나침반의 바늘은 외부에서 강한 자기장을 주면 그 자기장 방향과 나란해지려고 한다. 그게 에너지가 더 낮은 안정적인 상태이기 때문이다. 그러나 좀더 많은 에너지 값을 치를 의사가 있다면 외부 자기장과 반대 방향으로 바늘을 향하게 만들 수도 있다. 흐르는 강물에 몸을 맡겨 헤엄을 치는 게 더 쉽긴 하지만 강물을 거슬러

* 제이만의 발견으로 촉발된 스핀의 역사는 《스핀》(이강영, 계단, 2018), 《마법에서 과학으로》(김갑진, 이음, 2021) 등의 저서에 훌륭하게 기술되어 있다.

오르는 것도 금지된 일은 아니다. 다만 힘이 더 들 뿐이다. 마찬가지로, 외부 자기장이 걸려 있는 상황에서 전자라는 이름의 자석은 좀더 낮은 에너지 상태(나침반 바늘이 외부 자기장과 나란한 방향)와 좀더 높은 에너지 상태(외부 자기장과 반대 방향)를 갖는 게 가능하다. 원자 속 전자의 스핀 방향에 따라 서로 다른 두 에너지 상태로부터 방출되는 두 종류 파장의 빛이 원자에서 방출되는 게 제이만 효과다.

20세기 초반의 유명한 수학자 존 폰 노이만은 "수학은 이해하는 것이 아니다. 그냥 익숙해지는 것이다"란 말을 했다. 자연 현상을 직관적으로 이해하는 것도 물론 중요하긴 하지만 물리학에서 결정적인 발전은 자연 현상을 설명하는 데 적합한 '수학적 언어'를 찾아냈을 때 이루어진다. 스핀이란 기본 입자의 속성을 표현할 적당한 수학적 언어를 처음 찾아낸 사람은 20세기 초반 양자역학 형성기에 활동한 이론물리학자 볼프강 파울리였다. 그는 행렬이라는 수학적 구조에서 스핀을 기술할 언어를 찾아냈다. 파울리가 찾아낸 행렬은 이렇게 생겼다.

$$\sigma_x = \begin{pmatrix} 0 & 1 \\ 1 & 0 \end{pmatrix}, \ \sigma_y = \begin{pmatrix} 0 & -i \\ i & 0 \end{pmatrix}, \ \sigma_z = \begin{pmatrix} 1 & 0 \\ 0 & -1 \end{pmatrix}$$

3개의 행렬이 있는데 각각의 행렬은 2개의 행(세로줄)과 2개의 열(가로줄)로 되어 있다. 행렬 속에는 0과 1, 그리고 허수 i 등의 숫자가 들어 있다. 얼핏 보기엔 숫자들의 묶음에 불과한 행렬이란 것이 어떻게 기본 입자의 스핀이란 속성을 기술할 수 있을까? 한 가지 단서는 행렬의 크기가 가로, 세로 모두 2라는 것이다. 전자에는 스핀이라는 속성이 있고, 스핀은 외부 자기장과 나란한 방향 또는 반대 방향, 이렇게 두 가지 방향만 취할 수 있다. 전자의 거동을 수학적으로 표현하려고 할 때도 외부 자기장과 나란할 때와 반대일 때, 두 경우에 대한 표현 방법이 각각 필요하다. 전자의 거동을 기술하는 수학적 함수를 파동함수라고 하는데, 스핀이 있는 전자의 거동을 제대로 표현하려면 파동함수도 2개가 필요하다. 여기도 2라는 숫자가 등장한다. 전자의 스핀 방향이 두 종류 있다는 사실과 파울리 행렬의 가로세로 크기가 2라는 사실 사이에는 매우 밀접한 관련이 있다.

자석 문명

전자가 정말 자석이라면 전자 주변에 자기장이 생겨야 하지 않을까? 물론 생긴다. 다만 그 크기가 너무 작아서 잘 느끼지 못할 뿐이다. 하지만 수없이 많은 전자가 협력하기 시작하면 이야기가 달라진다. 〈레미제라블〉이라는 뮤지컬 영화는 거대한 배에 밧줄을 달고 이 밧줄을 수백 명의 죄수가 당기는 장면으로 시작한다. 한 사람의 힘은 미약해도 많은 사람이 협력하면 거대한 배도 움직일 수 있다. 우리가 자석이라고 부르는 물질 속에는 수없이 많은 전자가 있고, 이 전자 하나하나는 나침반의 바늘 같은 자석이다. 만약 전자 자석의 방향이 모두 제각각이라면 전자가 만드는 자기장의 방향도 제각각이다. 〈레미제라블〉속 죄수들이 배에 매달린 밧줄을 기분 내키는 대로 아무 쪽으로나 당기는 상황이다. 서로 다른 방향으로 배를 당기면 배는 움직이지 않는다. 힘이 상쇄되기 때문이다. 전자가 만드는 자기장이 다 상쇄되어버리면 그 물질은 자석이 될 수 없다. 우리가 자석이라고 부르는 물질 속에 있는 전자의 스핀은 잘 훈련된 군인처럼 정렬을 잘한다. 거의 모든 전자가 같은 방향으로 자기장을 만든다. 비록 전자 하나는 미미한 자기장을 만들지만 여기에 전자 개수만큼의 숫자를 곱하면 우리 인간도 느낄 만한 거대한 자기장이 된다. 만약 전자가 자석이 아니었다면 이 세상에 자석이란 물질도 존재할 수 없었다.

전자뿐 아니라 양성자, 중성자도 자석이다. 이 두 입자가 만들어내는 자기장의 세기는 전자에서 나오는 자기장에 비해 1000배쯤 약하다. 이걸 알아낼 수 있었던 건 오래전 물리학자들이 만든 정교한 기계 덕분이었다. 주인공은 펠릭스 블로흐라는 인물이다. 양자역학의 창시자 중 한 명이자 불확정성 원리로 알려진 양자역학의 오묘함을 발견한 베르너 하이젠베르크가 1927년 독일 라이프치히대학교의 교수로 갓 부임했을 때 그를 찾아온 첫 대학원생이 바로 블로흐였다. 양자역학을 만든 세계적인 인물과 함께 일하게 됐다는 흥분으로 들떠 있었을 제자에게 지도교수가 내준 문제는 '자석'이었다. 자석이 왜 자석인지 양자역학을 적용해서 이해해보라는 것이었다. 검법 배우러 가서 마당만 쓸게 된 격이지만 블로흐는 자석에 대한 이론적 연구로 유럽에서 차츰 명성을 쌓아가다가 1933년 나치를 피해 미국으로 건너갔다. 스탠퍼드대학교에 자리잡은 블로흐는 촉망받는 이론물리학자에서 실험물리학자로 대담한 변신을 한다. 1938년, 인근 버클리대학교에 있던 루이스 월터 알바레즈라는 젊은 물리학자와 함께 중성자 자석의 세기를 측정하는 데 성공한다. 중성자에서 나오는 약하디약한 자기장을 재려면 일단 어떻게 측정할 것인가에 대한 세밀한 이론적 설계부터 하고, 그 설계에 따라 이 세상에 없던 실험 기계를 만들어야 한다.

축적된 지식과 기술을 바탕으로 블로흐는 좀더 일반적인 문제를 해결하는 데 도전한다. 중성자 하나만 있을 때의 자기장이 아니라 원자 상태로 있을 때의 중성자 또는 양성자가 만드는 자기장을 측정하는 장치를 만든 것이다. 이 장치를 핵자기공명, 영어로는 NMR 장치라고 부른다. 블로흐는 NMR을 만드는 데 필요한 이론과 실험 기술을 개척한 공로로 1952년 노벨 물리학상을 받았다.

노벨상을 받을 만큼 중요한 발명품이었지만 여전히 NMR이란 단어는 우리에게 친숙하지 않다. 주로 대학교 실험실이나 연구소에서 쓰이기 때문이다. 원자보다 훨씬 크고 복잡한 구조를 가진 분자의 성질을 탐색하는 데도 NMR 기계가 사용된다. 분자를 사람 몸에 비유한다면 NMR은 몸속 사진을 찍는 초음파 기계쯤에 해당된다. 원자나 분자의 '몸 상태'를 사진으로 찍어 보여주는 게 바로 NMR이다. 사진이 피사체로부터 발생하는 빛을 기록하는 기계라면, NMR은 분자에서 발생하는 아주 적은 에너지의 전자기파를 측정하고 기록하는 기계다. 1970년대 초반, 폴 라우터버와 피터 맨스필드는 NMR 기술을 분자 하나하나가 아닌 우리 몸 전체에 적용해 사진을 찍는 기계를 만들었다. 큰 병원에서 흔히 보이는 MRI라는 기계다. 가시광선은 우리 몸을 통과하지 못하기 때문에 몸속 사진을 찍을 수 없다. 그러나 휴대전화 신호가 몸을 쉽게 통과하듯 빛보다 파장이 훨씬 긴 전자기파는 몸을 잘 통과한다. 거꾸로 말하면 몸속에서 발생한 전자기파도 몸 밖으로 방출되는 데 별 어려움이 없다는 뜻이다. 그 원리만 놓고 보면 사진기나 MRI 모두 전자기파를 이용해 피사체의 모습을 기록하는 기계다. 사진기가 가시광선 영역대 파장의 전자기파를 감지해서 기록하는 장치라면 MRI는 이보다 훨씬 긴 파장의 전자기파가 몸에서 나오는 걸 검출해서 기록한다.

몸 상태를 정밀 진단하거나 수술하기 전 수술 부위를 좀더 정확히 보기 위해 MRI 신세를 져본 사람이라면 몸속 사진을 찍는 이 기계의 소중함을 이미 잘 알고 있을 것이다. 초음파 사진보다 몇 배는 정밀한 MRI 사진을 보면 '이 기계가 없던 시절 수술을 받던 사람들은 얼마나 부정확한 정보에 의지한 채 수술대에 누워야 했을까? 아예 초음파 기계마저 없던 시절엔 어떻게 몸속 상태를 진단하고 수술을 했을까?' 이런 생각이 든다. MRI의 첫 글자 M은 영어의 Magnetic에서 왔다. 자석이란 뜻이다. 우리 몸을 구성하는 원자가 자석이기 때문에 이런 측정 장비도 만들 수 있었다. 하이젠베르크가 블로흐에게 "자석을 연구해보라"는 화두를 내린 게 1927년이었으니 대략 한 세기 전이었다. 물리학자의 호기심에서 출발한 과학이 이제는 정밀한 의학 도구로 생명을 지키는 데 쓰이고 있다.

자석에서 양자 자석, 큐비트로

전자에는 스핀이라는 속성이 있다. 스핀은 자석과 비슷한 성질이다. 외부에서 자석을 갖다 대면 전자의 스핀은 자기장 방향과 나란히 정렬하든지 그 반대 방향으로 정렬한다. 이제 이런 의문이 생긴다. '나침반의 바늘은 동서남북 어느 방향이나 다 가리킬 수 있다. 그런데 전자라는 자석은 남쪽하고 북쪽 딱 두 방향만 가리키는 것 같다. 왜 그럴까?' 이 질문에 제대로 대답하려면 전자라는 자석이 갖는 대단히 양자역학적인 특성, 즉 중첩이라는 특성을 호출해야 한다.

　이제부터 전자의 스핀이 북쪽을 가리킬 때의 상태를 |북〉이라고 표시하고, 남쪽을 가리킬 때는 |남〉이라고 표시하기로 하자. 그럼 전자의 스핀이 동쪽을 가리키는 상태는 어떻게 표시하면 될까? |동〉이라고 쓰면 된다. 그동안 자세히 서술하지 않았을 뿐, 전자의 스핀도 보통 나침반처럼 동서남북 어느 쪽이든 다 가리킬 수 있다. 양자역학의 마법은 여기부터 등장한다. 동쪽을 가리키는 스핀의 상태는 북쪽 스핀과 남쪽 스핀의 중첩으로 표현된다.

$$|동〉 = |북〉 + |남〉$$

　서쪽을 가리키는 스핀은 이렇게 표현할 수 있다.

$$|서〉 = |북〉 - |남〉$$

　동쪽 스핀과 서쪽 스핀의 차이는 + 부호가 - 부호로 바뀐 데 있다. 이걸 일반화하면 모든 방향을 다 가리킬 수 있는 스핀 상태도 만들 수 있다.

$$A |북〉 + B |남〉$$

　동쪽 스핀이나 서쪽 스핀을 표현할 때는 1, -1이라는 숫자만 사용했

지만 일반적인 파동함수를 적을 때 등장하는 A, B는 복소수다.˙ 한 쌍의 복소수 (A, B)를 동원하면 어떤 방향을 가리키는 스핀이든 다 표현할 수 있다. 물리학자들은 |북⟩과 |남⟩, 2개의 상태를 기저 상태라고 부른다. 나머지 스핀 상태는 이 두 기저 상태의 중첩으로 표현할 수 있다는 의미다. 스핀이 가질 수 있는 상태는 나침반이 가리킬 수 있는 방향만큼이나 무한히 많지만 막상 수학적으로 표현할 때는 2개의 기저 상태 |북⟩, |남⟩을 잘 조합하기만 하면 된다. 비유하자면 빛의 삼원색 빨, 파, 초를 적절히 조합해서 모든 색을 표현할 수 있는 컬러 텔레비전의 원리와 비슷하다. 중요한 차이점은 실수의 비율뿐 아니라 복소수의 비율로도 기저 상태를 섞을 수 있다는 것이다.

이번엔 |북⟩이란 상태를 |0⟩으로, |남⟩을 |1⟩로 이름을 바꾸자. 어차피 이름만 바꾸는 것이긴 하지만 일부러 이렇게 이름을 바꾼 이유가 있다. '비트bit'라는 말을 들어보았을 것이다. 어떤 정보를 전달할 때 0과 1의 숫자열로 그 내용을 바꿔서 보내고 받을 수 있다는 것이 정보이론의 핵심이다. 아무리 뛰어난 성능을 자랑하는 컴퓨터라고 해도 이 기계가 처리할 수 있는 정보는 오직 0과 1로 표현할 수 있는 것들 뿐이다. 간단히 말해서 컴퓨터에게 3×5를 계산하라고 시킬 때 컴퓨터는 일단 이 숫자를 이진수 11과 101로 바꾼 다음 이진수끼리의 곱셈을 하고, 그 결과를 다시 십진수 15로 표현해준다. 아무리 고성능 컴퓨

˙ 복소수는 실수와 허수를 합친 숫자이다. 실수는 a, 허수는 ib라고 표시하면 복소수는 a+ib라고 쓸 수 있다. 실수 숫자쌍 (a, b)이 하나의 복소수를 나타낸다. i는 허수의 일종이고, 그 제곱을 취하면 -1이 되는 숫자이다.

터라고 해도 결국 이런 이진수의 수열, 가령 00111을 다른 수열로 바꾸는 연산, 가령 00101로 바꾸는 연산을 굉장히 빨리 해주는 기계에 불과하다. 우리 손바닥에 들어오는 전자계산기나, 수백억 원짜리 슈퍼컴퓨터나 작동 원리 자체는 같다.

이번엔 양자 자석으로 상황을 바꿔보자. 양자 자석이라는 것은 $|0\rangle$과 $|1\rangle$의 중첩된 상태로 표현되는 스핀을 말한다. 이런 스핀이 2개 있다고 치자. 각 스핀은 두 가지 상태를 가질 수 있으니, 두 스핀을 합하면 $|00\rangle$, $|01\rangle$, $|10\rangle$, $|11\rangle$, 이렇게 네 가지 상태가 가능해진다. 보통 컴퓨터라면 정보가 $|00\rangle$, $|01\rangle$, $|10\rangle$, 또는 $|11\rangle$이란 상태로 저장되고 이 상태를 조작하는 연산을 할 것이다. 4개의 기저 상태는 상호 배제적인 관계를 가진다. 가령 컴퓨터가 $|00\rangle$ 상태에 있으면 나머지 세 가지 상태는 컴퓨터에 없다는 뜻이다. 양자 자석은 이것보다 훨씬 흥미로운 상태를 만들 수 있다. 바로 중첩된 상태다. 이번엔 $|00\rangle$, $|01\rangle$, $|10\rangle$, $|11\rangle$이 네 가지 '기저 상태'가 되고, 4개의 복소수 (A, B, C, D)를 동원하면 다양한 중첩 상태를 만들 수 있다.

$$A|00\rangle + B|01\rangle + C|10\rangle + D|11\rangle$$

이런 중첩 상태를 잘 조작해서 계산을 하는 컴퓨터가 있다고 해보자. 이 컴퓨터는 $|00\rangle$이란 상태와 $|01\rangle$이란 상태, $|10\rangle$이란 상태, 그리고 $|11\rangle$이란 상태에 대한 연산을 '동시에' 할 수 있지 않을까? 이것이 가능하다는 게 양자 컴퓨터의 원리이다. 양자 스핀이 3개 있으면 총 2^3개, 그러니까 8개의 기저 상태가 생기고, 이걸 중첩시킨 뒤 연산을

하면 동시에 8개의 계산을 할 수 있다.

N개의 양자 스핀이 있다고 치면 2의 N승 개의 기저 상태를 만들 수 있고, 2의 N승 개의 연산을 동시에 처리할 수 있다. 우화 중에 어느 노예와 왕의 이야기가 있다. 왕의 생명을 구한 노예가 왕에게 상으로 하루는 쌀 한 톨, 다음 날은 두 톨, 그다음 날은 네 톨, 이렇게 매일 두 배씩의 쌀을 달라고 했다. 처음엔 코웃음을 치던 왕이 나중에는 내줄 쌀이 없어 파산했다. 지수의 법칙은 정말 대단하다.

우리가 그동안 알고 있던 컴퓨터는 고전 컴퓨터라고 한다. 양자역학의 중첩 원리를 사용하지 않았다는 의미이다. 고전 컴퓨터는 한 번에 한 가지 상태만 만든다. 가령 00110 같은 상태를 만든 뒤 거기에 이런저런 연산을 한다. 물론 연산 속도가 굉장히 빠르다. 1초에 10조 번에서 1000조 번 정도의 연산을 할 수 있다. 만약 어떤 컴퓨터가 10조 번의 연산을 한꺼번에 할 수 있다면 어떨까? 컴퓨터 과학자들은 이런 연산을 '병렬 연산'이라고 부른다. 우리가 이삿짐을 나를 때 두 가지 상반된 방법 중 하나를 택할 수 있다. 하나는 무척 힘 좋은 사람이 혼자 부지런히 왔다갔다하면서 이삿짐을 나르는 것이다. 다른 방법은 그저 평범한 힘을 가진 사람 몇 명이 동시에 짐을 나르는 것이다. 사람만 충분히 많다면 힘이 약한 사람들이 모여 더 빨리 짐을 나를 수 있지 않을까? 양자 스핀이 10개 모이면 2^{10}개의 기저 상태를 중첩시킬 수 있다. 말하자면 일꾼 2^{10}명이 동시에 '짠' 하고 나타난 셈이다.

2^{10}은 1024다. 어림해서 1000이란 숫자가 나온다. 그럼 2^{30}은 얼마일까? 대략 1000을 세 번 곱한 것, 10억이란 숫자가 나온다. 10억 개의 서로 다른, 중첩된 상태에 무슨 연산을 단 한 번만 한다고 치자. 그

럼 고전 컴퓨터가 어떤 하나의 상태에 10억 번의 연산을 한 효과가 나지 않을까? 보통 컴퓨터에서 1초에 할 수 있는 연산의 숫자가 10조라고 했다. 10억은 10조에 한참 못 미치는 숫자다. 하지만 이번엔 양자 스핀의 개수를 40개, 50개, 이렇게 늘려보자. 2^{50}이면 1000조쯤의 숫자가 나온다. 그럼 어떨까? 드디어 고성능 고전 컴퓨터에서 1초에 할 수 있는 일을 단 50개의 양자 스핀으로 더 잘할 수 있다는 뜻 아닐까? 이런 상황을 양자 컴퓨터 연구자들은 '양자 우월성'이라고 부른다.* 양자 컴퓨터가 고전 컴퓨터를 이기는 순간이다. 양자 우월성을 현실로 만들기 위해 많은 과학자, 공학자들이 양자 컴퓨터 만들기에 전념하고 있다.

이제부터는 양자 스핀이란 말 대신 큐비트qubit란 단어를 쓰도록 하자. 양자를 뜻하는 퀀텀quantum, 그리고 본래 정보의 기본 단위였던 비트bit를 합해서 만든 단어다. 반도체 공학자가 아니어도, 반도체 설계에 아무런 관심이 없어도 끊임없이 비트란 말을 들으면서 지난 몇십 년을 살아왔다면, 앞으로는 양자역학이 무엇인지 모르는 사람도 끊임없이 큐비트란 단어를 들어가며 살아야 할 운명이다. 양자 컴퓨터가 고전 컴퓨터를 이길 수 있는 이유를 이삿짐 나르기의 비유로 설명했다. 힘이 아주 세고 발이 빠른 일꾼 한 명 대신 평범한 체력을 가진 일꾼 다수로 대치하자는 게 작전이었다. 현실에선 여러 명의 일꾼이 동시에 일을 하는 게 쉽지 않다. 일단 일꾼들 사이에 호응이 잘되어야 한다.

---

* 양자 우월성에 대한 자세한 설명, 양자 컴퓨터에 대한 수준 높은 설명은 김한영 교수의 〈호라이즌〉 연재글에 담겨 있다. https://horizon.kias.re.kr/16137/

짐을 나르다가 서로 부딪혀도 안 되고, 각자 자기한테 할당된 짐이 무엇인지 정확히 알고 움직여야 한다. 다시 말하면 여러 명의 일꾼이 일을 잘하도록 컴퓨터를 잘 제어해야 비로소 여러 명이 일하는 효력이 나타나는 것이다. 지금의 양자 컴퓨터 연구 상황은 말하자면 이런 제어를 좀더 정교하게 만들기 위한 기술을 끊임없이 개발하는 중이다.

양자 컴퓨터

양자 컴퓨터를 위한 도전은 대략 1980년대 초반부터 시작됐다. 폴 베니오프, 유리 마닌, 리처드 파인먼 같은 사람들이 양자역학적 원리를 이용한 계산기를 만들자는 주장을 하고 개념을 설파하기 시작했다. 이중 가장 중요한 것은 파인먼의 유명세였을 것이다. 파인먼은 일찌감치 이론물리학자로서 천재성을 보였다. 박사학위를 받자마자 1943년 로스앨러모스에서 진행 중이던 맨해튼 프로젝트에 연구원으로 합류했다. 파인먼도 대단한 인물이었지만 그 계획에 참여한 사람들 중에는 이미 노벨상을 받은 물리학자, 세계적인 명성을 누리는 물리학자들이 즐비했다. 겨우 박사학위를 받은 신참 연구원 파인먼에게 주어진 과제는 그 당시 처음 만들어진 '컴퓨터'를 이용해 손으로 풀 수 없는 수학 문제를 푸는 일이었다. 그 당시 과학자들이 컴퓨터를 대하는 태도가 어땠는지, 컴퓨터 성능이 얼마나 미미했는지 단적으로 보여주는 사례라고 할 수 있다. 이때의 경험으로 파인먼이 계산과 물리학의 관계에 지속적으로 관심을 갖게 된 것 같다. 파인먼은 훗날 양자전기역학이란 분야를 개척한 공로로 노벨 물리학상을 받았다. 양자전기역학은 기본 입자의 하나인 전자와 광자가 어떻게 상호작용하는지를 설명하는 대단히 정교한 이론이다. 그 후에는 입자 세계뿐 아니라 다양한 물질 세계에 관심을 보였고, 각 분야에서 독보적인 이론을 만들었다. 인생 후반부로 가면서는 물리학 유행의 최전선에서 논문을 쓰는 것보다는 아예 본인만의 독자적인 세계를 개척하는 일에 더 치중했다. 파인먼이 인생 마지막 시기에 가장 집중해서 고민하고 사색했던 주제가 바로 양자역학과 계산의 연관성을 그려내는 일이었다. 파인먼이 1980년 초반에 쓴 논문은 지금처럼 잘 정리된 양자 컴퓨터 이론의 수준에 도달하지는 않았다. 중요한 건 파인먼이 씨를 뿌렸고, 이제 그 씨앗이 자라서 거목으로 자라고 있다는 것이다. 씨앗을 심은 지 40년 만에 꽃 핀 성과이다.

파인먼 다음으로 양자 컴퓨터 발전에 중요한 기여를 한 인물은 피터 쇼어라는 응용수학자이다. 쇼어는 파인먼이 교수로 있던 캘리포니아공과대학을 졸업했다. 그가 학부를 졸업할 무렵 파인먼의 강의를 들었다고 한다. 이 학교는 학부생이 무슨 전공을 택하건 상관없이 무조건 양자역학 수업을 들어야만 졸업을 할 수 있다고 한다. 쇼어는 수학을 전공했지만 양자역학도 충분히 이해하고 있었다. 1990년대 중반, 쇼어는 정말 어마어마한 증명을 해낸다. 만약 양자 컴퓨터가 있다면 어떤 특별한 문제를 고전 컴퓨터에 비해 훨씬 빨리 풀 수 있다는 증명이다.

여기 2개의 소수가 있다고 하자. 예를 들어 3과 5가 있다고 하면 두 수를 곱해서 15가 나온다. 이번엔 거꾸로 15는 무슨 소수의 곱이냐, 이렇게 물어보자. 구구단을 외운 사람 누구나 지체하지 않고 3과 5의 곱이라고 대답할 것이다. 이번엔 질문의 수준을 조금 높여보자. 예를 들어 200,560,490,131과 87,178,291,199 이런 2개의 소수가 있는데 이 두 소수를 곱하면 17,484,520,811,654,483,657,069란 숫자가 나온다. 곱한 숫자가 좀 길긴 하지만 평범한 계산기로도 금방 답을 얻을 수 있다. 그럼 드디어 난감한 질문을 할 차례. 17,484,520,811,654,483, 657,069는 어떤 두 소수의 곱일까? 물론 이미 답을 앞에서 준 셈이니 이 문제에 대한 답을 구하라고 하는 것은 의미가 없긴 하다. 하지만 아무런 사전 정보도 없이 어떤 거대한 정수 하나를 내놓고는 이 정수가 어떤 두 소수의 곱인지 알아내라고 주문하면 어떨까? 이런 문제를 왜 풀어야 하는지 그 쓸모는 둘째치고, 일단 굉장히 풀기 어려운 문제라는 것에 모두 동의할 것이다. 우리가 컴퓨터로 정보를 주고받을 때는 그냥 정보만 전송하는 게 아니라 반드시 암호를 동반해 보낸다. 암호를 먼저 풀어야만 전달된 내용을 읽을 수 있다. 이때 사용하는 암호가 다름 아닌 거대한 정수의 소인수 분해다.

앞서 든 예처럼 거대한 숫자를 2개의 소수로 나누는 시험을 치고 정답을 맞혀야만 상대방이 보낸 이메일이나 은행 거래 정보를 읽을 수 있다. 왜 쇼어의 논문이 사람들의 눈을 번쩍 뜨게 했는지 더 이상 설명이 필요 없지 않을까? 수학자나 컴퓨터 공학자들이 고전 컴퓨터로는 대단히 풀기 어렵다고 이미 증명했기 때문에 안심하고 암호 체계로 채택한 게 바로 소인수 분해 문제였는데, 이게 양자 컴퓨터라는 새로운 계산 체계 앞에서는 쉽게 무너져내릴 수 있다는 걸 보였다. 쇼어의 증명이 나오자마자 물리학자, 공학자, 컴퓨터과학자, 수학자뿐 아니라 미국의 안보국에서도 큰 관심을 보였다고 한다.

지난 20~30년은 진짜 잘 작동하는 양자 컴퓨터를 만들어보려고 물리학자들과 공학자들이 노력하고, 그 노력이 차츰 열매를 맺는 시간이었다. 양자역학적 입자의 기본 속성인 스핀이란 무엇인가, 스핀에 대한 탐구가 가져다준 문명이 무엇인가, 앞으로 펼쳐질 양자 정보 문명에서 중요한 역할을 할 큐비트란 무엇인가를 알게 되었다. 컴퓨터의 기억 소자로 사용하는 게 자석이다. 양자 컴퓨터의 기본 소자로 작동하는 게 양자 스핀이다. 자석은 부활을 거듭하는 존재처럼 나침반에서 컴퓨터 기억 소자로, 양자 컴퓨터의 기본 연산 단위로 계속 물질 문명의 한 축을 담당하고 있다.

4부 **위대한 도전**

초전도체의 발견과 재발견

: 고온 초전도의 시작

김기덕

삼성전자 반도체연구소 연구원. 손 위에 올릴 수 있는 물질을 만들고 측정하는 실험물리학자다. 서울대학교에서 물리학을 공부한 후 같은 곳에서 전하 밀도파에 대한 연구로 석사학위를 받았다. 독일 슈투트가르트에 위치한 막스플랑크 연구소에서 양자 물질 박막을 만들고 빛과 중성자로 측정하는 것에 대한 연구로 박사학위를 받았다. 학위 후 나노구조물리연구단에서 판데르발스 물질과 일차원 물질의 성질을 연구했으며, 지금은 눈에 안 보이는 나노미터 크기의 반도체 소자를 어떻게 측정할 수 있을지 궁리하고 있다. 시간이 있을 때에는 틈틈이 글을 쓰며, 과학잡지 〈스켑틱〉에 '놀라운 물질의 세계'라는 제목으로 연재했다.

세상은 물질로 이루어져 있다. 그리고 물질을 나누는 방법에는 여러 가지가 있다. 흔히 고체의 특성을 논할 때는 전기가 흐르는 정도에 따라서 분류한다. 전기가 잘 흐르면 전도체, 그 반대의 경우에는 절연체 혹은 부도체라고 부른다. 금, 철, 구리 같은 금속은 전도체에 속하고 유리, 고무, 플라스틱 같은 물질은 절연체에 속한다. 그리고 전도체와 부도체 사이의 어딘가에 반도체가 있다. 실리콘으로 대표되는 반도체는 원래는 절연체에 해당하지만, 조금만 불순물을 추가하거나 전기장을 가해주면 전기를 흘리는 도체처럼 행동한다. 이렇게 전도체와 부도체 사이를 왔다갔다하는 성질 때문에 절반만 도체인 반도체라는 이름이 붙었다. 그리고 이 글의 주인공인 초전도체superconductor가 있다.

초전도체는 말 그대로 전도체를 뛰어넘는 전도성을 갖는 물질을 말한다. 슈퍼맨을 단순히 보통 사람보다 힘이 더 센 사람이라고 할 수 없는 것처럼, 초전도체는 단순히 평범한 전도체보다 전기를 조금 더 잘 흘리는 물질이 아니다. 초전도체는 전도체가 가질 수 없는 세 가지 놀라운 성질을 보인다.

첫째, 초전도체는 전기 저항이 0이다. 같은 전지를 연결했을 때 저항이 큰 물질은 흐르는 전류의 양이 적다. 모양이 같다고 했을 때, 부도체는 전도체보다 훨씬 저항이 크고, 적은 양의 전류가 흐를 수밖에 없다. 전도체라고 해서 저항이 없는 것은 아니다. 저항이 부도체에 비해 작을 뿐, 전류가 흐를 때 이 저항의 값에 비례해서 전류의 손실이 일어난다. 그런데 초전도체는 이 전기 저항이 0이다. 터무니없는 소리

같지만, 초전도체의 저항은 정말 존재하지 않는다. 즉 전기가 흘러도 전혀 손실이 발생하지 않는다.

둘째, 초전도체는 물질 내부에 들어오려는 자기장을 모두 밀어내는 마이스너-옥센펠트Meissner-Ochsenfeld 효과를 보인다. 들어오는 자기장을 밀어내기 위해 초전도체는 표면에 전류가 흘러서 반대 방향의 자기장을 만들어내는데, 이것은 같은 극의 자석이 서로를 마주 보는 것과 비슷한 형태가 되어 〈그림 1〉에서 볼 수 있듯이 자기 부상 효과를 일으킨다. 이 효과를 이용해 자기부상열차는 공중에 떠서 빠른 속도로 이동할 수 있다.

마지막으로, 초전도체가 거시적 양자 현상이기 때문에 일어나는 현상이 있다. 초전도체는 다른 물질과 접합했을 때 계면의 초전도체의 파동함수가 경계를 넘어가고 섞이며, 조지프슨 효과Josephson effect라 불리는 특이한 전기적 성질을 보인다. 이 성질은 극도로 민감한 자기장

〈그림 1〉 마이스너-옥센펠트 효과. (Mai-Linh Doan, CC BY-SA 3.0)

센서를 만들거나, 양자 컴퓨터의 큐비트를 만드는 데 사용되고 있다.

눈에는 보이지 않지만, 우리는 살아가면서 초전도체를 매일 사용하고 있다. 일상에서 초전도체를 가장 많이 쓰는 장소는 병원이다. 전선을 나선형으로 감아서 전류를 흘리면 그 중심에 자기장이 생긴다. 일반적인 금속 도선을 사용해도 자기장을 얻을 수 있지만, 강력한 자기장을 형성하려면 많은 양의 전류가 필요하다. 그런데 저항이 있는 전선으로는 얻을 수 있는 자기장의 세기에 한계가 있다. 큰 전류를 흘리면 저항 때문에 너무 많은 양의 열이 발생해 전자석이 녹아버릴 것이다. 그래서 강력한 자기장이 필요할 때는 초전도체를 전선으로 사용한 전자석을 사용한다. 병원에 있는 MRI 장치는 강한 자기장이 필요하므로, 초전도체로 만들어진 전자석을 사용한다.

앞의 설명만 들으면 초전도체는 완벽한 물질 같지만, 초전도체에는 치명적 약점이 있다. 우리 주변에서 초전도체를 쉽게 볼 수 없는 이유는 이 약점 때문이다. 슈퍼맨이 크립토나이트에 맥을 못 추는 것처럼, 초전도체는 높은 온도에서 힘을 잃는다. 낮은 온도에서 놀라운 특성을 보이던 초전도체는 온도가 올라가면 힘을 발휘하지 못하고 일반적인 전도체로 변한다. 이렇게 초전도 성질을 잃는 온도를 전이온도라고 한다. 문제는 초전도 현상이 사라지는 전이온도가 사람이 살 수 없는 너무 낮은 온도라는 점이다. 일반적인 초전도체는 절대온도 0도보다 고작 몇 도 높은 온도에서 초전도성을 잃는다. 역사상 처음으로 발견된 초전도체인 수은은 4K(섭씨 영하 269도) 이하에서 초전도 현상을 보이고, MRI에 들어가는 전자석으로 사용되는 나이오븀-티타늄(Nb-Ti) 합금의 전이온도 약 10K이다. 지구상에서 가장 추운 곳의 온도도 섭씨 영하 100도 아래로는 떨어지지 않으니, 우리 주변에서 초전도체를 만나기 어려운 것은 당연하다.

이 약점만 해결하면 초전도체는 응용할 수 있는 무궁무진한 가능성이 있다. 하지만 상황은 녹록지 않다. 초전도 현상은 양자 현상이기 때문에, 전자들의 열적 요동을 줄이지 않으면 발현될 수 없다. 따라서 초전도는 고온에서는 필멸의 존재이다. 게다가 낮은 온도를 만드는 일은 상당히 고되고 기술적으로도 어려운 일이기 때문에, 초전도체는 오랜 시간 동안 소수의 물리학자가 연구하는 영역이었다.* 하지만, 자연은 가장 놀라운 것들을 숨겨두고 있다가 우리가 무언가를 이해했다고 생각했을 때 새로운 문제를 내놓곤 한다. 지금까지 인류가 쌓은 지식과 지혜가 아무것도 아니라는 듯이 말이다. 처음 초전도체가 발견되고 75년 후 고요하던 초전도 분야에 태풍이 불기 시작했다. 그리고 그 태풍의 중심에는 이 글의 주인공인 고온 초전도체가 있었다. 본격적으로 고온 초전도체를 소개하기 전에 초전도체의 역사를 간략하게 알아보자.

세기의 난제였던 초전도체

초전도 현상을 처음 발견한 사람은 1911년 네덜란드의 카메를링 오너스였다. 충격적이고 갑작스러운 발견이었던 만큼 초전도 현상을 설명

---

* 이 책의 5장 '액체의 재발견'에는 저온 실험과 초전도체의 첫 발견에 관한 더 많은 이야기가 실려 있다.

할 이론적 기반이 없었고, 초전도 현상은 50년 가까이 난제로 남아 있었다. 양자역학의 기본 방정식인 슈뢰딩거 방정식이 1926년에야 발표되었으니 초전도의 원리를 밝히는 데 오랜 시간이 걸린 것은 당연하다. 양자역학이 없는데 어떻게 양자 현상을 설명할 수 있겠는가. 당시 막 노벨 물리학상을 받은 알베르트 아인슈타인은 1922년 오너스의 교수직 40주년을 축하하는 자리에서 "양자역학에 대한 우리의 무지로 인해 이론을 세우기에는 아직 멀었다"라며 초전도 이론에 대한 어려움을 토로하기도 했다.

아인슈타인 이후에도 많은 물리학계의 셀럽들이 초전도에 도전했다. 양자역학의 아버지라 불리는 닐스 보어, 양자홀 효과의 이론적 기반인 란다우 준위를 발견한 레프 란다우, 불확정성 원리를 발견한 베르너 하이젠베르크를 비롯한 전설적인 물리학자들이 이 문제에 도전했지만, 초전도의 원리는 밝혀질 기미가 보이지 않았다. 천재 물리학자로 알려진 리처드 파인먼도 1950년대에 자신의 활동에 큰 공백이 생긴 것은 초전도 문제를 풀려다가 실패했기 때문이라고 말하기도 했으니 얼마나 어려운 문제였는지 짐작할 수 있다. 그래도 물리학자들의 오랜 노력은 헛되지 않았다. 50년간의 노력은 BCS 이론으로 열매를 맺었다. 이론을 고안해낸 세 명의 물리학자 존 바딘, 리언 쿠퍼, 존 로버트 슈리퍼의 이름을 딴 이 이론은 당시 초전도 현상을 정확하게 설명했고, 이론을 만들 당시 지도교수, 박사후 연구원, 대학원생이었던 세 사람은 훗날 나란히 노벨 물리학상을 받았다.

BCS 이론과 전이온도의 한계

BCS 이론이 설명하는 초전도체의 원리를 요약하자면 다음과 같다. 온도가 낮아지면 물질 속의 전자 2개가 짝을 이루어 쿠퍼 쌍Cooper pair을 이룬다. 그리고 이 쿠퍼 쌍들이 모이면 마치 한 몸같이 단체 행동을 하며 저항 없이 전기를 흘린다. 전자 2개가 모인 쿠퍼 쌍은 보손이기 때문에 낮은 온도에서 단체 행동을 하는 것은 보손의 양자역학적 특징으로 이해할 수 있다. 하지만 전자기력을 고려한다면 전자 2개가 짝을 이룬다는 것은 상상하기 어렵다. 같은 전하를 갖는 두 입자는 보통 짝을 이루는 것이 아니라, 쿨롱 힘으로 서로 밀쳐내기 때문이다. 물론 금속 내에서는 가리기 효과screening effect에 의해서 전기장이 상쇄된다고 하지만, 서로 밀어야 할 2개의 전자가 서로 묶인다는 것은 여전히 이해하기 어렵다.

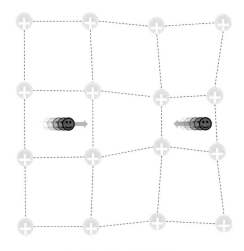

〈그림 2〉 전자-포논 상호작용.

쿠퍼 쌍이 존재하기 위해서는 음의 전하를 갖는 두 전자를 묶어줄 접착제가 필요하다. 물질 속에서 전자를 제외하고 접착제가 될 수 있는 것이 무엇이 있을까? 물리학자들은 원자의 떨림에서 그 답을 찾았다. 고체 안에서 원자는 규칙적으로 배열되며 격자를 이룬다. 이 격자의 고유한 떨림을 포논phonon이라 부른다. 초전도 상태에서 있는 전자는 이 포논과의 상호작용을 통해서 서로 묶여 있다. 어떻게 원자의 움직임이 전자를 묶는 접착제 역할을 할 수 있는지 이해하기 위해 〈그림 2〉를 살펴보자. 그림에서 웃고 있는 파란 입자는 전자, (+) 표시가 되어 있는 노란색 공은 원자핵을 나타낸다. 그림에서는 비슷한 크기로 그려져 있지만, 실제로 전자는 원자핵에 비교할 수 없이 작고 수천 배 이상 가볍다.

먼저 작고 가벼운 전자가 원자핵으로 만들어진 격자를 빠른 속도로 지나가는 모습을 상상해보자. 전자와 원자핵은 서로 반대의 전하를 띠므로 서로 끌어당긴다. 원자핵은 전자 쪽으로 끌려가지만, 큰 질량 때문에 전자보다 훨씬 느리게 움직인다. 따라서 〈그림 2〉처럼 원자핵이 움직였을 때는 이미 전자는 옆으로 이동한 상태이고, 결과적으로 국소적으로 원자핵의 밀도가 높아지는 구역이 생긴다. 양의 전하를 띠게 된 이 구역은 이미 지나간 전자와 뒤에 있는 전자를 끌어당긴다. 두 전자만 생각하면 마치 전자끼리 서로 잡아당기는 듯한 모습이다. 이렇게 격자 구조의 움직임은 전자가 서로 끌어당길 수 있게 해주는 중개자의 역할을 한다.

다음의 방정식은 BCS 이론에서 포논에 의해 매개되는 초전도체의 전이온도 방정식을 간략하게 표현한 식이다.

$$T_c = \theta_D exp(-1/\lambda_{eff})$$

여기에서 T_c는 초전도 전이온도이고, θ_D은 디바이 온도Debye temperature로 물질이 가진 포논의 진동수 중 가장 큰 값과 관련이 있다. 그리고 이 값은 물질이 가벼운 원소를 포함하면 값이 커지는 경향이 있다. 마지막으로 λ_{eff}는 앞에서 언급했던 전자와 포논의 상호작용에 비례하는 값이다. 방정식을 보면 디바이 온도의 값이 클수록, 전자와 포논의 상호작용이 강할수록 전이온도가 올라간다. 이제 디바이 온도가 아주 높거나 λ_{eff}이 아주 큰 물질을 찾으면 상온 초전도체를 만들 수 있을 것만 같다. 하지만, 주기율표상에 있는 대부분 금속의 디바이 온도는 500K 이하이고 λ_{eff} 값은 3분의 1 이하이기 때문에 전이온도의 상한값은 25K 정도이다. 수소, 산소, 탄소 같은 가벼운 원소가 포함된 화합물들은 디바이 온도는 높지만, 절연체인 경우가 많았다. 그리고 수은과 같은 단원소 금속과 합금 중 전이온도가 25K를 넘는 물질은 찾을 수 없었다. 그렇다고 더 높은 온도에서 초전도 현상을 찾기 위한 과학자들의 사냥이 멈추지는 않았다.

예상하지 못했던 발견

초전도 사냥에서 가장 성공적인 사냥꾼은 베른트 마티아스라는 물리학자였다. 그는 수백 가지의 초전도체를 합성하는 데 성공했고 이 경험을 바탕으로 초전도체를 찾는 여섯 가지 규칙을 만들었다. 유명한 마티아스의 규칙을 간단히 정리하면 다음과 같다.

대칭성이 높은 구조를 가질 것.

전자의 상태 밀도가 높을 것.

산소를 피할 것.

자성을 피할 것.

절연체를 피할 것.

이론물리학자를 피할 것.

간단하고 명료한 규칙이다. 하지만 만약 모두가 이 규칙을 따랐다면 고온 초전도체는 여전히 발견되지 않았을지도 모른다. 스위스 취리히에서는 모두가 미쳤다고 생각하던 시도가 이루어지고 있었다. 취리히의 IBM 연구소에서 게오르그 베드노츠와 알렉스 뮐러는 초전도체를 찾고 있었는데, 그들이 연구하던 물질은 금속이 산소와 결합한 금속 산화물이었다. 말하자면 금속이 산화되어 만들어진 녹을 연구하고 있었다. 산화물은 부피 중 대부분을 산소가 차지하는 것은 물론이고, 전기가 통하지 않는 절연체인 경우가 많았으며, 자성을 띠는 경우도 많았다. 마티아스의 규칙을 알고 있다면, 금속 산화물을 연구하는 것은 전혀 이해할 수 없는 행동이었다. 그래도 뮐러는 마지막 한 가지 규칙은 잘 따랐다. 당시 이론들은 도움이 되지 않았고, 뮐러는 이론물리학자들과 얘기하지 않고 계속해서 산화물에서의 초전도 연구를 이어가기로 했다.

그들의 연구는 큰 주목을 받지 못한 상태에서 이루어졌다. 연구비도 넉넉지 않아서 작은 규모로 연구를 진행할 수밖에 없었다. 그러던 중에 1986년 베드노츠와 뮐러는 금속 산화물에서의 초전도 현상을 논문을 통해 발표했다. 전이온도의 이론적 한계로 알려져 있던 25K을 훌쩍 넘어 35K 가까이 되었고, 이론적인 한계를 뛰어넘는 이 물질에는 고온 초전도체라는 이름도 따로 붙었다. 고작 10K 높은 것이 대수냐고 할 수 있지만, 기존의 이론을 완전히 뒤엎는 발견이었다. 얼마나 충격적이었는지 당시에는 그들의 발견을 믿지 않는 사람이 대부분이었다. 하지만 몇몇 그룹이 이 실험을 재현하는 데 성공했고 70년이 넘는 시간 동안 움직이지 않던 전이온도의 장벽이 깨졌다는 사실이 받아들여졌다.

Star is born

새로운 가능성을 발견한 과학자들은 마치 금광을 찾은 듯이 고온 초

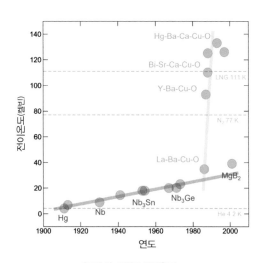

〈그림 3〉 초전도 전이온도.

전도 문제에 달려들었다. 전 세계의 물리학자, 화학자, 재료과학자, 전기공학자를 포함한 많은 과학자가 더 높은 전이온도를 가진 초전도체를 만들기 위해 노력했고, 마치 호수를 막고 있던 댐이 무너진 것처럼 엄청난 양의 연구가 쏟아져 나왔다. 그리고 언제 25K가 한계였냐는 듯이 전이온도는 빠른 속도로 상승하며 연일 기록을 경신했다.

　매년 전 세계의 물리학자들은 미국 물리학회에서 모이는데, 베드노츠-뮐러의 논문이 발표되고 이듬해 열린 미국 물리학회의 초전도 세션은 지금까지도 전설로 남아 있다. 당시 너무 많은 사람이 모여서 세션 시작 두 시간 전부터 사람들은 줄을 서야 했고, 학회는 이튿날 새벽까지 이어졌다. 이 모습이 마치 락 페스티벌을 방불케 해서, 유명한 락 페스티벌의 이름을 따서 물리학의 우드스탁이라고도 한다. 이 페스티벌의 스타는 당연히 고온 초전도체였다. 고온 초전도체의 발견이 얼마나 '핫'했는지 1986년 고온 초전도체의 발견에 대한 논문을 발표한 바로 다음해인 1987년 베드노츠와 뮐러는 노벨 물리학상을 받는다.

　베드노츠와 뮐러가 처음으로 발견한 고온 초전도체는 란타늄(La)-바륨(Ba)-구리(Cu)-산소(O) 네 가지 원소로 구성된 물질이었다. 30K을 겨우 넘는 전이온도를 가진 물질이었지만, 전혀 새로운 초전도 물질군이었다. 이후 〈그림 3〉에서 볼 수 있듯이 전이온도는 수직으로 상승한다. 이렇게 발견된 고온 초전도체의 조성에서 공통점은 무엇일까? 〈그림 3〉에 적혀 있는 조성을 보면 쉽게 알아차릴 수 있듯이 모두 Cu-O를 포함한다는 것이다. 그래서 새로운 고온 초전도체는 구리 산화물 초전도체라고 불린다.

　전이온도가 올랐지만, 여전히 지구상에 자연적으로 존재하는 온도보다는 터무니없이 낮은데 도대체 이게 왜 중요하냐고 반문할 수 있다. 하지만, 그렇지 않다. 저온 과학은 온도의 범위에 따라서 사용하는 냉매가 다르고, 냉매의 종류에 따라서 온도를 달성하기 위한 난이도도 다르다. 냉각 과정에서 가장 많이 사용되는 냉매는 액체 헬륨과 액체 질소이다. 〈그림 3〉에 회색 점선으로 표시된 것이 이들의 끓는점인데, 액체 헬륨의 경우 4.2K 그리고 액체 질소는 77K의 끓는점을 가진다. 주전자를 불 위에 올려놓았을 때 아무리 불꽃의 온도가 높아도 끓는 물의 온도가 섭씨 100도 이상이 되지 않는 것처럼, 상온이 300K여도 액체 냉매의 온도는 항상 끓는점으로 유지된다. 따라서 4.2K 이상의 온도가 필요할 때에는 액체 헬륨을, 77K 이상의 온도를 얻기 위해서는 액체 질소를 이용해서 물질을 냉각한다. 최초로 발견된 구리계 초전도체는 액체 질소의 온도보다 낮아서 헬륨이 필요하지만, 그 뒤에 발견된 Y-Ba-Cu-O부터는 액체 질소의 온도보다 높은 온도에서 초전도를 보이기 때문에, 액체 질소를 사용하는 것만으로 초전도 상태를 얻을 수 있다. 심지어 몇몇 물질의 전이온도는 흔히 사용되는 액화 천연가스 온도 111K보다도 높다.

액체 질소를 사용하는 것이 액체 헬륨을 사용하기보다 쉽기도 하지만, 훨씬 경제적이기도 하다. 실험물리학을 전공한 사람들은 액체 질소는 물값이고 액체 헬륨은 위스키값이라고 농담처럼 말하기도 한다. 시세에 따라서 다르지만 액체 질소는 100리터에 10만 원 정도, 액체 헬륨은 같은 부피에 500만 원 정도의 가격이다. 따라서 헬륨을 사용했을 때는 할 수 없었던 응용도, 질소를 사용하면 가능하게 된다. 예를 들어 우리나라를 비롯한 몇몇 국가는 이미 액체 질소를 이용해서 냉각된 초전도 송전선을 매설해서 사용하고 있다. 그리고 앞으로는 더 많은 기술이 현실에 응용될 것이다.

많은 것은 어렵다

전자-포논 상호작용에 기반한 전이온도의 상한값이 깨졌지만, BCS 이론이 틀린 것은 아니다. 새로 발견된 구리 산화물 초전도체도 그 원리는 낮은 온도에서 형성되는 쿠퍼 쌍들에 있다는 말이다. 하지만, 문제는 전자들을 묶어줄 접착제의 정체이다. 기존에 알려진 전자-포논 상호작용은 구리 산화물 초전도체의 높은 전이온도를 설명하기에는 충분하지 않다. 따라서 새로운 종류의 접착제가 필요하다. 결론부터 말하자면, 우리는 아직도 정확히 무엇이 구리 산화물 초전도체에서 접착제 역할을 하는지 모른다. 손 위에 올려놓을 수 있는 물질이 눈앞에서 초전도 현상을 보이는데, 원리를 알 수 없다는 것은 물리학자들에게는 답답한 동시에 도전의식을 부르는 일이다.

구리 산화물 초전도체가 계속해서 난제로 남아 있는 이유 중 하나는 물질의 구조가 너무 복잡하기 때문이다. 응집물질물리학에 대한 큰 기여로 노벨 물리학상을 받은 필립 앤더슨의 말대로 "많은 것은 다르다More is different". 그리고 많은 것은 어렵기도 하다. 이미 고전적인 초전도 현상도 많은 입자가 모여서 생긴 현상이지만, 이 경우는 그보다도 복잡도가 더 심해졌다. 고전적인 초전도체가 하나나 둘 정도의 원소로 이루어져 있고 높은 구조적 대칭성을 가지는 반면, 구리 산화물 초전도체는 적어도 세 가지의 원소가 포함되어 있으며 대칭성이 낮은

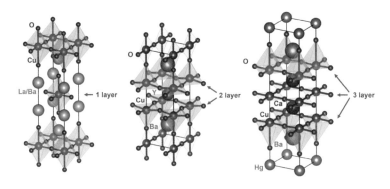

〈그림 4〉 구리 산화물 초전도체의 격자 구조.

구조를 가진다. 게다가 같은 구리 산화물 초전도체 내에서도 〈그림 4〉에서 볼 수 있는 것처럼 다양한 종류의 구조가 있으므로, 단위 격자 안에 있는 CuO_2 층의 개수를 기준으로 물질을 분류해야 할 지경이다.

구조가 복잡하기도 하지만, 구리 산화물 초전도체는 화학적으로 '더러운' 물질이기도 하다. 초전도를 얻기 위해서는 절연체인 어미 화합물에 불순물을 섞어야 하기 때문이다. 마치 원래 전기를 잘 흘리지 않는 반도체에 불순물을 섞어 전기가 잘 흐르게 해주는 것과 같은 원리이다. 하지만 반도체에서는 1000개에서 10억 개의 원자에 1개 정도의 불순물을 섞어주는 반면, 구리 산화물 초전도체에서는 5~30퍼센트 정도의 원자를 불순물로 치환한다. 이 불순물은 격자 구조에 무작위로 들어가고, 이미 복잡한 구조에 어려움을 더해준다. 더군다나 완벽한 주기성을 좋아하는 물리학자들에게는 거슬리는 일이 아닐 수 없다. 하지만, 물리학은 복잡함 속에서 간결한 규칙을 찾아내는 학문이다. 혼돈 속에서 규칙을 찾으려는 노력은 다음 절에 소개할 초전도체의 상도표에서 들여다볼 수 있다.

구리 산화물 초전도체의 상도표

물은 섭씨 0도 이하의 온도에서는 얼음이 되고, 100도 이상의 온도에서는 수증기가 된다. 이렇게 전이온도라고 부르는 온도를 기준으로 물질의 상태가 변하는 현상을 상전이라 부른다. 상전이는 온도뿐 아니라 압력, 외부 자기장과 같은 다른 변수에 의해서도 일어난다. 상전이 전후로 물질은 전혀 다른 성질을 갖게 되지만, 물질을 구성하는 성분이 바뀌는 것은 아니다. 물이 상전이를 겪으며 된 얼음과 수증기가 모두 같은 H_2O 분자로 이루어져 있는 것처럼, 외부 조건에 따라서 분자들의 배열이 바뀌는 것뿐이다. 어는점 아래에서는 분자들이 서로 단단하게 결합하여 분자들이 움직일 수 없는 고체 상태가 되고, 끓는점 위에서는 분자들이 따로 행동하는 기체 상태가 되는 것처럼 말이다. 이렇게 상전이를 겪는 이유는 외부 조건에 따라, 분자들이 해당 조건에서 가장 안정적인(에너지가 낮은) 상태에 도달하려고 배열이나 상호 결합 상태를 바꾸기 때문이다.

고온 초전도체에 관한 이야기를 물의 상전이로 시작하는 이유는 수은이나 알루미늄 같은 금속이 초전도체로 변화하는 것이 상전이 현상이기 때문이다. 초전도 상전이는 물의 상태 변화처럼 원자의 배열이 바뀌지는 않지만, 전자들의 상태가 변하는 상전이 현상이다. 겉으로 보기에 금속 원자들은 원래의 자리에 있지만, 그 안의 전자들의 상태는 자유전자로 만들어진 유체 상태에서 쿠퍼 쌍으로 이루어진 초유체 상태로 바뀐다.

이러한 초전도체로의 상전이를 도표로 나타내면 〈그림 5〉와 같이 표현할 수 있다. 그래프의 가로축은 온도, 세로축은 자기장의 세기를 나타낸다. 그리고 그래프상의 위치로 물질이 어떤 상을 띠고 있는지를 알 수 있다. 예를 들면 초록색 원으로 위치가 표시된 A는 전이온도보다 높은 온도에 있고, 자기장은 걸려 있지 않다. 따라서 정상 금속인 상태에 있어야 한다. 상도표에서도 A는 정상 금속에 해당하는 영역에 있다는 것을 쉽게 알아차릴 수 있다.

A에서 온도를 낮추어 초전도 전이온도 이하로 내려가면 초전도체가 된다. 그래프에서 보면 가로축을 따라서 왼쪽으로 쭉 가는 것이다. 그러다보면 파란색 원으로 표시된 B에 도달한다. 상도표에서도 B 점은 초전도체의 영역에 있는 것을 볼 수 있다. 상도표에서 세로축 방향으로 움직이는 것도 물론 가능하다. 외부 자기장을 걸어주면 도표에서 위로 이동하게 된다. B의 지점에서 자기장을 걸어주면 경계선을 넘어 빨간색 원으로 표시된 C에 도착하게 되고, 이때에는 정상 금속인 것을 볼 수 있다. 온도를 높이지 않아도 자기장으로 인해 초전도체의 특성을 잃는 것은 초전도체의 기본적인 특성으로, 전이 자기장보다 큰 자기장에 의해 쿠퍼 쌍이 불안정하게 되어서 초전도 상태가 아닌 정상 상태로 바뀐다.

이렇게 상도표는 상전이 현상을 한눈에 볼 수 있는 유용한 그림이다. 수많은 실험으로 얻은 정보를 한 장의 그림으로 요약해서 볼 수 있고, 초전도와 같은 물리 현상에 관한 중요한 사실을 알려주기도 한다. 〈그림 5〉의 경우에는 온도가 낮거나, 자기장이 작을 때에만 초전도체

310

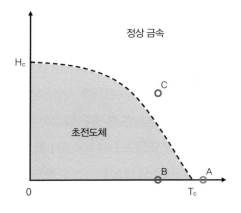

<그림 5> 초전도체의 상도표.

가 살아남을 수 있다는 사실을 보여준다. 그리고 초전도체를 설명하는 이론은 이러한 상도표의 형태를 완벽하게 설명할 수 있는 이론이어야 한다. 앞에서 소개했던 BCS 이론은 외부 자기장과 온도에 대한 초전도체 상도표의 형태를 완벽히 재현해낸다.

이제 구리 산화물 초전도체의 상도표를 살펴보자. 〈그림 6〉의 상도표는 구리 산화물 초전도체가 띠는 물리 현상을 요약하여 그림으로 표현한 것이다. 가로축은 양공 도핑 그리고 세로축은 온도를 나타내는데, 가로축의 양공 도핑에 대해서는 조금 더 설명이 필요하니 잠시 후에 다루기로 한다. 일단 상도표를 보면 한눈에 보기에도 두 가지의 상으로 이루어진 고전 초전도체의 상도표보다 훨씬 복잡하다는 것을 알수 있다. 고온 초전도체의 상도표는 반강자성antiferromagnetism, 슈도갭 pseudogap, 전하 밀도파, 초전도체, 이상 금속 등의 현상으로 빼곡히 채워져 있다. 중세시대 유럽 지도처럼 복잡한 이 상도표에서 고온 초전

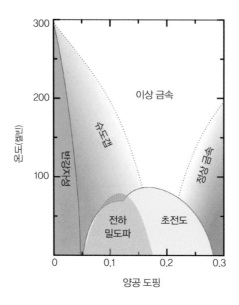

온도(켈빈)

300

200

100

이상 금속

슈도갭

반강자성

전하
밀도파

초전도

정상 금속

0   0.1   0.2   0.3

양공 도핑

〈그림 6〉 구리 산화물 초전도체의 상도표.

도 상태에 도달하려면, 생소한 이름을 갖는 영역을 거치지 않고는 도
달하기 어렵다. 구리 산화물 초전도체를 설명하기 위해서는 이 복잡한
상도표를 모두 설명할 수 있는 이론이 필요하니, 아직 난제로 남아 있
는 것이 이상하지 않다. 고온 초전도 현상만을 설명하기도 쉽지 않은
데, 이 모든 현상에 대한 설명을 담고 있어야 하니, 이론물리학자들의
고민이 깊을 것이다.

　그래도 상도표는 문제 해결의 실마리를 제공한다. 구리 산화물 초전
도체를 이해하기 위해서는 이웃하는 모든 현상에 대한 이해를 높여야
한다는 점이다. 고온 초전도체를 연구하는 물리학자들은 상도표를 채

우고 있는 다른 현상들과 초전도와의 관계를 연구하는 데 큰 노력을 쏟고 있다. 본격적으로 상도표에 있는 물리 현상에 대해 다루기 전에, 상도표의 가로축인 양공 도핑과 구리계 초전도체의 화학 조성에 대해서 살펴보자.

구리 산화물 초전도체의 구조와 양공 도핑

구리 산화물 초전도체는 종류가 다양하다. 여러 원소를 조합하여 만든 화합물이기 때문에, 조성과 구조에 따라서 무수히 많은 구리 산화물 초전도체를 만들 수 있다. 여기에서 다룰 물질은 La-Ba-Cu-O 네 가지 원소로 이루어진 물질이다. 줄여서 LBCO라고 부르기도 하는 이 물질은 구리 산화물 초전도체 중에서 가장 간단한 구조로 되어 있기도 하며, 고온 초전도체의 발견으로 노벨 물리학상을 받은 베드노츠와 뮐러가 발견한 최초의 구리 산화물 초전도체이기도 하다.

먼저 구조를 살펴보면 LBCO는 〈그림 7〉의 왼쪽에서 볼 수 있듯이 층상 구조로 되어 있다. 자세히 보면 두 종류의 층이 번갈아 쌓여 있는 것을 알 수 있다. 파랑으로 표시된 구리(Cu)와 빨강으로 표시된 산소(O)로 이루어진 Cu-O층이 있고, 녹색으로 표시된 란타늄/바륨(La/Ba)과 산소로 이루어진 La/Ba-O층이 있다. 여기에서 Cu-O층은 모든 구리계 산화물 초전도체가 공유하는 시그니처이며, 구리 산화물 초전도체의 핵심적인 물리는 이 Cu-O로 이루어진 층에서 일어난다.

상도표를 탐구하기 위해서는 변수를 흔들어보아야 한다. 온도는 물질을 냉각기에 넣음으로써 바꾸어줄 수 있지만, 어려운 것은 물질이

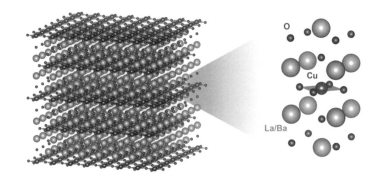

<그림 7> $La_{2-x}Ba_xCuO_4$의 구조.

가진 전자의 농도를 바꾸는 것이다. 화학에서는 물질에 불순물을 섞는 방식으로 물질이 가진 전자의 농도를 조절하는데 이러한 방식을 도핑이라고 부른다. LBCO에서는 Ba이 불순물의 역할을 한다. LBCO의 정확한 화학식은 $La_{2-x}Ba_xCuO_4$인데 오로지 La만으로 이루어져 있는 어미 화합물 La_2CuO_4에서 시작해, La을 Ba으로 치환해 불순물의 양인 x를 늘려가며 물질을 도핑한다. 즉 La/Ba-O층의 조성을 바꿔서 물질의 성질을 조절하는 것인데, 이 방법의 장점은 구리 산화물 초전도체의 핵심 구조인 Cu-O층을 화학적으로 건드리지 않고 물질의 성질을 바꿀 수 있다는 점이다.

La을 Ba으로 치환하면 Cu-O층의 전자 개수가 줄어드는 효과가 있다. 그 이유는 La과 Ba 이온이 가질 수 있는 전하량이 다르기 때문이다. 이온이 갖는 전하량은 각 원소의 특징이다. La은 화합물이 되었을 때 전자를 3개 내놓으며 La^{3+} 이온이 되지만, Ba은 전자를 2개만 내놓으며 Ba^{2+} 이온이 된다. 이웃하는 Cu-O층의 입장에서는 원래 3개를 받던 전자를 2개만 받았으니, Ba이 들어올 때마다 전자를 하나씩 잃는 꼴이 된다. 이런 방식으로 Cu-O층에 공급되는 전자의 개수는 줄어들어 원래 전자가 있었던 자리에 구멍이 생기니 이를 양공이라 부른다. 이상하게 느껴질 수 있지만, 물리학자들은 음의 전하를 갖는 전자가 빠져나간다는 표현 대신에 양의 전하를 갖는 양공이 추가된다는 표현을 선호한다. 〈그림 6〉의 상도표에서 오른쪽으로 가려면 물질에 Ba을 추가해가며 실험한다. 반대로 양공이 아닌 전자를 도핑해도 고온 초전도 현상이 나타나는데, 양공 도핑에 대한 연구의 수가 압도적으로 많기 때문에 여기에서는 양공 도핑된 물질에 대해서만 다룬다.

구리 산화물 초전도체의 상도표는 3개의 영역으로 나뉜다. 상도표를 보면 초전도를 보이는 영역이 돔 형태를 띠는 것을 볼 수 있는데, 이 돔에서의 위치를 기준으로 영역을 나눈다. 3개의 영역은 돔의 정점을 기준으로 왼쪽이 덜 도핑된underdoped 영역, 돔의 정점에 해당하는 영역이 알맞게 도핑된optimally doped 영역, 정점의 오른쪽을 과도하게 도핑된overdoped 영역으로 부른다. 덜 도핑된 영역에서 알맞게 도핑된 영역으로 갈수록 초전도 전이온도는 증가하다가, 알맞게 도핑된 영역에서 가장 높은 전이온도를 갖고, 과도하게 도핑된 영역에서는 다시 초전도 전이온도가 줄어드는 것을 볼 수 있다. 이제 각각의 영역에서 일어나는 물리 현상을 살펴보자.

모트 절연체와 반강자성

덜 도핑된 영역은 도핑이 되지 않은 상도표 가장 왼쪽의 어미 화합물에서 시작된다. 불순물이 섞이지 않은 순수한 어미 화합물은 놀랍게도 전기가 흐르지 않는 절연체이다. 그중에서도 모트 절연체라고 불리는 특이한 물질군에 속한다. 모트 절연체는 1977년 노벨 물리학상을 받은 네빌 모트에 의해서 이론적으로 설명된 물질군이다. 모트의 이론이 개발되기 전까지 사람들은 원자의 전자 구조에 기반해서 전도체와 절연체의 차이를 설명했다. 간단히 설명하자면, 한 원자에서 다른 원자로 전자가 넘어가는 것이 전류인데, 전자가 이웃하는 원자로 넘어가기 위해서는 옆 원자에 전자가 들어갈 수 있는 빈자리가 필요하다. 절연체와 전도체의 차이는 옆 원자로 전자가 쉽게 넘어갈 수 있는 빈자리가 있는지로 결정됐다. 즉 절연체인 물질은 전자가 쉽게 넘어갈 수 있는 자리가 없고, 전도체는 전자가 쉽게 넘어갈 수 있는 자리가 있는 물질이다.

하지만 다양한 물질을 연구하면서 이런 이론에 맞지 않는 물질들이 등장했다. 그중 하나가 산화니켈이다. 산화니켈은 기존의 이론에 의하면 전자가 넘어갈 수 있는 빈자리가 있으므로 전도체가 되어야 했다. 하지만 측정 결과 산화니켈은 전기가 흐르지 않는 절연체였다. NiO라는 아주 간단한 화학식을 갖는 물질이 이론적 예측에 맞지 않는다는 것은 매우 이상한 일이었다. 모트는 전자 간의 전자기적 척력을 고려하면 이런 문제를 해결할 수 있다는 이론을 고안했다. 이웃하는 원자에 빈자리가 있지만, 원래 있던 전자가 옆에서 넘어오려는 전자를 밀어내면서 전자를 넘어오지 못하게 막는 것이다. 마치 전자의 교통체증 같은 이런 상황은 많은 물질의 성질을 설명할 수 있었다.

모트 이론의 또 다른 결과는 전자가 가진 스핀의 정렬이다. 모트 절연체에서 이웃하는 전자는 서로 반대 방향의 스핀을 가지려는 경향이 있다. 결과적으로 전자의 스핀 방향은 번갈아가며 방향이 바뀐다. 스핀의 방향을 화살표로 표현한다면 한 원자에서는 위 방향으로 그리고 다음 원자에서는 아래 방향을 가리키는 식으로 정렬된다. 이러한 형태의 정렬을 〈그림 6〉의 상도표에도 적혀 있는 반강자성이라고 부른다.

여기서 모트 절연체의 성질을 두 가지로 정리해볼 수 있다. 하나는 전자들 사이의 전자기적 척력이 강하다는 것, 둘째는 전자들 사이의 스핀이 반대 방향으로 정렬하려는 경향을 보인다는 것이다. 부모와 똑같은 특징이 발현되지 않아도 그 유전자가 자식들의 몸속에 있듯이, 어미 화합물을 도핑해서 얻은 물질에도 이 두 가지 성질이 내재되어 있다는 점을 기억해두자.

모트 절연체인 어미 화합물을 도핑하면 본격적으로 덜 도핑된 영역의 중심부로 들어가게 된다. 도핑으로 인해서 반강자성은 빠르게 사라지고 낮은 온도에서 초전도가 자리를 잡는다. 이 영역은 최근까지도 가장 연구가 활발하게 이루어진 영역이다. 모트 절연체였던 물질이 도핑으로 빠르게 초전도체로 변화하는 양상에 관한 연구이다.

앞에서 말했듯이 양공 도핑을 해도 어미 화합물인 모트 절연체에서의 강한 전자기적 척력과 스핀 사이의 상호작용이 물질 안에 존재한다. 많은 물리학자는 이 두 가지 특징이 고온 초전도 현상을 이해하는 데 핵심이라는 점에 동의하고 있다. 현재 고온 초전도 현상을 설명하는 이론들 중 가장 유력한 후보들도 이 스핀 사이의 상호작용에 기반을 두고 있다. 스핀 요동에 기반을 둔 더글러스 스칼라피노의 이론이나 필립 앤더슨의 공명하는 원자가 결합 이론Resonating valence bond theory

은 모두 이런 가정에서 시작된 이론이다.

너울거리는 전자들, 전하 밀도파

덜 도핑된 영역의 상도표에서 눈에 띄는 현상 중 하나는 전하 밀도파라고 불리는 현상이다. 고체에서 원자는 일정 주기를 가지고 규칙적으로 배열되어 있다. 일반적으로 전자의 공간상 분포는 바로 이 원자들이 만드는 주기와 같은 주기를 따른다. 전자가 원자에 묶여 있기 때문이다. 그런데 전하 밀도파에서는 전자들이 원래 물질이 이루던 주기와는 다른 독립적인 주기성을 띠는 구조를 형성한다. 〈그림 8〉은 이러한 전하 밀도파를 표현한 그림이다.

〈그림 8〉에서 원자 위에 너울거리는 표면은 전자의 밀도를 나타낸다. 이 그림을 보면 전자의 밀도가 기존의 격자 주기보다 몇 배 긴 주기로 너울거리는 것을 볼 수 있다. 주목할 점은 전하 밀도파는 일부 영역에 전자가 모이게 하는 효과가 있다는 것이다. 마치 전자 간에 일종의 인력이 작용하는 것처럼 말이다. 구리 산화물 초전도체뿐 아니라, 다른 초전도 물질의 상도표에서도 전하 밀도파가 많이 발견된다. 그래서 초전도 연구 초기에는 이 전하 밀도파와 같은 현상이 초전도 현상의 원인이라는 설도 있었다. 물론 지금은 전하 밀도파가 초전도의 직접적인 원인은 아니라는 것은 밝혀졌지만, 여러 정황을 고려했을 때 고온 초전도 현상과 전하 밀도파의 기저에는 같은 상호작용이 작동하고 있는 것으로 보인다.

사실 전하 밀도파는 초전도를 일으키기보다는 오히려 초전도 현상

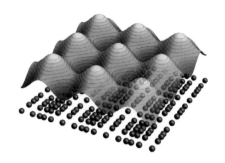

〈그림 8〉 전하 밀도파. (Daniel Pröpper/MPI for solid state research)

과 '경쟁'하는 독특한 양상을 보인다. 이러한 경쟁은 상도표에서도 쉽게 알아차릴 수 있다. 전하 밀도파의 전이온도가 정점을 이루는 영역에서 초전도 전이온도가 푹 꺼지는 형태를 보이기 때문이다. 이런 경쟁 관계는 최근 10년 넘는 기간 동안 활발한 연구 주제였다. 2012년 〈네이처 피직스〉에 발표된 실험 결과는 두 현상의 경쟁을 처음으로 직접 증명하기도 했다.

이 연구에서는 엑스선회절로 구리 산화물 초전도에 있는 전하 밀도파를 직접 측정할 수 있다는 점을 이용했다. 실험에서 온도를 내리면 전하 밀도파에 해당하는 신호가 증가하다가 초전도 전이온도 아래에서 초전도 상태로 진입하면 갑자기 신호가 감소했다. 반대로 강한 자기장을 걸어주어 초전도 현상을 억제하면 다시 전하 밀도파의 신호가 증가하는 것을 발견했다. 이후에도 전하 밀도파와 초전도의 관계는 꾸준히 연구되고 있으며, 최근에도 장력, 자기장, 빛 등을 이용해 전하 밀도파를 조종하는 연구들이 이뤄지고 있다.

뭉뚱그려서 이야기했지만, 사실 구리 산화물 초전도체에 있는 전하 밀도파는 화학 조성에 따라 다양한 양상을 보인다. 〈그림 8〉에 나와 있는 것처럼 바둑판 같은 형태를 가진 것도 있고, 마치 밭의 이랑과 고랑처럼 줄무늬의 형태를 띤 것도 있다. 그래도 전자의 밀도가 너울거리는 현상이라는 것은 공통된 사실이다. 상도표에서 볼 수 있듯이 전하 밀도파와 초전도 현상은 공존하고 있다. 따라서 균일하지 않은 전하의 분포는 초전도 현상에 영향을 미칠 수밖에 없다. 최근 물리학자들은 전하 밀도파와 초전도가 얽혀 있는 쌍 밀도파pair-density wave라고 불리는 요상한 상태를 연구하고 있는데, 앞으로 많은 발견이 기대되는 분야이다.

기묘한 금속 상태

〈그림 6〉의 상도표에서 덜 도핑된 영역을 지나면 초전도 돔의 정점인 '알맞게 도핑된 영역'에 도달한다. 이 영역에서 초전도와 맞닿아 있는 것은 이상 금속strange metal이라고 불리는 상태이다. 이 상태는 그 이름처럼 참 기묘하다. 일반적인 금속은 앞에서 설명했듯이 마치 전자로 이루어진 유체와 같은 성질을 가진다. 그리고 저온에서 금속 내부의 전자의 행동은 페르미 액체Fermi liquid 이론을 따른다.

페르미 액체 이론의 가장 두드러지는 실험적 특징은 저온에서 전기 저항이 온도의 제곱에 비례하여 떨어진다는 것이다. 고온에서는 열에 의해서 활성화되는 격자의 진동인 포논과 같은 것들에 의해서 페르미 액체 이론이 완벽하게 맞지 않을 수 있지만, 저온으로 갈수록 페르미 액체의 경향은 뚜렷해진다. 하지만 이상 금속 상태에서는 온도의 제곱이 아닌 온도에 대해 선형 관계를 가진다. 〈그림 9〉의 주황색 곡선에서 볼 수 있듯이 부드러운 곡선을 그리는 일반적인 페르미 액체의 행동과는 다르게 이상 금속은 저온으로 갈수록 파란색 직선을 따라 저항 값이 떨어진다. 대부분 금속의 저항 곡선이 정확히 온도의 제곱을 따르지는 않더라도, 대부분 직선이 아닌 곡선을 이루기 때문에 직선으로 떨어지는 이 현상은 물리학자들에게 아직 풀어야 할 문제로 남아 있다.

흥미로운 점은 이상 금속 상태가 구리 산화물 초전도체의 상도표에만 있는 것은 아니라는 것이다. 앞에서 살펴봤듯이 모트 절연체의 중요한 특징 중 하나는 강한 전자기적 척력이다. 물리학자들은 다양한 물질들을 연구하며, 전자기적 척력이 중요한 역할을 하는 물질들을 발굴했다. 이러한 물질군을 강상관계strongly correlated 물질이라고 부르는데, 이 강상관계 물질의 상도표에서 이상 금속 현상이 흔하게 관찰되었다. 이는 이상 금속 상태가 전자기적 척력 때문이란 것을 암시했다. 하지만 전자기적 척력이 중요한 역할을 한다는 것을 알아도, 실제로 이것을 이론으로 정립한다는 것은 쉽지 않은 일이다. 2015년에 〈네이처〉에 실린 리뷰 논문에서는 이 문제를 양자 물질에서 일어나는 가장 중요한 문제라고 꼽으며, 이를 해결하기 위해서는 완전히 새로운 아이디어가 필요하다는 제언을 남겼다.

알맞게 도핑된 영역을 넘어서면 과도하게 도핑된 영역에 도달한다. 이 영역에서는 초전도 전이온도가 점점 줄어들다가 사라지고, 정상 금속 상태가 나타난다. 즉 앞에서 언급했던 페르미 액체의 행동을 따른다는 이야기이다. 온갖 신기한 현상으로 가득한 덜 도핑된 영역보다 흥미가 떨어져 보였기에, 지금까지 가장 적게 연구된 영역이기도 하

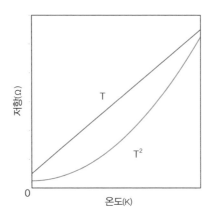

저항(Ω)

T

T^2

0

온도(K)

〈그림 9〉 페르미 액체 이론과 이상 금속 상태.

다. 얼핏 들으면 지루해 보이지만, 최근 이 영역이 재조명받고 있다. 일부 연구에서는 이상 금속 상태가 과도하게 도핑된 영역에서도 지속된다고 보고하고 있고, 초전도 현상이 사라지지 않고 높은 양공 도핑 영역까지 지속된다는 보고도 있다. 이외에도 평범한 것으로 알았던 영역에서 계속해서 새로운 발견이 이어지고 있으니 긴장을 늦출 수 없다.

고체 물리학의 보물창고

지금까지 구리 산화물 초전도체의 발견과 그 상도표에 있는 다양한 물리 현상을 살펴보았다. 구리계 초전도체는 상도표의 시작에서 끝까지 정말 뭐 하나 쉬운 것이 없는 물질이다. 그래서 그런지 구리 산화물 초전도체는 고체 물리학을 연구하는 사람들의 영원한 사랑이라는 말이 있다. 그만큼 어렵고 매력적인 문제가 많다는 의미이기도 하고, 오랜 시간 고체 물리학의 역사와 함께해왔다는 의미도 있을 것이다. 구리 산화물 초전도체가 처음 발견되었을 때 과학계는 말 그대로 열광의 도가니였다. 아마 물리학계에 다시는 없을지 모르는 순간이었을 것이다. 그런 만큼 많은 물리학자가 이 문제에 골몰했고, 일부는 좌절하고 떠나기도 했으며, 아직도 새롭게 뛰어드는 연구자가 있다. 물질이 처음 발견된 지 40년이 되어가지만, 지금도 새로운 물리적 발견이 이루어지고 있으며, 주요 학술지에 관련 논문도 끊이지 않는다. 그러니 고온 초전도체의 수수께끼가 풀릴 때까지 계속해서 관심을 두고 지켜봐야 할 것이다.

암흑물질의 발견과 재발견

: 보이지 않는 다섯 배의 우주

박성찬

연세대학교 물리학과 교수. '암흑우주연구실'을 이끌며 우주와 입자물리학을 연구하는 이론물리학자다. 코넬대학교, 도쿄대학교에서 입자물리와 우주론을 연구했고 일본소립자회가 수여하는 '젊은이론입자물리학자상'을 수상했다. 물리 세상에 대한 근본적인 질문들에 답하는 게 물리학자의 진정한 사명이자 로망이라 믿으며 고에너지 가속기 실험, 우주선 실험, 천체물리학 관측 등 보이는 우주를 폭넓게 살피고, 물리학 이론의 수학적 발전을 놓치지 않고 물리학의 표준모형을 어떻게든 뒤집어 엎으려는 야망을 꿈꾼다. 연구실에선 늘 음악이 흐르고, 좋은 커피를 찾아 마시기를 즐기며, 주말엔 자전거를 타는 두 딸의 아빠이다.

니콜 키드먼 주연의 영화 〈디 아더스The Others〉(2001)에서는 주인공이 살고 있는 저택에서 이유를 알 수 없는 괴이한 일이 끊임없이 일어나 공포를 자아낸다. 아무도 없는 방에서 발자국 소리와 때때로 피아노 소리가 들리는 등 분명히 다른 누군가the others가 있다는 걸 의심하게 하지만 그들은 눈에 보이지 않으며, 만져지지도 않는다.

저녁 무렵 밤하늘을 보면 몇 가지 흥미로운 관찰을 할 수 있다. 해 질녘 아름다운 노을이 그중 하나다. 또 하나는 해가 지평선 너머로 사라진 후에도 한동안 하늘에는 어스름이 남아 밝은 기운을 유지한다는 것이다. 왜 이런 현상이 일어나는 걸까? 이 현상들은 눈에 보이지 않는 공기가 지구를 감싸 대기층을 이루고 있어서 발생한다. 11세기 초반 아랍의 천문학자 이븐 무아드는 해가 진 이후 어스름이 남아 있는 시간을 고려해서 대기의 높이를 계산하였다. 우리 눈에 보이지는 않지만 대기는 지구를 완전히 감싸고 있으며 우리는 그 속에서 숨쉬며 살아가고 있다.

지구의 대기가 그랬던 것처럼 눈에 보이는 현상의 너머에 존재하는 숨겨진 진실이 엄밀한 관측과 이론적 추론을 통해 밝혀지기도 한다. 이 글의 주인공인 암흑물질도 그러한 예이다. 최신 우주론적 관측, 천체물리학적 관측은 빛과 반응하지 않기에 광학적인 방법으로 볼 수는 없지만 중력을 만들어내는 게 분명한 미지의 물질이 있다고 말해준다. 인류가 암흑물질의 정체를 밝혀낸다면 20세기 초반부터 한 세기에 걸쳐 원자의 존재를 밝혀내고 원자와 관련된 물리학, 특히 양자역학을 밝혀냈던 업적에 버금가는 성취, 아니 원자로 된 물질보다 암흑물질이 다섯 배 더 많으니 어떤 의미로는 다섯 배 더 중요한 성취를 이루는 것이라고 할 수 있을지도 모르겠다. 모르는 부분이 많기에 더욱 알고 싶다.

암흑물질의 등장

보이는 물질은 아니지만 중력을 행사하는 게 분명하고 다양한 천체 현상을 일으키는 우주의 물질 성분을 암흑물질이라 일컫는다. 엄밀히 말하면 보이지 않으니 암흑물질이란 표현도 정확하지 않고, 오히려 투명한 물질로 생각하는 것이 옳겠다. 원자로 이루어진 물질은 전하를 가진 전자와 핵을 포함하고 있기 때문에 전자기 상호작용을 하고, 빛과 반응하기 때문에 보이는 물질의 범주에 속하는데, 암흑물질은 애초에 빛과 반응하지 않는 이상한 물질이다.

암흑물질dark matter이라는 이름을 처음 붙인 과학자는 프리츠 츠비키로 알려져 있다. 우리은하가 우주의 전체가 아니라는 것이 명확해지고 외계 은하에 대한 초기 연구들이 활발해지던 1930년대, 그는 1000개 이상의 은하를 포함한 코마 성단Coma cluster에서 일어나는 천체의 운동을 분석하고 있었다. 뉴턴 역학의 엄밀한 결론 중 하나인 바이리얼 정리virial theorem에 따르면 움직이는 천체들의 총 운동에너지는 그 천체들을 가두고 있는 중력 퍼텐셜에너지와 비례한다. 만약 천체들이 빠르게 운동하고 있다면 이를 지탱하는 중력장도 그만큼 세다는 의미이다. 하지만 츠비키의 분석에 따르면 빛을 내는 보이는 천체들로부터 추산한 질량이 만들어내는 중력장은 너무 약했기 때문에, 관측되진 않지만 중력 퍼텐셜에너지를 제공하고 있는 미지의 중력원인 암흑물질이 존재한다는 가설을 세워 자신의 관측 결과를 설명하려고 하였다. 바이리얼 정리를 통해 추산한 암흑물질의 양은 놀랍게도 보이는 별의 질량을 훨씬 상회했다. 학계는 츠비키의 당돌한 암흑물질 가설을 쉽게 받아들이지 않았다. 당시 관측 수준에 동반되는 오차를 생각하면 이상한 일은 아니었다.

암흑물질의 존재를 보여주는 다양한 증거

츠비키의 1930년대 연구는 주목받지 못하였으나, 1970년대에 이르러 암흑물질은 베라 루빈이 수행한 은하의 회전 속도에 대한 연구 덕분에 보다 확고한 관측적 토대를 갖게 된다. 루빈은 발전한 관측 장비와 기술을 토대로 은하를 중심으로 공전하는 천체의 회전 속도가 은하 중심으로부터 멀어지면서 어떻게 바뀌는지를 관측하는 데 성공했다. 케플러의 법칙에 따르면, 중력장에서 운동하는 물체의 공전 속도는 이를 지탱하는 중력장의 세기에 의해 결정된다. 한편 중력장의 세기는 중력을 행사하는 물질의 총 질량이 결정하며, 그 물질이 눈으로 보이거나 말거나 상관하지 않는다. 예를 들어 나선팔 은하의 경우 눈에 보이는 나선팔을 벗어난 지점에 가면 더 이상 질량을 더해줄 천체가 없기 때문에 은하의 회전 속도가 점점 느려져야 한다. 하지만 베라 루빈의 분석에 따르면 은하의 회전 속도는 중심에서 멀어지면서 커지는 경향을 보이다가 어느 정도 이상 멀어지면 일정한 값을 가진다. 이는 보이지 않지만 여전히 중력을 만들어내는 물체가 더 존재한다는 것을 말해준다. 이렇게 생각해보자. 두 손을 맞잡고 춤을 추며 돌고 있는 연인이 있다. 그런데 무게가 더 무거운 쪽은 검은 옷을 입고 있어서 그 정체가 잘 보이지 않는다고 하자. 이 아름다운 연인의 춤을 보고 있는 사람은 설사 잘 보이지 않더라도 파트너의 존재를 눈치챌 수 있으며, 만약 그 춤이 격렬하다면 파트너가 상당한 체격의 소유자라는 것도 눈치챌 수 있을 것이다. 은하를 중심으로 돌고 있는 천체의 덩치 큰 파트너는 암흑물질인 셈이다. 루빈의 성공은 암흑물질의 존재를 밝히는 데 엄청나게 중요한 역할을 했다.

　은하 회전 속도를 관측하고 분석한 결과가 암흑물질의 존재를 말해주는 것은 사실이지만 여전히 간접 증거이다. 보다 직접적으로 암흑물질을 확인할 수는 없을까? 아마도 총알 은하단Bullet cluster이라면 암흑물질의 존재를 의심하는 까다로운 사람들을 만족시킬 수 있을 것이다. 2006년 더글러스 클로우를 포함한 몇몇 과학자들이 중력렌즈 효과를 이용해 충돌하는 은하의 스냅숏 사진을 찍는 데 성공했는데 그 모습은 〈그림 1〉과 같다. 태양계로부터 수십억 광년 떨어진 곳에 위치한 이 특별한 천체에서 엑스선 관측을 통해 보이는 물질의 분포(밝은 노란색과 빨간색)와 중력렌즈를 이용해 알아낸 질량의 분포(초록색 등고선)가 확연하게 분리되어 있다. 이는 두 은하가 충돌할 때 빛과 반응하는 일반적인 원자 물질들은 서로 충돌하면서 모양이 일그러지며 충돌지점 가운데 부근에 머무르는 반면, 거의 충돌하지 않는 암흑물질은 서로 관통하여 중심에서 먼 쪽에 주로 분포하기 때문에 일어난다. 그림에 보이는 파란색 영역이 바로 암흑물질의 위치라고 생각할 수 있다.

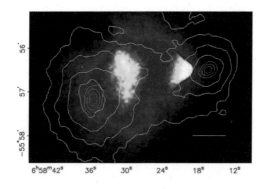

〈그림 1〉 중력 렌즈 효과를 이용해 찍은 은하의 충돌 모습. (D. Clowe et al.(2006))

지금은 이처럼 암흑물질의 분포 지도를 그릴 수 있는 시대이다.

표준모형과 우주의 팽창

2020년 현재 인류가 도달한, 원자에 대한 가장 정확한 물리학 이론은 표준모형이다. 그리고 중력에 대해서는 일반상대성이론이다. 물질의 기초가 되는 소립자들이 중력과 세 가지 기본 힘(약한 핵력, 강한 핵력, 전자기력)을 주고받아 서로 밀치고 결합하며 핵, 원자, 분자, 그리고 세상 만물을 만들어낸다는 것이 표준모형이다.

　혹시 표준모형 안에서 암흑물질의 후보를 찾을 수는 없을까? 먼저 이미 알려진 암흑물질의 성질이 무엇인지 살펴보자. 암흑물질은 은하를 만드는 데 직접 관여한 게 분명하므로 은하가 형성되던 수십억 년 이상의 긴 시간 동안 안정적으로 존재했어야 하며, 전기적으로는 중성이어야 한다. 알려진 소립자 중에서 이렇게 오랫동안 안정하게 살아 있을 수 있는 입자는 전자와 중성미자밖에 없다. 이 중 중성미자만 중성이다. 양성자도 안정한 입자이지만, 전자와 마찬가지로 전하를 가지고 있어 암흑물질의 후보에서 제외된다. 그렇다면 결국 마지막으로 남은 후보인 중성미자가 암흑물질일까? 불행히도 답은 '아니오'다. 우주가 초기의 뜨거운 상태에서 팽창을 거쳐 차가워진다는 사실과 입자들의 상호작용을 고려하면 우주 초기보다 훨씬 차가워진 현재 우주에 얼마나 많은 양의 입자가 남아 있는지 계산할 수 있다. 이런 원리를 중성미자에 적용해서 구해보면 현재 우주에는 중성미자가 대략 세제곱센티미터당 110개 정도 남아 있다는 결론을 얻는다. 여기에 중성미자의 질량을 곱하면 질량 밀도를 얻을 수 있다. 아직 중성미자의 질량을 직접 측정하는 데는 성공하지 못하였으나 그 상한값은 중성미자 진동 실험을 포함한 다양한 입자물리학 실험을 통해 얻을 수 있고, 그 값은 대략 0.1전자볼트 미만이다. 중성미자 질량의 상한과 개수 밀도를 고려해보면 중성미자가 담당할 수 있는 질량 밀도는 관측 결과가 요구하는 암흑물질 총 밀도의 1퍼센트도 채 안 된다. 따라서 대부분의 암흑물질은 중성미자가 아니며, 표준모형으로는 설명할 수 없다는 결론이 나온다.

암흑물질의 정체와 입자물리학

암흑물질의 정체에 대해서는 다양한 설이 존재한다. 혹자는 암흑물질을 이론적으로 연구하는 사람의 숫자보다 더 많은 암흑물질의 이론적 후보들이 있다고 불평한다. 아닌 게 아니라 이론가들이 제시한 어떤 암흑물질 후보도 완전히 만족스럽지 않고, 계속 새로운 후보들이 등장하는 게 현실이다. 관측 결과도 점점 정밀해지니 이를 반영한 암흑물질 후보 이론도 점점 복잡해진다. 현실이 이렇다보니 모든 후보를 소개하는 것은 지면 낭비라는 생각이 든다. 어차피 지금까지 제시된 대부분의 이론은 틀렸을 게 분명하다. 몇 가지 대표적인 후보들만 소개하기로 한다.

표준모형은 시공간의 대칭성과 게이지 대칭성이라고 불리는 두 가지 근본 원리를 바탕으로 만들어진 양자역학적 이론이다. 우선 시공간의 대칭성이란 아인슈타인의 상대성이론이 성립하기 위해 요구되는 로렌츠 대칭성을 말하는데, 이런 대칭성을 잘 유지하면서 현재의 이론적 체계를 확장하는 방법은 대단히 제한적이다. 양자역학의 수학적 구조를 고려해서 시공간 구조의 확장을 시도하다보면 초대칭성supersymmetry이란 게 등장한다. 초대칭이 있는 물리 이론에는 곱하는 순서를 바꾸면 부호가 변하는 그라스만 변수Grassmannian variable가 등장하고 이런 변수로 기술되는 페르미온 차원fermionic extra dimension이란 것을 도입해야 한다. (보통의 숫자는 곱하는 순서를 바꿔도 부호가 바뀌지 않는다.) 기존의 표준모형을 초대칭성을 포함한 모형으로 확장해보면 페르미온 차원의 존재 덕분에 표준모형에 등장하는 입자와 짝을 이루는 초대칭 짝입자supersymmetric partner라는 게 반드시 존재할 수밖에 없다. 초대칭 짝입자 중 가장 가벼운 입자는 R-패러티R-parity라고 불리는 대칭성에 대해 음(-)의 부호를 갖기 때문에, 양(+)의 부호를 갖는 표준모형 입자로는 붕괴할 수 없는 안정적인 입자라는 게 이론적 예측이다. 만약 이 안정적인 입자가 전기적으로 중성이기만 하면 훌륭한 암흑물질 후보가 될 수 있다. 예를 들어 광자의 초대칭 짝입자 혹은 힉스 입자의 초대칭 짝입자 중 전기적으로 중성인 입자, 혹은 중력자나 중성미자의 초대칭 짝입자 등이 매력적인 후보라고 하겠다. 만약 초대칭 짝입자가 정말로 암흑물질이라면 암흑물질의 발견과 동시에 새로운 페르미온 차원을 발견하는 셈이기도 하니 대단히 흥미로운 가능성이 아닐 수 없다.

페르미온 차원이라는 추상적 공간 대신 4차원 시공간에 여분 차원bosonic extra dimension을 더하는 확장 방법도 생각해볼 수 있다. 입자가 움직일 수 있는 방향이 하나 새로 생긴다는 뜻인데, 우리가 잘 아는 3개의 공간축과 1개의 시간축을 아우르는 4차원 시공간에 여분의 차원을 덧붙인다는 뜻이다. 이미 초끈 이론 등에서는 여분 차원을 덧붙이는 일이 흔히 벌어진다. 시공간 차원을 하나만 늘려 5차원 시공간을 고려할 때 추가된 한 차원은 보통 '접혀 있다compactified'고 하고, 접힌 공간의 크기는 현존하는 실험을 통해 알 수 없을 정도로 작다고 가정한다. 그래야만 우리 눈에 보이는 공간이 3차원이라는 사실과 부합하니 말이다. 이렇게 작게 접혀 있는 공간을 움직이는 입자들은 공간의 크기에 반비례하는 질량을 갖는 아주 무거운 '칼루자-클라인 입자'로 표현되는데, 접혀 있는 공간의 크기가 작다보니 예상되는 질량은 상당히 크다. 이런 칼루자-클라인 입자 중 가장 가벼운 입자가 시공간의 반전대칭성마저 정확히 충족할 경우 다른 입자로 붕괴하지 않고 안정적인 상태를 유지한다는 것이 알려져 있다. 그중에서도 표준모형에 등장하는 광자, 힉스 입자, 중성미자에 대한 칼루자-클라인 짝입자가 특히 매력적인 암흑물질 후보다. 만약 무거운 광자가 암흑물질이라는 것이

밝혀지면 새로운 시공간 차원의 존재가 동시에 밝혀지는 셈이 된다.[*]

입자의 종류를 확장할 때 사용할 수 있는 다른 방법은 게이지 대칭성을 확장해서 새로운 힘이 등장하도록 허용하는 것이다.[**] 확장한 게이지 대칭성에 동반되는 힘은 기존의 알려진 힘, 즉 중력, 전자기력, 강력, 약력과는 다른 힘이다. 만약 이런 식으로 새롭게 등장한 힘에만 반응하는 입자가 있다면 이런 입자는 표준모형의 입자들과는 직접 상호작용하지 않을 것이고, 따라서 암흑물질로 안성맞춤이다. 시공간 대칭성이 따라야 할 수학적 엄격성에 비해 게이지 대칭성은 제약 조건이 덜하기 때문에 다양한 형태로 이론을 확장할 수 있다. 이렇게 생각하다보면 오히려 암흑물질이 없는 우주를 상상하기가 더 힘들어진다. 조물주가 우주를 만들 때 암흑물질이 없는 우주를 만들려면, 오로지 지금 알려진 표준모형에 등장하는 게이지 대칭성만 허용해야 하고, 게이지 장이 매개하는 힘에 반응하는 입자도 딱 우리가 이미 알고 있는 열다섯 종류만 허용해야 한다. 하지만 우리가 이해하고 있는 이론물리학의 범위 안에 그런 '금지령'은 존재하지 않는 것 같다. "금지되지 않은 일은 반드시 발생한다"는 양자역학의 원리가 맞다면 암흑물질의 존재

- 입자에는 스핀이라는 속성이 있다. 스핀값은 입자에 따라 0, 1의 정수값을 갖기도 하고, $\frac{1}{2}$ 같은 반정수 값을 갖기도 한다. 초대칭 짝입자는 본래 입자에 비해 스핀값이 $\frac{1}{2}$만큼 다르다. 예를 들어 스핀-0 입자의 초대칭 짝입자는 스핀이 $\frac{1}{2}$이다. 반면 칼루자-클라인 짝입자는 본래 입자와 스핀값이 동일하다.

-- 게이지 변환이라는 수학적 연산을 해도 입자를 다루는 이론은 변하지 않아야 한다는 원칙이 있다. 이런 이론에는 게이지 장이라는 게 자연스럽게 등장하는데 게이지 장은 입자 사이에 주고받는 힘을 매개하는 역할을 한다. 따라서 게이지 대칭성 구조를 확장하면 더 많은 게이지 장이 등장하고, 더 다양한 종류의 힘이 존재할 수 있게 된다.

는 조물주도 막지 못할 만큼 자연스럽다. 우리가 사는 우주는 암흑물질 금지령이 없는 자유로운 우주다. 이 자유로운 우주에서 암흑물질은 다른 암흑물질과 반응하기도 하고, 또 원자와 반응하기도 할 것이다. 이 모든 이론적 가능성들이 지금 활발하게 학술의 장에서 논의되고 있다.

  암흑물질이 우주에서 추가적인 에너지 형태로만 기여하는 것이 아니라 다른 현상의 이면에서 중요한 역할을 할 가능성도 생각해볼 필요가 있다. 물질의 태반을 차지하는 암흑물질이 중력만 추가적으로 주는 게 아니라 다른 쓰임새도 있다고 보는 게 더 경제적이다. 예를 들어 액시온axion 암흑물질은 강한 핵력이 입자와 반입자를 구별하지 못하는 특별한 성질에 대한 이유를 제공한다. 또한 암흑물질을 제공하는 토양이라고 할 초대칭성과 여분 차원 개념은 양자역학과 아인슈타인의 중력 이론을 통합하는 시도인 양자중력 이론이 성립하는 데 반드시 필요한 요소이다. 물론 암흑물질이 보이는 중력적인 기여만으로도 그 존재 이유는 충분한 게 사실이다. 만약 암흑물질이 없었다면 우주에서 별, 은하, 은하단과 그 밖의 모든 중력적 구조가 만들어지지 않았을 것이다. 그런 우주였다면 암흑물질을 연구하는 물리학자도 애초에 탄생하지 않았을 것이다.

윔프와 차가운 암흑물질 – 생명의 어머니

가장 많이 연구된 암흑물질 후보는 앞서 소개한 초대칭성, 여분 차원 이론 등에 빠지지 않고 등장하는 윔프WIMP다. 윔프는 약하게 상호작용하는 무거운 입자Weakly Interacting Massive Particle를 통칭하는 일종의 가족 개념으로, 이 가족에는 초대칭 입자도, 칼루자-클라인 입자도 속한다. 이 특별한 종류의 암흑물질이 우주에 남아 있다면 그 잔존량은 얼마나 될까? 그 유명한 이휘소 박사와 와인버그가 개발한(1977) 계산법을 고려하면 구할 수 있다.* 우주론과 입자물리학을 동시에 고려한 우아한 계산법이니 간략히 소개해볼까 한다.

초기 우주 시절 윔프는 빛을 포함한 여타의 물질과 활발하게 반응하여 열적 평형 상태에 있었다(고 믿는다). 활발했던 반응은 우주가 팽창하고 물질 밀도가 낮아지고 온도도 낮아지면서 차츰 약해졌다. 반응하는 정도가 충분히 낮아져 우주가 팽창하는 정도에 비해서도 느려지는 어느 시점에 도달하면 윔프는 더 이상 나머지 물질과 평형상태를 유지하지 못하고 '열적으로 독립'한다. 일단 독립한 윔프는 여타 입자와 떨어져서는 자신만의 길을 가기 시작하고, 밀도는 팽창하는 우주의 부피에 반비례해서 낮아진다. (윔프 입자 개수는 일정한데 우주 공간의 부피는 커지니까 밀도는 줄어든다는 뜻이다.) 따라서 윔프는 열적 평형에서 떨어져 나올 당시의 상태를 유지한 채 '열적인 유물thermal relic'로 남아 현재에 이른다. 이 과정을 얼어붙어 튕겨나가는 과정freeze-out이라고 부른다. 계산해보면 열적 독립이 일어나는 온도는 암흑물질의 정지질량 에너지에 비해 20분의 1 정도에 해당하는 값이 된다. 열

• 이휘소 박사는 한국에서 태어난 대표적 이론물리학자다. 스티븐 와인버그는 20세기 후반을 대표하는 입자물리 이론 학자다. 두 사람은 오랜 친분을 유지하면서 몇 차례 공동연구 논문을 발표했고 그중 대표적인 업적이 1977년 발표한 우주 암흑물질 이론이다.

적 독립이 이루어지는 시기는 입자가 이미 충분히 느릿느릿 움직이는 비상대론적인 입자 상태였을 테니 입자들의 속도 분포도 맥스웰-볼츠만 분포를 따른다고 예상할 수 있다. 이렇게 느린 암흑물질을 '차가운 암흑물질cold dark matter'이라고 부른다. 느리면서 무거운 입자들은 중력에 기여하면서 은하 형성 등 중력적 구조 형성에 영향을 주고, 그 덕분에 오늘날의 은하 구조가 만들어졌다. 만약 암흑물질을 '생명의 어머니'라고 부를 수 있다면 그 어머니는 분명 차가운 얼굴을 하고 있다고 봐야 할 것이다.

차가운 암흑물질을 고려한 정밀한 은하 시뮬레이션에 따르면 우리 은하 정도 크기의 공간에 분포한 암흑물질은 대략 초속 200~300킬로미터 정도의 최대 속도를 가지는 것으로 알려져 있다. 최근에는 이 속도와 10퍼센트 정도 오차 범위에서 어떤 이상 속도가 관측됐다는 연구 결과도 있다. 초기 암흑물질 연구자들은 종종 암흑물질이 은하 중심으로부터 등방적으로 분포할 것이라는 가정을 하곤 했는데, 최근 연구에 따르면 암흑물질의 공간 분포나 속도 분포가 완전히 등방적이지 않다는 것도 밝혀졌다. 특히 우리에게 중요한 물리량은 태양계 근처에서의 암흑물질 속도인데, 얼마나 자주 암흑물질이 지구를 때리는지 추산하는 데 필요한 요소이기 때문이다.

은하를 둘러싸고 있는 암흑물질을 헤일로halo라고 부른다. 사진에 등장하는 은하의 모습은 원반 모양이지만 헤일로의 분포는 이보다 훨씬 크고 등방적이다. 일반 물질은 중력장에 빨려드는 과정에서 강착원반accretion disk이라고 불리는 원반 구조를 만들고, 이 과정에서 에너지도 방출한다. 하지만 암흑물질은 이 두 가지 모두를 하지 않는다. 윔프 암흑물질로 만들어진 바다(헤일로)에 원자로 만들어진 세계가 잠겨 있는 이미지를 떠올리면 대체로 정확하다. 마치 바닷속을 헤엄치는 물고기처럼 별은 암흑물질 속을 헤치며 공전한다. 만약 암흑물질과 반응하는 매우 정밀한 검출기가 있다면 은하가 움직이면서 느끼는 암흑물질의 '바람'을 검출할 수 있을 것이다. 달리는 자전거 핸들에 달아놓은 바람개비가 돌 듯, 암흑물질 검출기에 암흑물질 바람이 기록되면 바로 그 존재를 알 수도 있겠지만 그런 검출기는 만들기가 어렵다. 애초에 원자로 만들어진 것도 아닌 바람을 검출한다는 게 쉬운 일은 아니다. 그럼에도 불구하고 리-와인버그의 계산을 통해 암흑물질과 원자의 반응률(좀더 엄밀하게는 산란 단면적)을 추산할 수 있고, 이 추산된 반응률은 실험을 통해 검증해볼 수 있다. 이미 수많은 실험들이 진행되었고, 지금도 진행 중이지만 아직 검증에 성공한 예는 없다. 마치 강태공이 낚시를 하듯 계속 도전하고 기다릴 뿐이다. 검출에 성공하려면 운도 따라야 한다. 무척이나 힘든 일을 진행하고 있는 실험물리학자들에게 경의와 찬사를 보내고 싶다.

우주 공간 대신 입자가속기에서 암흑물질을 찾는 것도 가능하다. 가속기 속에서 빛의 빠르기로 가속된 입자끼리 충돌하면 새로운 입자가 생성되는데, 충돌하는 입자의 에너지가 충분히 높으면 무거운 암흑물질을 동반한 입자도 생성될 수 있다. 설령 암흑물질이 생성되더라도 일반적인 입자를 검출하기 위해 고안된 검출 장치에는 신호를 남기지 않고 지나가겠지만 신호 해석 과정에서 '잃어버린 에너지' 형태로 (간접적인) 신호를 남긴다. 분명 뭔가 나갔지만 직접적인 신호로는 검출되지 않는 순간을 포착하는 것이 입자가속기에서 암흑물질을 탐색하는 기본 원리라고 하겠다. 현존하는 가장 강력한 입자가속기인 거대강입자가속기Large Hadron Collider(LHC)에서도 이런 시도를 했고, 가장 정밀한 가속기라고 할 수 있는 BELLE에서는 이보다 조금 더 가벼운 질량 영역에서 암흑물질 탐색을 시도하고 있는데, 불행히도 아직 양쪽 다 검출에 성공하지 못했다.

은하를 둘러싼 헤일로를 구성하는 암흑물질끼리 반응해서 표준모형 입자를 만들어낸다면 그 신호를 포착하는 것도 가능할 것이다. 특히 암흑물질의 쌍소멸 혹은 붕괴 과정에서 중성미자, 양성자(또는 반양성자), 전자(또는 반전자) 등 안정적인 입자가 생성된다면 이런 입자는 우주를 여행해 지구까지 도달해서 정밀한 우주선cosmic ray 검출기를 통해 그 존재를 검증할 수 있을 것이다. 엄마 입자인 암흑물질의 질량과 생성해서 만들어진 입자의 에너지 사이에는 일정한 대응 관계가 있기 때문에 우주선 입자의 에너지 분포를 정밀하게 재서 암흑물질의 존재를 따지는 것은 유효한 접근법이다. 최근 파멜라Pamela 위성 등에서 우주 공간의 반전자 흐름flux을 정밀하게 측정했더니 100~1000기가전자볼트(GeV) 에너지 근처에서 이상할 정도로 많은 반전자가 지구에 도달하고 있다는 보고가 있었다. 이것이 암흑물질의 신호일지도 모른다.

원시 블랙홀과 힉스 입자

암흑물질이 반드시 소립자일 필요는 없다. 상대성이론에 따르면 적절한 에너지 뭉치만 있어도 질량과 같은 효과를 낼 수 있으니, 암흑물질은 입자들의 뭉쳐진 상태composite state이거나 아니면 완전히 다른 형태일 수도 있다. 특히 주목하고 싶은 가능성은 초기 우주가 급팽창cosmic inflation하던 시기에 흔했던 양자요동에서 비롯한 원시 블랙홀이다. 원시 블랙홀은 별이 그 일생을 다하고 중력 붕괴를 통해 생성되는 일반적인 블랙홀과 달리 급팽창을 일으키는 인플라톤inflaton 에너지의 요동에서 발생하는데, 따라서 우주에 존재하는 원자의 양과는 얼마든지 무관할 수 있다. 원시 블랙홀이 암흑물질이라고 해도 이미 관측된 우주에 존재하는 가벼운 핵의 양에 대한 결과와 서로 어긋날 이유가 없다. 원시 블랙홀의 매력은 표준모형을 수정 혹은 확장할 필요도 없이 암흑물질을 설명할 수 있다는 것이다. 양자요동은 늘 있는 일이지만, 원시 블랙홀을 생성할 정도의 요동은 쉽사리 만들어지지 않는다. 쉽게 만들어졌다면 우리 주변은 블랙홀로 가득 차 생명과 삶을 즐길 수 있는 다른 흥미로운 구조들을 모두 빨아버렸을 것이다. 좀 전문적인 이야기지만 급팽창 과정에서 블랙홀이 만들어질 정도로 요동을 크게 키울 수 있는 방법 하나는 인플라톤 퍼텐셜에너지의 변곡점을 지날 때 초저속 운동 상태를 만드는 것이다. 너무나 느린 운동에 동반한 요동은 그 진폭이 크게 확대되며 블랙홀을 생성시킬 수 있을 정도로 커질 수 있다.

　이렇게 이상한 일이 실제로 일어날 수 있을까? 급팽창의 요인으로 표준모형의 힉스 입자를 꼽는 최근의 연구를 보면 원시 블랙홀 생성이 실제로 가능할 뿐 아니라 예상되는 블랙홀의 수와 질량이 우주의 암흑물질 양을 상당 부분을 설명할 수 있을 정도이다. 〈그림 2〉는 최근 필자 연구실의 정동연, 이성묵 학생과 진행한 연구 결과물이다. 세로

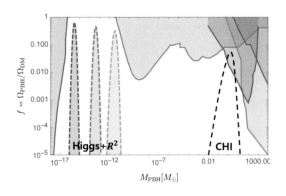

〈**그림 2**〉 원시 블랙홀의 비율과 질량. (D.Y.Cheong, S. M. Lee, S. C. Park(2021))

축은 암흑물질 양에 대비한 원시 블랙홀의 비율, 가로축은 원시 블랙홀의 질량을 보여준다. 복잡한 그래프지만 주목할 점은 왼쪽에 솟아오른 3개의 피크이다. 태양보다 약간 가벼운 원시 블랙홀이 인플레이션 과정에서 생성되고, 암흑물질의 상당 부분을 설명한다는 것을 보여준다.

새로운 물리학의 길

많은 물리학자들이 암흑물질의 정체를 밝히기 위한 노력을 계속하고 있다. 하지만 이 난제는 아직도 정답을 보여주지 않고 한편으로 머리를 아프게, 또 한편으론 가슴을 뛰게 한다. 필자가 동료들과 함께 만든 암흑우주연구실Lab for Dark Universe도 암흑물질 문제에 도전하고 있다. 우리 연구실에서는 기존의 암흑물질 연구에서 당연하다고 받아들였던 가정 혹은 편견을 깨고 새로운 눈으로 패러다임을 확장하는 야심 찬 시도를 하는 중이다. 특히 헤일로 암흑물질에 고에너지 입자가 충돌해 암흑물질을 높은 속도로 가속한다는 부스트 암흑물질boosted dark matter 이론, 암흑물질의 자체 상호작용이 은하의 밀도 분포와 관련된 몇 가지 난점에 도움을 줄 수 있다는 점에 주목한 자체-상호작용-암흑물질self interacting dark matter 이론, 그리고 임계 힉스 급팽창 이론에서 야기시킬 수 있는 원시 블랙홀 생성 연구 등 자랑할 만한 성과를 얻었다고 자부한다.

확실하게 "이것이 암흑물질이다"라고 말할 수 있는 사람은 아직 아무도 없다. 다만 이 어려운 문제를 풀기 위해 지난 수십 년간 노력해온 결과 어렴풋이 그 그림자 정도를 보기 시작했다는 말은 할 수 있다. 비록 그 그림자가 진짜 암흑물질의 그것인지 아니면 우리의 상상력과 수학 실력의 한계 때문에 나타난 환상인지는 모르지만 말이다. 과학의 역사를 돌이켜보면 어려운 문제는 우리의 지혜를 발전시킬 소중한 기회가 되어왔다. 암흑물질 문제는 현재 인류가 얻은 기본 입자와 힘에 대한 가장 정밀한 이론인 표준모형으로 도저히 해결할 수 없기에 오히려 새로운 물리학의 길이 아직 열려 있음을 보여준다. 원자론으로 대표되는 물질에 대한 우리의 이해를 근본적으로 바꾸어줄 계기가 될지 누가 알겠는가.

1부 고체의 재발견

1 금속의 재발견(정세영)

Bo-Gwang Jung et al.(2020), "Wafer-scale high-quality Ag thin film using a ZnO buffer layer for plasmonic applications," *Applied Surface Science* 512, 145705.

Huang, C. L. et al.(2018), "Suppression of interdiffusion-induced voiding in oxidation of copper nanowires with twin-modified surface." *Nature Communications* 9, 340.

Li, L. et al.(2014), "Surface-step-induced oscillatory oxide growth." *Physical Review Letters* 113, 136104.

Schiøtz, J. and Jacobsen, K. W.(2017), "Nanocrystalline metals: roughness in flatland." *Nature Materials* 16, 1059 – 1060.

Seunghun Lee et al.(2019), "Inverse Stranski-Krastanov Growth in Single-Crystalline Sputtered Cu Thin Films for Wafer-Scale Device Applications," *ACS Applied Nano Materials* 2, 3300-3306.

Su Jae Kim et al.(2021), "Color of Copper/Copper Oxide," *Advanced Materials* 33, 2007345.

Su Jae Kim et al.(2022), "Flat-surface-assisted and self-regulated oxidation resistance of Cu (111)," *Nature* 603, 434-438.

Taewoo Ha et al.(2023), "Coherent consolidation of trillions of nucleations for mono-atom step-level flat surfaces," *Nature Communications* 14, 685

Van Luan Nguyen et al.(2016), "Wafer-scale single-crystalline AB-stacked bilayer graphene," *Advanced Materials* 28, 8177-8183.

Van Luan Nguyen et al.(2020), "Layer-controlled single-crystalline graphene film with stacking order via Cu-Si alloy formation," *Nature Nanotechnology* 15, 861-867.

Zhang, X. et al.(2017), "Nanocrystalline copper films are never flat." *Science* 357, 397-400.

2 반도체의 재발견(박용섭)

C. W. Tang and S. A. VanSlyke(1987), "Organic electroluminescent diodes," *Applied Physics Letters* 51, 913.

C. W. Tang(1986), "Two-layer organic photovoltaic cell," *Applied Physics Letters* 48, 183.

D. Kahng and S. M. Sze(1967), "A floating-gate and its application to memory devices," *The Bell System Technical Journal* 46, 1288.

D. Kahng(1959), "Phosphorus diffusion into silicon through an oxide layer," Ph. D. Dissertation, Department of Electrical Engineering, The Ohio State University.

H. P. Maruska and W. C. Rhines(2015), "A modern perspective on the history of semiconductor nitride blue light sources," *Solid-State Electronics* 111, 32.

N. F. Mott and E. A. Davis(2012), *Electronic Processes in Non-Crystalline Materials*, 2nd ed. Oxford University Press.

NREL Solar Cell chart - https://www.nrel.gov/pv/cell-efficiency.html.

W. Shockley and H. J. Queisser(1961), "Detailed Balance Limit of Efficiency of p-n Junction Solar Cells," *Journal of Applied Physics* 32, 510.

W. Shockley(1950), *Electrons and Holes in Semiconductors with Applications to Transistor Electronics*, D. Van Nostrand Co.

Y. Park et al.(1996), "Work function of indium tin oxide transparent conductor measured by photoelectron spectroscopy," *Applied Physics Letters* 68, 2699

Y. Park et al.(1997), "Gap-state induced photoluminescence quenching of phenylene vinylene oligomer and its recovery by oxidation," *Physical Review Letters* 78, 3955.

https://gadgetstouse.com/blog/2017/08/27/lg-signature-oled-tv-w-top-spot/.

https://www.hani.co.kr/arti/economy/marketing/970238.html.

https://www.reuters.com/article/us-kodak-idUSTRE5B32UD20091204.

https://www.techradar.com/news/worlds-largest-chip-gets-beefier-850-thousand-cores-for-ai.

3 부도체의 재발견(양범정)

B. Bradlyn et al.(2017), "Topological quantum chemistry," *Nature* 547, 298.

B. J. Yang et al.(2014), "Classification of stable three-dimensional Dirac semimetals with nontrivial topology," *Nature Communications* 5, 1.

C. L. Kane et al.(2005), "Quantum Spin Hall Effect in Graphene," *Physical Review Letters* 95, 226801; C. L. Kane et al.(2005), "Z2 Topological Order and the Quantum Spin Hall Effect," *Physical Review Letters* 95, 146802.

F. D. M. Haldane(1988), "Model for a Quantum Hall Effect without Landau Levels: Condensed-Matter Realization of the 'Parity Anomaly'," *Physical Review Letters* 61, 2015.

F. Schindler et al.(2018), "Higher-order topological insulators," *Science Advances* 4, eaat0346.

H. C. Po et al.(2018), "Fragile Topology and Wannier Obstructions," *Physical Review Letters* 121, 126402.

K. von Klitzing et al.(1980), "New Method for High-Accuracy Determination of the Fine-Structure Constant Based on Quantized Hall Resistance," *Physical Review Letters* 45, 494.

L. Fu et al.(2007), "Topological Insulators in Three Dimensions," *Physical Review Letters* 98, 106803

L. Fu et al.(2011), "Topological Crystalline Insulators," *Physical Review Letters* 106, 106802.

T. H. Hsieh et al.(2012), "Topological crystalline insulators in the SnTe material class," *Nature Communications* 3, 982.

W. A. Benalcazar et al.(2017), "Quantized electric multipole insulators," *Science* 357, 61-66.

4 탄소 물질의 재발견(최형준)

A. F. Hebard et al.(1991), "Superconductivity at 18 K in potassium-doped C60," *Nature* 350, 600.

A. H. Castro Neto et al.(2009), "The electronic properties of graphene," *Review of Modern Physics* 81, 109(arXiv:0709.1163).

B. G. Kim and H. J. Choi(2012), "Graphyne: Hexagonal network of carbon with versatile Dirac cones," *Physical Review B* 86, 115435.

H. J. Choi and J. Ihm(1999), "Ab initio pseudopotential method for the calculation of conductance in quantum wires," *Physical Review B* 59, 2267.

H. W. Kroto et al.(1985), "C60: Buckminsterfullerene," *Nature* 318, 162.

K. S. Novoselov et al.(2004), "Electric field effect in atomically thin carbon films," *Science* 306, 666(arXiv:0410550).

P. Delaney et al.(1998), "Broken symmetry and pseudogaps in ropes of carbon nanotubes," *Nature* 391, 466.

R. Bistritzer and A. H. MacDonald(2011), "Moiré bands in twisted double-layer graphene," *PNAS* 108, 12233.

S. Iijima(1991), "Helical microtubules of graphitic carbon," *Nature* 354, 56.

W. Kratschmer et al.(1990), "Solid C60: a new form of carbon," *Nature* 347, 354.

Y. Cao et al.(2018), "Unconventional superconductivity in magic-angle graphene superlattices," *Nature* 556, 43(arXiv:1803.02342;).

Y. W. Choi and H. J. Choi(2018), "Strong electron-phonon coupling, electron-hole asymmetry, and nonadiabaticity in magic-angle twisted bilayer graphene," *Physical Review B* 98, 241412.

손영우(2008), 그래핀, 〈물리학과 첨단기술〉 2008년 10월호, 40쪽.

2부 양자 액체, 양자 기체

5 액체의 재발견(최형순)

D. van Delft(2007), *Freezing Physics: Heike Kamerlingh Onnes and the Quest for Cold*, Edita Pub House of the Royal.

D. van Delft(2008), "Little cup of helium, big science," *Physics Today* 61, 36.

Kurt Mendelssohn(1966), *The Quest for Absolute Zero*, McGraw-Hill, New York.

R. de Bruyn Ouboter(1997), "Heike Kamerlingh Onnes's Discovery of Superconductivity," *Scientific American* 276, 98.

6 기체의 재발견(신용일)

C. J. Pethick and H. Smith(2008), *Bose-Einstein Condensation in Dilute Gases*, Cambridge University Press.

D. Weiss and M. Saffman(2017), "Quantum computing with neutral atoms,"

Physics Today 70, 44-50.

H. J. Metcalf and P. Straten(1999), *Laser Cooling and Trapping*, Springer New York, NY.

I. Bloch, J. Dalibard, and W. Zwerger(2008), "Many-body physics with ultracold gases," *Review of Modern Physics* 80, 885-964.

M. H. Anderson et al.(1995), "Observation of Bose-Einstein Condensation in a Dilute Atomic Vapor," *Science* 269, 198-201.

M. R. Andrews et al.(1997), "Observation of Interference Between Two Bose Condensates," *Science* 275, 637-641.

W. J. Kwon et al.(2016), "Observation of von Kármán Vortex Street in an Atomic Superfluid Gas," *Physical Review Letters* 117, 245301.

3부 일상 속 물질

7 빛의 재발견(김튼튼)

G. Yoon et al.(2021), "Printable Nanocomposite Metalens for High-Contrast Near-Infrared Imaging," *ACS Nano* 15, 698-706.

J. B. Pendry(2000), "Negative Refraction Makes a Perfect Lens," *Physical Review Letters* 85 3966 - 3969.

M. Khorasaninejad et al.(2016), "Metalenses at visible wavelengths: Diffraction-limited focusing and subwavelength resolution imaging," *Science* 352, 1190 - 1194.

N. Yu et al.(2011), "Light Propagation with Phase Discontinuities: Generalized Laws of Reflection and Refraction," *Science* 334, 333 - 337.

T.-T. Kim et al.(2018), "Amplitude Modulation of Anomalously Refracted

Terahertz Waves with Gated-Graphene Metasurfaces," *Advanced Optical Materials* 6, 1700507.

8 유리의 재발견(고재현)

A. Macfarlane and G. Martin(2002), *Glass: a World History*, The University of Chicago Press.

E. L. Bourhis(2014), *Glass: Mechanics and Technology*, 2nd ed., Wiley-VCH.

J. Langer(2007), "The mysterious glass transition," *Physics Today* 60, 8.

L. Berthier et al(2016), "Facets of glass physics," *Physics Today* 69, 40.

P. W. Anderson(1995), "Through the glass lightly," *Science* 267, 1615-1616.

국립중앙박물관(2012), 《유리, 삼천 년의 이야기》, 국립중앙박물관.

류봉기(2017), 《실용유리공학》, 부산대학교출판부.

빈스 베이저(2019), 《모래가 만든 세계》(배상규 옮김), 까치.

이인숙(1993), 《한국의 고대유리》, 백산문화.

한원택(2019), 《유리 시대》, 광주과학기술원.

https://iyog2022.org/

https://www.nytimes.com/2008/07/29/health/29iht-29glass.14846468.html

https://www.quantamagazine.org/ideal-glass-would-explain-why-glass-exists-at-all-20200311/

9 자석의 재발견(한정훈)

김갑진(2021), 《마법에서 과학으로: 자석과 스핀트로닉스》, 이음.

김한영(2020), 고등과학원 웹진 〈호라이즌〉에 기고한 양자 컴퓨터 연재글 https://horizon.kias.re.kr/author/김한영/

김한영, 한정훈(2020), [팟캐스트] 양자 컴퓨터 https://horizon.kias.

re.kr/15850/

양자 컴퓨터 관련 동영상 모음 https://www.youtube.com/channel/
UCbSSg840Fr6O8InrFtX3wQA

이강영(2018),《스핀: 파울리, 배타 원리 그리고 진짜 양자역학》, 계단.

이순칠(2021),《퀀텀의 세계》, 해나무.

4부 위대한 도전

10 초전도체의 발견과 재발견(김기덕)

A. Legros et al.(2019), "Universal T-linear resistivity and Planckian dissipation in overdoped cuprates," *Nature Physics* 15, 142.

B. Keimer et al.(2015), "From quantum matter to high-temperature superconductivity in copper oxides," *Nature* 518, 179.

D. J. Scalapino et al.(1986), "d-wave pairing near a spin-density-wave instability," *Physical Review B* 34, 8190.

G. Kim et al.(2021), "Optical conductivity and superconductivity in highly overdoped $La_{2-x}Ca_xCuO_4$ thin films," *PNAS* 118, e2106170118.

H.-H. Kim et al.(2018), "Uniaxial pressure control of competing orders in a high-temperature superconductor," *Science* 362, 1040.

J. Chang et al.(2012), "Direct observation of competition between superconductivity and charge density wave order in $YBa_2Cu_3O_{6.67}$," *Nature Physics* 8, 871.

P. W. Anderson(1987), "The Resonating Valence Bond State in La_2CuO_4 and Superconductivity," *Science* 235, 1196.

V. L. Ginzburg(1991), "High-temperature superconductivity (history and general review)," *Soviet Physics Uspekhi* 34 (4), 283.

Benjamin W. Lee and Steven Weinberg(1977). "Cosmological Lower Bound on Heavy-Neutrino Masses," *Physical Review Letters* 39: 165. Bibcode:1977PhRvL..39..165L. doi:10.1103/PhysRevLett.39.165.

C. Rott, K. Kohri and S. C. Park(2015), "Superheavy dark matter and IceCube neutrino signals: Bounds on decaying dark matter," *Physical Review D* 92, no.2, 023529.

Dhong Yeon Cheong, Sung Mook Lee, and Seong Chan Park(2021), "Primordial black holes in Higgs-inflation as the whole of dark matter," *JCAP* 01, 032.

Seong Chan Park(2016), "Who Ordered Dark Matter?: The Necessity of Dark Matter," *New Physics: Sae Mulli* 66(2016) 8, 942-945.

T. Flacke et al.(2017), "Electroweak Kaluza-Klein Dark Matter," *JHEP* 04, 041.

Y. Jho et al.(2020), "Leptonic New Force and Cosmic-ray Boosted Dark Matter for the XENON1T Excess," *Physics Letters B* 811, 135863.

찾아보기